“十三五”国家重点研发计划课题《村镇社区公共服务设施优化配置和建设指标研究》(2019YFD1101101-2)

村镇公共服务设施规划建设指南

梁双　赵格　武志 等　编著

中国建筑工业出版社

图书在版编目（CIP）数据

村镇公共服务设施规划建设指南 / 梁双等编著. —北京：中国建筑工业出版社，2023.7
ISBN 978-7-112-28510-5

Ⅰ.①村… Ⅱ.①梁… Ⅲ.①乡镇-服务设施-乡村规划-中国-指南 Ⅳ.①TU982.29-62

中国国家版本馆 CIP 数据核字(2023)第 045713 号

责任编辑：郑琳 石枫华
责任校对：党蕾
校对整理：董楠

村镇公共服务设施规划建设指南
梁双 赵格 武志 等 编著
*
中国建筑工业出版社出版、发行（北京海淀三里河路 9 号）
各地新华书店、建筑书店经销
北京科地亚盟排版公司制版
天津画中画印刷有限公司印刷
*
开本：787 毫米×1092 毫米 1/16 印张：12 字数：296 千字
2024 年 1 月第一版 2024 年 1 月第一次印刷
定价：**58.00** 元
ISBN 978-7-112-28510-5
(40993)

《村镇公共服务设施规划建设指南》编委会

主　　编： 梁　双　赵　格　武　志

副 主 编： 张雪珂　周楷敏　任　可　崔巧雅　祝婉楠

参编人员： 黄阿园　赵兴都　王红娟　关　欣　毛　成
李佳琦　郝　伟　刘　阳

主编单位： 中国建筑标准设计研究院有限公司

前　　言

村镇公共服务设施配置是当前我国城乡规划面临的重要课题，也是国家推进乡村振兴的关键要素之一。当前，乡村社会对于公共服务设施的需求强度与需求结构正在发生巨大变化，传统村镇公共服务设施的配置模式和标准，由于缺乏系统、有针对性的差异化规划与建设指引，已经难以适应其发展。

“十三五”国家重点研发计划子课题《村镇社区公共服务设施优化配置和建设指标研究》（2019YFD1101101-2）属于中华人民共和国科学技术部绿色宜居村镇技术创新专项的《基于“互联网+”的村镇社区公共服务提升技术研究》（2019YFD1101100）项目，所属课题为《村镇社区公共服务设施建设关键技术研究及示范》（2019YFD1101101）。该课题的研究立足于国家全面推动乡村振兴、实现农业农村现代化的总体部署，采用现场调研、部门访谈、问卷调查、GIS空间分析、图解分析等多种方式，系统地梳理了村镇公共服务设施的相关现行标准，调研了多地公共服务设施现状建设情况，探究现行相关标准与设施现状建设之间的差异，提出村镇两级公共服务设施优化配置思路，乡镇级按照中心镇、一般乡镇等级结构进行配置，村庄级对接国土空间规划体系中“多规合一”的实用性村庄规划，按照村庄类型分类配置。调整优化村镇公共服务设施分类方式和具体设施名称对不同等级的乡镇、不同类型的村庄提出必配、选配的配置建议，综合现行标准、调研数据、村镇设施发展趋势，从设施建设规模、建筑设计、场地景观设施三方面提出建设指引，并给出具体设计示例。

本书是“十三五”国家重点研发计划子课题《村镇社区公共服务设施优化配置和建设指标研究》（2019YFD1101101-2）所取得的研究成果。本书共分为5章。第1章是村镇公共服务设施标准研究，梳理汇总我国村镇公共服务设施相关标准，研究总结了公共服务设施的分类、分级配置和建设规模规律，以及各项公共服务设施规模控制的地区差异。第2章是村镇公共服务设施现状调查研究，详细分析了我国村镇公共服务设施现状，调研了北京市、河南省、河北省、内蒙古自治区等省、市、自治区的各类公共服务设施建设现状和居民需求，总结村镇公共服务设施的主要问题和未来建设趋势。第3章是村镇公共服务设施优化配置思路与建议，根据村镇公共服务设施标准、现状建设问题和未来发展要求等，明确了本课题的村镇公共服务设施配置优化思路，提出设施分类和配置建议，乡镇和村庄分别采用结构等级和发展类型进行配置。第4章是村镇公共服务设施建设指引，形成村庄公共服务设施配置建议表，对各类公共服务设施给出建筑设计和场地景观引导，明晰建设思路和建设规模指引。第5章是村镇公共服务设施规划建设实例，根据村镇公共服务设施配置思路，分别选取数个典型的乡镇和村庄作为建设实例，增强本指南的建设指引。

本指南突破现行相关村镇公共服务配套设施配置标准中大一统配置原则和指标体系，充分考虑不同地域、不同经济发展水平、不同产业发展业态等主要因素对村镇公共服务设施需求的影响，结合国土空间规划、乡村振兴进程，针对不同等级和类型的村镇，形成一套公共设施规划配置运用方法，加强设施配置标准的规划指导性和落地性，为乡村地区公共服务设施的实施建设提供操作指引。《村镇公共服务设施规划建设指南》面向行政部门、研究学者、设计人员、高校师生等广大读者，能够为各地政府及相关部门行政决策、村镇研究学者们学术探讨、村镇建设单位实施落地提供参考，为我国村镇公共服务设施的优化配置、品质提升与运营管理提供借鉴，为适应村镇地区经济发展和村民对高品质生活需求提供公共服务设施建设指引，缩小城乡公共服务设施建设差距。

子课题研究期限为 2019 年 11 月至 2022 年 12 月，村镇公共服务设施的现场调研、课题研究和指南编制等工作均被严峻的疫情所掣肘，同时限于编写成员水平，书中不免有疏漏和不足之处，敬请读者批评指正。

目　录

第1章

村镇公共服务设施标准研究

村镇公共服务设施标准研究主要包括现行标准概述、标准分类、标准分级配置、标准建设规模研究4部分。其中标准概述按照国家标准、地方标准两类对现行标准进行总体性概括。标准分类方面，各标准一般按照设施的使用性质和盈利能力进行分类。标准分级配置方面，各标准分别从村镇的结构层级、人口规模、生活圈、村镇类型等不同角度，提出各类设施的配置要求。建设规模研究方面，通过各标准对比分析各项公共服务设施规模控制的地区差异。村镇公共服务设施标准的研究主要采用查阅现行标准规范、政策文件以及相关图书资料等方式。

1.1 标准概述

村镇社区公共服务设施相关标准从适用对象上来说，大体可以分为国家、行业标准和地方标准两类。国家、行业标准具有普遍适应性，可供全国参考；地方标准则是各省、市、自治区在国家、行业等标准的基础上，针对自身地域条件、经济发展水平等特点制定的标准，更具有地区参考意义。此外，自2018年国务院机构改革，成立中华人民共和国自然资源部以来，村镇的规划建设工作经历了由城乡规划体系向国土空间规划体系的转变，各标准的制定和发布机构由住房和城乡建设部门变为自然资源部门，国家和地方相继推出符合新时代、新要求的标准内容，在村镇公共服务设施的配置与建设方面也有所更新。

村镇公共服务设施领域约有国家标准12项、行业标准11项（表1-1）、地方标准/文件126项（表1-2）、团体标准2项、国标图集4项、政策文件14项（表1-3）。在设施的指导内容方面，标准/文件分为两类，即涵盖所有公共服务设施的全面标准/文件和针对特定设施的专项标准/文件。在设施的配置方面，各标准/文件依据县域、乡镇、行政村、自然村等行政层级，或常住人口规模等级，从教育、医疗、文化、行政等专项领域配置公共服务设施。

如国家标准《镇规划标准》GB 50188—2007对全国建制镇的公共服务设施规划具有指导意义，按照中心镇和一般镇分别配置。行业标准《社区生活圈规划技术指南》TD/T 1062—2021打破了既往配置思路，对城镇社区生活圈、乡集镇层级社区生活圈、村/组层级社区生活圈分别提出服务要素配置建议，其中城镇社区生活圈按照15分钟、5～10分钟分别配置。团体标准《乡村公共服务设施规划标准》CECS 354—2013则围绕乡驻地和村级公共服务设施展开要求。住房和城乡建设部文件《镇（乡）域规划导则（试行）》针对建制镇和乡驻地配置公共服务设施，建制镇采用行政层级的方式提出配置设施要求，分为镇区（乡政府驻地）、中心村、基层村。此外，《农村普通中小学校建设标准》（建标109—

2008)、《乡镇卫生院建设标准》(建标 107—2008)等标准分别针对学校、医院等特定公共服务设施，提出具体建设要求。

地方标准/文件在符合国家、行业标准的要求之下，因地制宜结合自身情况作出相应调整，主要参考国家标准《镇规划标准》GB 50188—2007、团体标准《乡村公共服务设施规划标准》CECS 354—2013、《镇(乡)域规划导则(试行)》等制定。以《北京市村庄规划导则(修订版)》为例，按照特大型、大型、中型和小型 4 级人口规模配置公服设施，与团体标准《乡村公共服务设施规划标准》CECS 354—2013 一脉相承。而地方又针对自身特点作出更符合当地发展需求的调整，例如《新疆维吾尔自治区乡镇国土空间总体规划编制技术指南(试行)》提出地广人稀地区可因地制宜配置公共服务设施。

很多地方标准/文件编制时间较早，随着国土空间规划体系的提出与推行，各地结合国土空间规划时代下的新要求以及公共服务设施理论、需求的变化，更新了公共服务设施配置内容。例如，《北京市乡镇国土空间规划编制导则(修订版)》结合国土空间规划分区，分别对集中建设区、全乡镇域提出配置要求。在行业标准《社区生活圈规划技术指南》TD/T 1062—2021 发布后，各地将 3 级生活圈概念融入村镇公共服务设施配置思路中，例如，《浙江省美丽城镇生活圈导则(试行)》将生活圈分为 5 分钟邻里生活圈、15 分钟社区生活圈、30 分钟镇村生活圈和城乡片区生活圈 4 个层级，并分别与村、镇(街道)、镇域等不同层级行政单元对应。《乡村振兴战略规划(2018－2022 年)》根据不同村庄的发展现状、区位条件、资源禀赋等，提出分类推进乡村发展后，《辽宁省村庄规划编制导则(试行)》将村庄分为集聚建设类、整治提升类、特色保护类、城郊融合类和搬迁撤并类 5 大类型，并针对不同的村庄类型配置对应的公共服务设施。

部分国家和行业村镇公共服务设施领域相关标准 **表 1-1**

序号	标准名称	标准号	发布机构	实施日期
国家标准				
1	镇规划标准	GB 50188—2007	中华人民共和国建设部，中华人民共和国国家质量监督检验检疫总局	2007 年 5 月 1 日
2	城镇老年人设施规划规范(2018 年版)	GB 50437—2007	中华人民共和国住房和城乡建设部，国家市场监督管理总局	2008 年 6 月 1 日
3	农村防火规范	GB 50039—2010	中华人民共和国住房和城乡建设部，中华人民共和国国家质量监督检验检疫总局	2011 年 6 月 1 日
4	中小学校设计规范	GB 50099—2011	中华人民共和国住房和城乡建设部，中华人民共和国国家质量监督检验检疫总局	2012 年 1 月 1 日
5	无障碍设计规范	GB 50763—2012	中华人民共和国住房和城乡建设部，中华人民共和国国家质量监督检验检疫总局	2012 年 9 月 1 日
6	村镇规划卫生规范	GB 18055—2012	中华人民共和国卫生部，中国国家标准化管理委员会	2013 年 5 月 1 日
7	美丽乡村建设指南	GB/T 32000—2015	中华人民共和国国家质量监督检验检疫总局，中国国家标准化管理委员会	2015 年 6 月 1 日
8	防灾避难场所设计规范(2021 年版)	GB 51143—2015	中华人民共和国住房和城乡建设部，中华人民共和国国家质量监督检验检疫总局	2016 年 8 月 1 日
9	城镇应急避难场所通用技术要求	GB/T 35624—2017	中华人民共和国国家质量监督检验检疫总局，中国国家标准化管理委员会	2018 年 6 月 1 日

续表

序号	标准名称	标准号	发布机构	实施日期
10	农村公共厕所建设与管理规范	GB/T 38353—2019	中华人民共和国国家市场监督管理总局，中国国家标准化管理委员会	2019 年 12 月 31 日
11	村庄整治技术标准	GB/T 50445—2019	中华人民共和国住房和城乡建设部，国家市场监督管理总局	2020 年 1 月 1 日
12	建筑与市政工程无障碍通用规范	GB 55019—2021	中华人民共和国住房和城乡建设部，国家市场监督管理总局	2022 年 4 月 1 日
行业标准				
1	镇（乡）村文化中心建筑设计规范	JGJ 156—2008	中华人民共和国住房和城乡建设部	2008 年 10 月 1 日
2	镇（乡）村绿地分类标准	CJJ/T 168—2011	中华人民共和国住房和城乡建设部	2012 年 6 月 1 日
3	图书馆建筑设计规范	JGJ 38—2015	中华人民共和国住房和城乡建设部	2016 年 5 月 1 日
4	托儿所、幼儿园建筑设计规范（2019 年版）	JGJ 39—2016	中华人民共和国住房和城乡建设部	2016 年 11 月 1 日
5	乡村绿化技术规程	LY/T 2645—2016	中华人民共和国国家林业局	2016 年 12 月 1 日
6	城市公共厕所设计标准	CJJ 14—2016	中华人民共和国住房和城乡建设部	2016 年 12 月 1 日
7	老年人照料设施建筑设计标准	JGJ 450—2018	中华人民共和国住房和城乡建设部	2018 年 10 月 1 日
8	养老服务智能化系统技术标准	JGJ/T 484—2019	中华人民共和国住房和城乡建设部	2020 年 3 月 1 日
9	乡镇集贸市场规划设计标准	CJJ/T 87—2020	中华人民共和国住房和城乡建设部	2020 年 10 月 1 日
10	旅游民宿基本要求与评价（行业标准第 1 号修改单）	LB/T 065—2019/XG1—2021	中华人民共和国文化和旅游部	2021 年 2 月 25 日
11	社区生活圈规划技术指南	TD/T 1062—2021	中华人民共和国自然资源部	2021 年 7 月 1 日

地方村镇公共服务设施相关标准/文件　　表 1-2

序号	省/市/自治区	标准/文件名称	发布机构	发布/实施日期
1	北京市	北京市社区基本公共服务指导目录（试行）	中共北京市委社会工作委员会	2010 年 9 月 1 日
2		北京市村庄规划导则（修订版）	北京市规划和国土资源管理委员会	2019 年 9 月
3		村庄规划用地分类标准	北京市规划和国土资源管理委员会，北京市质量技术监督局	2018 年 1 月 4 日
4		农村公厕、户厕建设基本要求	北京市市场监督管理局	2019 年 4 月 1 日
5		北京市乡镇国土空间规划编制导则（修订版）	北京市规划和自然资源委员会	2021 年 8 月 1 日
6	天津市	天津市乡村规划编制技术要求（2018 版）	天津市规划和自然资源局	2018 年 11 月 8 日
7		天津市村庄规划编制导则（试行）	天津市规划和自然资源局	2019 年 9 月 29 日
8		天津市乡镇国土空间总体规划编制指南（试行）	天津市规划和自然资源局	2021 年 6 月 28 日
9	河北省	河北省村镇公共服务设施规划导则（试行）	河北省住房和城乡建设厅	2011 年 3 月 15 日
10		城乡公共服务设施配置和建设标准	河北省住房和城乡建设厅	2019 年 4 月 1 日
11		河北省村庄规划编制导则（试行）	河北省自然资源厅	2019 年 11 月 15 日
12		河北省乡镇国土空间总体规划编制导则（试行）	河北省自然资源厅	2020 年 4 月 13 日
13		雄安新区社区生活圈规划建设指南（2020 年）	河北雄安新区管理委员会	2020 年 2 月
14		张家口市美丽乡村建设规划设计编制导则	张家口市城乡规划局	2016 年 1 月

续表

序号	省/市/自治区	标准/文件名称	发布机构	发布/实施日期
15	山西省	山西省村庄建设规划编制导则	山西省建设厅	2005年5月8日
16		美丽宜居乡村建设规范	山西省质量技术监督局	2017年2月28日
17	内蒙古自治区	内蒙古自治区村庄和集镇规划建设管理实施办法	内蒙古自治区人民政府	1997年7月23日
18		内蒙古自治区新农村新牧区规划编制导则	内蒙古城市规划市政设计研究院	2013年9月
19		村庄规划编制规程	内蒙古自治区市场监督管理局	2021年3月25日
20		呼伦贝尔市村庄规划、村庄整治规划编制指导意见	呼伦贝尔市规划局	2015年9月
21	辽宁省	辽宁省村庄环境治理规划编制技术导则	辽宁省建设厅	
22		辽宁省村庄宜居乡村建设规划编制导则（草稿）	辽宁省人民政府	2014年11月
23		辽宁省村庄规划编制导则（试行）	辽宁省自然资源厅	2021年9月
24	吉林省	吉林省村庄规划编制技术导则（试行）	吉林省建设厅	2006年7月7日
25		吉林省村镇规划建设管理条例（修正）	吉林省人民代表大会常务委员会	2005年
26		吉林省乡（镇）级国土空间总体规划编制技术指南（试行）	吉林省自然资源厅	2021年6月
27		吉林省村庄规划编制技术指南（试行）	吉林省自然资源厅	2021年6月
28	黑龙江省	黑龙江省村庄建设规划编制导则	黑龙江省城市规划学会	2019年4月1日
29		黑龙江省乡镇级国土空间总体规划编制指南（试行）	黑龙江省自然资源厅	2021年7月
30	上海市	上海市村庄规划编制导则（试行）	上海市规划和国土资源管理局	2010年6月
31		上海市15分钟社区生活圈规划导则（试行）	上海市规划和国土资源管理局	2016年8月
32		村庄规划编制技术规范（征求意见稿）	上海市住房和城乡建设管理委员会	2018年
33		上海市郊野单元（村庄）规划编制技术要求和成果规范（试行）	上海市规划和国土资源管理局	2023年2月
34		上海市乡村社区生活圈规划导则（试行）	上海市规划和自然资源局	2021年12月
35	江苏省	江苏省村镇规划建设管理条例	江苏省人民代表大会常务委员会	1994年6月25日
36		江苏省村庄规划导则	江苏省建设厅	2008年5月21日
37		江苏省村庄规划编制指南（试行）（2020年版）	江苏省自然资源厅	2020年8月3日
38		南京市农村地区基本公共服务设施配套标准规划指引（试行）	南京市人民政府	2011年9月27日
39		常州乡村基本公共服务设施配套标准（试行）	常州市自然资源和规划局	2020年11月
40	浙江省	九年义务教育普通学校建设标准（报批稿）	浙江省住房和城乡建设厅，浙江省教育厅	2023年3月1日
41		浙江省村庄规划编制导则	浙江省住房和城乡建设厅	2015年5月
42		浙江省美丽城镇生活圈导则（试行）	浙江省住房和城乡建设厅	2020年3月
43		浙江省村庄规划编制技术要点（试行）	浙江省自然资源厅	2021年5月19日
44		浙江省乡镇级国土空间总体规划编制技术要点（征求意见稿）		
45		杭州市乡镇（村）社区服务中心建设标准（试行）	杭州市民政局	2009年5月
46		杭州市城市规划公共服务设施基本配套规定（修订）	杭州市规划局	2016年8月10日
47		温州市农村新社区建设参照标准（试行）	温州市民政局	2011年

续表

序号	省/市/自治区	标准/文件名称	发布机构	发布/实施日期
48	安徽省	安徽省美好乡村建设标准（试行）	安徽省人民政府办公厅	2012 年 9 月 10 日
49		安徽省村庄布点规划导则（试行）	安徽省住房和城乡建设厅	2013 年 7 月 26 日
50		安徽省村庄规划编制标准	安徽省住房和城乡建设厅，安徽省质量技术监督局	2015 年 4 月 1 日
51		安徽省农村人居环境整治导则（试行）	安徽省住房和城乡建设厅	2018 年 7 月
52		安徽省村庄整治标准		
53		安徽省村庄规划编制工作指南（试行）	安徽省自然资源厅	2020 年 2 月
54		安徽省村庄规划编制指南（2022 版）	安徽省自然资源厅	2022 年 6 月 20 日
55		安徽省乡镇国土空间总体规划编制规程（试行）	安徽省自然资源厅	2022 年 11 月
56	福建省	福建省村庄规划导则（试行）	福建省住房和城乡建设厅	2011 年 8 月 19 日
57		福建省村庄规划编制指南（试行）	福建省自然资源厅	2019 年 9 月 16 日
58		农村幸福院等级划分与评定	福建省市场监督管理局	2021 年 3 月 30 日
59		福建省乡镇国土空间总体规划编制指南（试行）（征求意见稿）	福建省自然资源厅	2021 年 6 月 21 日
60		福建省城乡养老服务设施规划及配置导则（试行）	福建省住房和城乡建设厅	2015 年 6 月
61	江西省	江西省村镇规划建设管理条例	江西省人民代表大会常务委员会	2002 年 3 月 28 日
62		江西省村庄建设规划技术导则	江西省建设厅	2006 年 7 月 5 日
63		江西省村庄规划编制技术指南（试行）	江西省自然资源厅	2019 年 8 月 7 日
64		江西省村庄规划编制工作指南（试行）	江西省自然资源厅	2019 年 8 月 7 日
65	山东省	山东省村庄规划编制技术要点	山东省住房和城乡建设厅	2016 年 10 月
66		山东省村庄规划编制导则（试行）	山东省自然资源厅	2019 年 9 月 9 日
67		山东省乡镇国土空间总体规划编制导则（试行）	山东省自然资源厅	2019 年 11 月
68		农村幸福院等级划分与评定	山东省市场监督管理局	2020 年 7 月 8 日
69		济南 15 分钟社区生活圈规划导则	济南市规划局	2019 年 1 月 31 日
70	河南省	河南省新型农村社区规划建设导则	河南省住房和城乡建设厅	2012 年 2 月
71		河南省村庄规划导则（修订版）	河南省自然资源厅	2021 年 6 月 1 日
72		河南省乡镇国土空间规划编制导则（试行）	河南省自然资源厅	2021 年 9 月 9 日
73	湖北省	湖北省新农村建设村庄规划编制技术导则（试行）	湖北省建设厅	2006 年 3 月
74		湖北省美丽村庄规划编制导则（试行）		2014 年 12 月
75		湖北美丽乡村建设规范（报批稿）	湖北省市场监督管理局	2019 年 7 月 8 日
76		湖北省村庄规划编制基本技术指引（试行）	湖北省委农办等	2019 年 4 月 24 日
77		湖北省乡镇级国土空间总体规划编制导则（试行）	湖北省自然资源厅	2021 年 9 月
78	湖南省	湖南省村庄规划编制导则（试行）	湖南省住房和城乡建设厅	2017 年 11 月 3 日
79		湖南省村庄规划编制技术指南（试行）	湖南省自然资源厅	2019 年 4 月
80		湖南省乡镇国土空间规划编制技术指南（试行）	湖南省自然资源厅	2020 年 8 月
81	广东省	广东省县（市）域乡村建设规划编制指引（试行）	广东省住房和城乡建设厅	2016 年 8 月

续表

序号	省/市/自治区	标准/文件名称	发布机构	发布/实施日期
82	广东省	广东省村庄规划编制指引（试行）	广东省住房和城乡建设厅	2018年8月
83		广东省村庄规划编制基本技术指南（试行）	广东省自然资源厅	2019年5月
84		广东省镇级国土空间总体规划编制技术指南（试行）	广东省自然资源厅	2022年5月
85		广州市村庄规划编制指引	广州市规划局	2013年6月
86	广西壮族自治区	广西壮族自治区村庄规划编制技术导则（试行）	广西壮族自治区自然资源厅	2019年6月
87		广西壮族自治区乡镇级国土空间总体规划编制要点（征求意见稿）	广西壮族自治区自然资源厅	2020年11月
88	海南省	海南省村镇规划建设管理条例	海南省人民代表大会常务委员会	2014年2月1日
89		海南省村庄规划管理条例	海南省人民代表大会常务委员会	2020年3月1日
90		海南省村庄规划编制技术导则（试行）	海南省自然资源和规划厅	2020年6月18日
91	重庆市	重庆市居住区公共服务设施配套标准	重庆市规划局	2005年
92		重庆市城乡规划村庄规划导则（试行）	重庆市规划局	2007年12月
93		重庆市城乡公共服务设施规划标准	重庆市质量技术监督局，重庆市规划局	2014年4月1日
94		重庆市村镇规划建设管理条例	重庆市人民代表大会常务委员会	2015年10月1日
95		重庆市乡村规划设计导则	重庆市规划和自然资源局	2021年7月19日
96		重庆市村庄规划编制技术指南	重庆市规划和自然资源局	2021年
97	四川省	四川省村镇规划建设管理条例	四川省人民代表大会常务委员会	2004年9月24日
98		成都市农村新型社区建设技术导则（试行）	成都市住房和城乡建设局	2007年
99		成都市镇村公共服务和社会管理配置标准	中共成都市委统筹城乡工作委员会	2012年5月11日
100		四川省村庄规划编制技术导则（试行）	四川省自然资源厅	2019年5月
101		四川省镇乡级国土空间规划编制指南（试行）	四川省自然资源厅	2021年3月
102	贵州省	贵州省村庄规划编制导则（试行）	贵州省住房和城乡建设厅	2018年4月11日
103		贵州省村庄规划编制技术指南（试行）	贵州省自然资源厅	2021年6月
104		贵州省乡镇级国土空间总体规划编制技术指南（试行）	贵州省自然资源厅	2021年12月
105	云南省	云南省村庄规划编制办法（试行）	云南省住房和城乡建设厅	2007年8月1日
106		云南省新农村建设村庄整治技术导则（试行）	云南省住房和城乡建设厅	2015年12月30日
107		云南省县（市）域乡村建设规划编制导则与审查要点	云南省城乡规划局	2017年
108		云南省公共服务设施规划标准（公示稿）	云南省城乡规划委员会办公室	2017年1月
109		云南省农村人居环境整治技术导则（试行）	云南省住房和城乡建设厅	2018年6月
110		云南省“多规合一”实用性村庄规划编制指南（试行）（修订版）	云南省自然资源厅	2021年3月
111		云南省县域村庄布局专项规划编制指南（试行）	云南省自然资源厅	2021年4月
112	西藏自治区	西藏自治区村庄规划技术导则（试行）	西藏自治区住房和城乡建设厅	2015年2月2日
113		西藏自治区村庄建设规划技术导则（试行）	西藏自治区住房和城乡建设厅	2019年7月31日
114		西藏自治区村庄综合整治技术导则（试行）	西藏自治区住房和城乡建设厅	2019年7月31日
115		西藏自治区村庄规划编制技术导则（试行）	西藏自治区自然资源厅	2020年4月

续表

序号	省/市/自治区	标准/文件名称	发布机构	发布/实施日期
116	陕西省	陕西省农村村庄规划建设条例	陕西省人民代表大会常务委员会	2006 年 3 月 1 日
117		陕西省村庄规划编制导则（试行）	陕西省城乡规划设计研究院	2014 年 4 月
118		陕西省实用性村庄规划编制技术导则（试行）	陕西省自然资源厅	2020 年 4 月
119	甘肃省	甘肃省村庄规划编制导则	甘肃省自然资源厅	2022 年 5 月
120	青海省	青海省村庄规划编制技术导则（试行）	青海省自然资源厅	2020 年 7 月 14 日
121	宁夏回族自治区	宁夏回族自治区村庄规划编制导则（试行）	宁夏回族自治区住房和城乡建设厅	2015 年 11 月 10 日
122		宁夏回族自治区村庄规划编制指南（试行）	宁夏回族自治区自然资源厅	2020 年 3 月 19 日
123	新疆维吾尔自治区	新疆维吾尔自治区村庄规划建设导则	新疆维吾尔自治区住房和住房建设厅	2010 年 9 月 10 日
124		村庄规划编制技术规程（试行）	新疆维吾尔自治区住房和住房建设厅	2012 年 4 月 24 日
125		新疆维吾尔自治区村庄规划编制技术指南（试行）（2022 年修订版）	新疆维吾尔自治区自然资源厅	2022 年 2 月
126		新疆维吾尔自治区乡镇国土空间总体规划编制技术指南（试行）	新疆维吾尔自治区自然资源厅	2022 年 2 月

部分村镇公共服务设施相关团体标准和政策文件　　表 1-3

序号	标准/文件名称	标准/文件编号	发布机构	发布/实施日期
		团体标准		
1	村庄景观环境工程技术规程	CECS 285—2011	中国工程建设标准化协会	2011 年 5 月 1 日
2	乡村公共服务设施规划标准	CECS 354—2013	中国工程建设标准化协会	2014 年 1 月 1 日
		国标图集		
1	乡镇卫生院建筑标准设计样图	10J929	中国卫生经济学会 广东粤建设计研究院有限公司	2010 年 8 月
2	《中小学校设计规范》图示	11J934—1	北京市建筑设计研究院 中国建筑标准设计研究院	2011 年 12 月 1 日
3	农村中小学校标准设计样图	10J932	中国建筑标准设计研究院 中国建筑西南设计研究院有限公司	2011 年 1 月 1 日
4	无障碍设计	12J926	北京市建筑设计研究院有限公司 中国建筑标准设计研究院	2013 年 10 月 1 日
		政策文件		
1	村镇规划编制办法（试行）	建村〔2000〕36 号	中华人民共和国建设部	2000 年 2 月 14 日
2	农村计划生育服务机构基础设施建设标准	建标〔2005〕206 号	中华人民共和国建设部 中华人民共和国国家发展和改革委员会	2006 年 3 月 1 日
3	乡镇卫生院建设标准	建标 107—2008	中华人民共和国住房和城乡建设部 中华人民共和国国家发展和改革委员会	2008 年 11 月 1 日
4	农村普通中小学校建设标准	建标 109—2008	中华人民共和国住房和城乡建设部 中华人民共和国国家发展和改革委员会	2008 年 12 月 1 日
5	镇（乡）域规划导则（试行）	建村〔2010〕184 号	中华人民共和国住房和城乡建设部	2010 年 11 月 4 日

续表

序号	标准/文件名称	标准/文件编号	发布机构	发布/实施日期
6	社区老年人日间照料中心建设标准	建标 143—2010	中华人民共和国住房和城乡建设部 中华人民共和国国家发展和改革委员会	2011 年 3 月 1 日
7	老年养护院建设标准	建标 144—2010	中华人民共和国住房和城乡建设部 中华人民共和国国家发展和改革委员会	2011 年 3 月 1 日
8	乡镇综合文化站建设标准	建标 160—2012	中华人民共和国住房和城乡建设部 中华人民共和国国家发展和改革委员会	2012 年 5 月 1 日
9	村庄整治规划编制办法	建村〔2013〕188 号	中华人民共和国住房和城乡建设部	2013 年 12 月 17 日
10	村卫生室管理办法（试行）	国卫基层发〔2014〕33 号	中华人民共和国卫生和计划生育委员会等 5 部门	2014 年 6 月 3 日
11	村庄规划用地分类指南	建村〔2014〕98 号	中华人民共和国住房和城乡建设部	2014 年 7 月 11 日
12	党政机关办公用房建设标准	建标 169—2014	中华人民共和国国家发展和改革委员会 中华人民共和国住房和城乡建设部	2014 年 12 月 24 日
13	综合社会福利院建设标准	建标 179—2016	中华人民共和国住房和城乡建设部 中华人民共和国国家发展和改革委员会	2017 年 6 月 1 日
14	特困人员供养服务设施（敬老院）建设标准	建标 184-2017	中华人民共和国住房和城乡建设部 中华人民共和国国家发展和改革委员会	2017 年 12 月 1 日

1.2 标准中的分类

1.2.1 按设施的使用性质分类

大部分标准按照设施的使用性质分类，总体来说主要包括社会管理、生活服务、福利保障、市政防灾、产业服务 5 类。

1. **社会管理类**

社会管理类设施为实现本地区社会管理功能的设施，包括乡镇级政府及各部门履行管理和服务职能所需要的设施、村级组织为开展服务和工作所需的各类设施，如乡镇政府办公用房、社区公共服务中心、村委会、农村公共服务中心、派出所、警务室等。目前，社会管理类设施逐渐出现综合化趋势，如《湖南省村庄规划编制导则（试行）》提出建设农村综合服务平台，包含村党组织办公室、村委会办公室、综合会议室、档案室、信访接待室等，由以前的村委会即单一办公设施，更新为办公、对外接待、群众办事等多功能结合的设施。

2. **生活服务类**

生活服务类设施在村镇内提供教育、医疗、文化、体育、商业等日常生活用的公共服务设施，如学校、医院、卫生室、文化室、体育活动场地、商店、银行、餐厅等。商业设施多是通过市场化方式配置和供给，而教育、医疗、文化、体育类设施大多通过政府各部门进行垂直配置，但部分设施如幼儿园、诊所等，在村镇服务人口较多、经济较发达地区，政府设施配置不足时，也会出现市场化、私人化设施。该类设施是居民生活和生存的基本需要，对居民生活影响十分重要，影响居民生活水平和生活质量。

3. **福利保障类**

福利保障类设施为居民提供养老及其他福利功能的设施，针对特定使用人群，主要包括养老院、老年人日间照料中心、老年活动室、儿童福利院、残疾人服务站等。随着我国人口老龄化逐年加重，各标准逐渐重视养老、适老化设施的配置，如行业标准《社区生活圈规划技术指南》TD/T 1062—2021提出建设老年人日间照料中心，河北省《城乡公共服务设施配置和建设标准》DB13(J)/T 282—2018提出建设托老所。

4. **市政防灾类**

市政防灾类设施为居民提供停车、垃圾收集、公共安全等基本市政防灾功能的设施，如公交站、停车场、公共厕所、垃圾收集点、避灾场地等。此类设施与村镇基础设施、交通设施有交集，是属于基础设施中直接与服务人群接触的设施或空间，因此部分标准在村镇公共服务设施配置类型方面考虑了市政防灾类设施，如《浙江省美丽城镇生活圈导则（试行）》提出建设公共厕所，《常州乡村基本公共服务设施配套标准（试行）》提出建设公共停车场。

5. **产业服务类**

产业服务类设施为居民提供生产资料供应、仓储、物流、旅游服务、就业培训、经营管理及其他产业服务的设施，如农资店、农具存放站、物流设施、游览接待设施、农业服务中心、农业合作社等。《山东省村庄规划编制导则（试行）》提出配置生产服务设施，包括供销社、兽医站、农机站、晒场等。

此外，村镇公共服务设施有综合性配置建设的趋势，通过整体规划建设地域集中性、功能综合性的服务设施，内部分别建设若干类型的服务设施和服务项目，实行“一条龙”式的便民服务，如《浙江省美丽城镇生活圈导则（试行）》提出5分钟邻里生活圈公共服务设施中配置邻里中心，服务内容包括文体活动、少儿活动、老年活动、老年服务、公共服务，同时具有社会管理、生活服务、福利保障3类设施。

1.2.2　按设施的盈利能力分类

部分标准按设施的盈利能力或投资主体分类，包括公益服务类和经营服务类两类，如《安徽省美好乡村建设标准（试行）》将公共服务设施分为公益性、经营性设施，《山西省村庄建设规划编制导则》将公共服务设施分为公益服务型、商业服务型公共设施。

1. **公益服务类**

公益服务类设施一般由中央和地方政府公共财政投资建设，或由社会力量参与投资、建设、运营，向居民提供公益性公共服务，不盈利或盈利能力很弱，需要财政资金或社会资本持续投入运营。公益服务类设施包括公共服务中心、小学、幼儿园、文化站、图书室、老年活动室、卫生所、健身场地、公共厕所等。

2. **经营服务类**

经营服务类设施一般由社会投资、建设、运营，或部分设施政府给予适当补贴，向居民提供经营商业性质的服务，具有收支平衡或较强的盈利能力。经营服务类设施包括便民超市、餐饮店、副食加工店、理发洗浴店、农贸市场、金融服务网点、邮政所等。

1.3 标准中的分级配置

村镇相关标准中的分级配置方法主要有4种：按照村镇的结构层级、人口规模、生活圈、村镇类型配置，分别从行政体制层级、使用效率、地域特点、发展方向等不同维度分配公共服务设施资源，同时根据村镇自身情况采取选择性和动态化的配置。

1.3.1 按村镇的结构层级配置

部分标准按照村镇的结构层级进行公共服务设施配置（表1-4），即村镇公共服务设施配置与行政建制挂钩并随之变化，通常按照村镇体系结构的等级序列分为乡镇级和村级，并根据设施自身特点进行层级的增减。村镇按照行政等级划分，乡镇可划分为重点乡镇和一般乡镇，村庄可分为中心村和基层村，或将村庄分为行政村、自然村，将自然村分为村委所在自然村、非村委所在自然村。配置时有3种建议类型：应建的设施、有条件可建的设施、一般不建的设施。根据村镇等级和各类型设施建设必要性给出配置建议。设施总体上按照就高不就低的原则进行配置，乡镇带动村庄发展，同时重点乡镇带动一般乡镇发展，中心村带动基层村发展，行政村带动自然村发展，村委所在自然村带动非村委所在自然村发展；乡镇公共服务设施比村庄配置更完善，同时重点乡镇和中心村的公共服务设施配置分别比一般乡镇、基层村更完善。

按村镇的结构层级配置的标准/文件 **表1-4**

序号	标准/文件名称
1	北京市乡镇国土空间规划编制导则（修订版）
2	河北省村镇公共服务设施规划导则（试行）
3	（河北省）城乡公共服务设施配置和建设标准
4	（内蒙古自治区）村庄规划编制规程
5	吉林省村庄规划编制技术导则（试行）
6	吉林省村庄规划编制技术指南（试行）
7	黑龙江省村庄建设规划编制导则
8	上海市乡村社区生活圈规划导则（试行）
9	常州乡村基本公共服务设施配套标准（试行）
10	南京市农村地区基本公共服务设施配套标准规划指引（试行）
11	浙江省村庄规划编制导则
12	安徽省美好乡村建设标准（试行）
13	安徽省村庄布点规划导则（试行）
14	安徽省村庄规划编制标准
15	安徽省乡镇国土空间总体规划编制规程试行
16	福建省城乡养老服务设施规划及配置导则（试行）
17	山东省村庄规划编制导则（试行）
18	广东省县（市）域乡村建设规划编制指引（试行）
19	广西壮族自治区村庄规划编制技术导则（试行）
20	海南省村庄规划编制技术导则（试行）
21	云南省“多规合一”实用性村庄规划编制指南（试行）（修订版）

续表

序号	标准/文件名称
22	宁夏回族自治区村庄规划编制导则（试行）
23	（新疆维吾尔自治区）村庄规划编制技术规程（试行）
24	新疆维吾尔自治区乡镇国土空间总体规划编制技术指南（试行）

以《河北省村镇公共服务设施规划导则（试行）》为例（表 1-5），该标准将村镇分为中心镇、乡镇、中心村、基层村 4 个层级进行公共服务设施配置。根据设施类型和建设必要性，给出应建、有条件可建、一般不建的 3 种建议。在行政管理设施中，党政机关和社会团体是村镇基本社会管理功能设施，因此 4 个层级都应建设，而经济、中介机构等非必要设施，则在中心镇为应建，一般乡镇和中心村可根据经济发展、人口规模等条件选择性配置，基层村不需配置。在教育机构中考虑服务人群的年龄和活动范围、设施的经济性和闲置率等原因，各类设施配置建议有所不同，教育设施等级越高，越向中心镇集中配置。例如幼儿园和托儿所服务半径较小、使用对象出行距离有限，因此 4 个层级都应建设；而小学在中心镇、乡镇、中心村则为应建，基层村根据需求可建，或建设教学点；高级中学或其他高等教育设施根据中心镇发展条件，可选择建设（图 1-1）。

《河北省村镇公共服务设施规划导则（试行）》各级村镇主要公共服务设施配置　表 1-5

类别	项目	中心镇	乡镇	中心村	基层村
行政管理 C1	C11 党政机关、社会团体	●	●	●	●
	C12 公安、法庭、治安管理	●	●	/	/
	C13 建设、市场、土地等管理机构	●	○	/	/
	C14 经济、中介机构	●	○	○	/
教育机构 C2	C21 幼儿园、托儿所	●	●	●	●
	C22 小学	●	●	●	○
	C23 初级中学	●	○	/	/
	C24 高级中学或完全中学	○	/	/	/
	C25 职教、成教、培训、专科院校	○	/	/	/
文体科技 C3	C31 文化娱乐设施	●	●	●	○
	C32 体育设施	●	●	○	○
	C33 图书科技设施	●	○	○	○
	C34 文物、纪念、宗教类设施	○	○	○	○
医疗保健 C4	C41 医疗保健设施	●	●	●	●
	C42 防疫与计生设施	●	●	/	/
	C43 疗养设施	●	○	○	○
商业金融 C5	C51 旅店、饭店、旅游设施	●	○	○	/
	C52 商店、药店、超市设施	●	●	○	○
	C53 银行、信用社、保险机构	●	●	/	/
	C54 理发、洗衣店、劳动服务等	●	●	○	/
	C55 综合修理、加工、收购点	●	●	○	○
集贸设施 C6	C61 一般商品市场、蔬菜市场	●	●	/	/
	C62 燃料、建材、生产资料市场	○	○	/	/
	C63 畜禽、水产品市场	○	○	/	/

续表

类别	项目	中心镇	乡镇	中心村	基层村
社会保障 C7	C71 残障人康复设施	●	○	/	/
	C72 敬老院和儿童福利院	●	●	●	/
	C73 养老服务站	●	●	●	/

注：●—应建的设施；○—有条件可建的设施；/——般不建的设施。

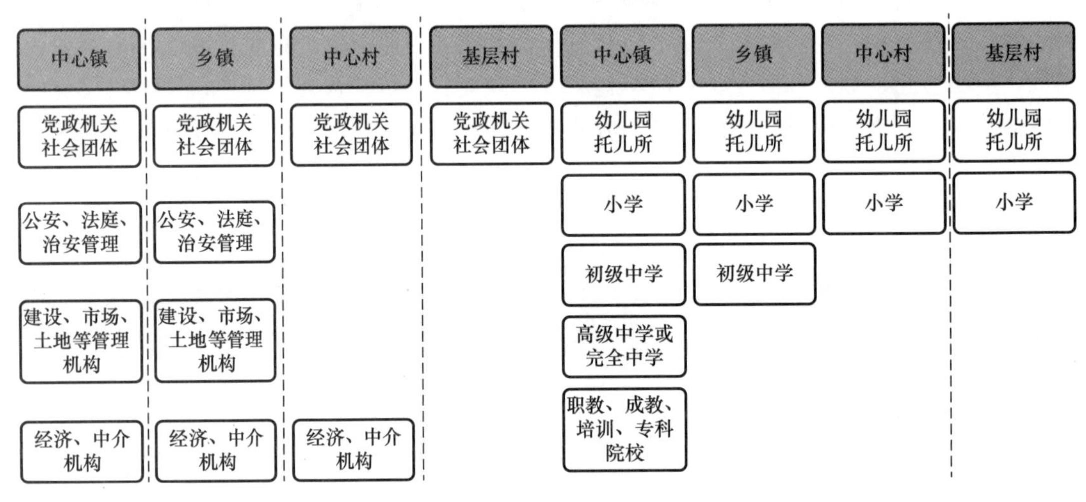

图 1-1 《河北省村镇公共服务设施规划导则（试行）》行政管理和教育机构配置图

1.3.2 按村镇的人口规模配置

部分标准考虑到公共服务设施的实际使用效率，按照村庄的人口规模配置公共服务设施（表 1-6）。配置时有 3 种建议类型：应建的设施、有条件可建的设施、一般不建的设施，并且根据村庄规模，依据千人指标分别给出各类设施的用地面积、建筑面积、配置内容等规模指标建议值。

按村镇的人口规模配置的标准/文件 **表 1-6**

序号	标准/文件名称
1	北京市村庄规划导则（修订版）
2	河北省村庄规划编制导则（试行）
3	内蒙古自治区新农村新牧区规划编制导则
4	呼伦贝尔市村庄规划、村庄整治规划编制指导意见
5	浙江省村庄规划编制技术要点（试行）
6	安徽省美好乡村建设标准（试行）
7	安徽省村庄规划编制标准
8	福建省村庄规划编制指南（试行）
9	济南 15 分钟社区生活圈规划导则
10	河南省村庄规划导则（修订版）
11	湖北省新农村建设村庄规划编制技术导则（试行）
12	重庆市城乡规划村庄规划导则（试行）
13	四川省村庄规划编制技术导则（试行）

续表

序号	标准/文件名称
14	贵州省村庄规划编制技术指南（试行）
15	云南省县域村庄布局专项规划编制指南（试行）
16	西藏自治区村庄建设规划技术导则（试行）
17	青海省村庄规划编制技术导则（试行）
18	新疆维吾尔自治区村庄规划建设导则

镇、乡和村庄规模层级可分别划分成特大型、大型、中型、小型4级（表1-7）。此外，部分地区根据当地村庄规模大小，对村庄规模层级划分有所区别。以小型村庄为例，《北京市村庄规划导则（修订版）》为小于或等于200人，《安徽省美好乡村建设标准（试行）》为小于或等于300人，《浙江省村庄规划编制技术要点（试行）》为小于或等于500人，团体标准《乡村公共服务设施规划标准》CECS 354—2013为小于或等于600人，《湖北省新农村建设村庄规划编制技术导则（试行）》为100～200户（3.5人/户）。此外，《内蒙古自治区新农村新牧区规划编制导则》还根据人口规模将农区村庄和牧区嘎查分为特大型、大型、中型、小型4级，农区和牧区村庄的人口规模划分有所不同。

镇、乡和村庄规模层级 **表1-7**

规模层级	标准、文件名称	特大型	大型	中型	小型
镇区	镇规划标准	>50000人	30001～50000人	10001～30000人	≤10000人
乡驻地	乡村公共服务设施规划标准	>30000人	10001～30000人	5001～10000人	≤5000人
村庄	内蒙古自治区新农村新牧区规划编制导则	≥801人	401～800人	101～400人	≤100人
	北京市村庄规划导则（修订版） 内蒙古自治区新农村新牧区规划编制导则	>1000人	601～1000人	201～600人	≤200人
	安徽省美好乡村建设标准（试行）	>2000人	800～2000人	300～800人	≤300人
	浙江省村庄规划编制技术要点（试行）	>3000人	1000～3000人	500～1000人	≤500人
	乡村公共服务设施规划标准	>3000人	1001～3000人	601～1000人	≤600人
	《湖北省新农村建设村庄规划编制技术导则（试行）》(3.5人/户)	—	≥300户	200～300户	100～200户

以《北京市村庄规划导则（修订版）》为例（表1-8），根据村庄规模配置行政管理、教育机构、文化科技等公共服务设施，并给出应设和可设2种配置建议。

《北京市村庄规划导则（修订版）》北京村庄公共设施性质分类及项目基本配置 **表1-8**

类别	项目	公共设施项目配置			
		特大型村庄	大型村庄	中型村庄	小型村庄
一、行政管理	1. 村委会	●	●	●	●
	2. 其他管理机构	●	●	○	○
二、教育机构	3. 小学	○	○	○	○
	4. 幼儿园	○	○	○	○
三、文化科技	5. 综合文化站	●	●	●	●
	6. 青少年、老年活动中心	●	●	○	○

续表

类别	项目	公共设施项目配置			
		特大型村庄	大型村庄	中型村庄	小型村庄
四、体育设施	7. 体育活动室	●	●	○	○
	8. 健身场地	●	●	●	●
	9. 运动场地	○	○	○	○
五、医疗卫生	10. 村医疗卫生机构	●	●	○	○
六、社会福利保障	11. 村养老设施	●	●	○	○
七、商业服务	12. 小卖部	○	○	●	●
	13. 小型超市	●	●	○	○
	14. 餐饮小吃店	●	○	○	○
	15. 旅馆、招待所	旅游型村庄可设置			

注：1. ●—应设的设施；○—可设的设施；
2. 结合教育部门整合教育资源的要求，小学和托幼的设置可根据实际情况采取几个村合并建设较高配置的方式进行。

1.3.3 按村镇的生活圈配置

生活圈是围绕人的日常生活所涉及的地理空间概念，为适应不同的行为活动，在不同的尺度上都有应用，从区域、市域到居住区，均有不同的适用内涵。从生活圈在各个国家和地区的发展过程来看，大致是由区域尺度逐渐细化至城市尺度。生活圈在社会学层面，指特定生活方式的人群所组成的独立的社会生活共同体；在规划层面，是作为详细规划编制的片区或单元，以一定人口规模进行管控；在管理层面，是作为街道、居委会或村委会管辖的对象，与行政区划紧密联系。

按村镇生活圈配置指在适宜的日常步行范围，即 5 分钟、10 分钟、15 分钟或 30 分钟的步行范围内，配置满足村镇居民生活所需的各类公共服务设施，形成村镇社区居民生活基本平台，强调归属感（表 1-9）。

按村镇生活圈配置的标准/文件 **表 1-9**

序号	标准/文件名称	生活圈层级		
1	社区生活圈规划技术指南 TD/T 1062—2021	村/组层级 社区生活圈	乡集镇层级 社区生活圈	城镇社区生活圈 （15 分钟、5～10 分钟）
2	雄安新区社区生活圈规划建设指南（2020 年）	5 分钟社区生活圈		
3	黑龙江省乡镇级国土空间总体规划 编制指南（试行）	5 分钟村（组） 生活圈	10 分钟乡集镇 生活圈	15 分钟中心镇生活圈
4	上海市 15 分钟社区生活圈规划导则 （试行）	5 分钟社区 生活圈	10 分钟社区 生活圈	15 分钟社区生活圈
5	上海市乡村社区生活圈规划导则 （试行）	自然村层级	行政村层级	—
6	浙江省美丽城镇生活圈导则（试行）	5 分钟邻里 生活圈	15 分钟社区 生活圈	30 分钟镇村生活圈
7	济南 15 分钟社区生活圈规划导则	5～10 分钟邻里 （居委）级生活圈	10～15 分钟街道 级生活圈	—

续表

序号	标准/文件名称	生活圈层级	
8	甘肃省村庄规划编制导则	10 分钟村庄基本居民点	30 分钟社区生活圈
9	新疆维吾尔自治区村庄规划编制技术指南（试行）（2022 年修订版）	村/组层级社区生活圈	

以《黑龙江省乡镇级国土空间总体规划编制指南（试行）》城乡生活圈设施配置为例（表 1-10），分为 5 分钟/村（组）生活圈、10 分钟/乡集镇生活圈、15 分钟/中心镇生活圈 3 个配置层级和可达类型，根据服务人口、服务半径、行为特征、居民需求等条件设置教育、文化、体育等设施，提供必选、可选和不要求设置 3 种配置建议。

《黑龙江省乡镇级国土空间总体规划编制指南（试行）》城乡生活圈设施配置　表 1-10

类型	名称	5 分钟/村（组）生活圈	10 分钟/乡集镇生活圈	15 分钟/中心镇生活圈
教育	托儿所	●/○	—	—
	幼儿园	●/○	—	—
	小学	—	●	
	初中	—	○	●
	高中	—	—	○
文化	文化活动站	●	—	—
	文化活动中心	—	●	●
体育	室外综合健身场地	●	—	—
	小型多功能运动场地	○	—	—
	中型多功能运动场地	—	●	—
	大型多功能运动场地	—	—	●
	全民健身中心	—	—	○
医疗卫生	卫生服务站（所）	●	—	—
	卫生服务中心（院）	—	●	—
社会福利	日间照料中心	●	—	—
	养老院	—	○	●
	老年养护院	—	○	●
管理服务	服务站（村委会）	●	—	—
	服务中心	—	●	—

注：1. ●—必选设置，○—可选设置，— —不要求设置；
2. 考虑服务人口因素，托儿所与幼儿园在村级生活圈为非必配设施，但在 5 分钟生活圈为必配设施。

1.3.4　按村镇的类型配置

2018 年中共中央、国务院印发《乡村振兴战略规划（2018—2022 年）》，提出“顺应村庄发展规律和演变趋势，根据不同村庄的发展现状、区位条件、资源禀赋等，按照集聚提升、融入城镇、特色保护、搬迁撤并的思路，分类推进乡村振兴，不搞一刀切”，将村庄分为集聚提升类、城郊融合类、特色保护类和搬迁撤并类 4 个类型。由此，各地方根据地区村镇经济社会发展情况，在乡镇和村庄国土空间规划编制导则时相继提出不同的村镇分类方式，部分标准针对各类村镇还给出公共服务设施的配置建议或用地建议。

1.3.4.1 乡镇类型及公共服务配置

乡镇规划一般不分类，仅有河北、安徽等5地按照乡镇自然地理情况、资源禀赋、主导产业、职能等不同情况，将乡镇进行分类（表1-11），同时针对各类型乡镇给予职能定位、发展方向、空间布局、人居环境建设、服务设施等方面的指引建议，但在公共服务配置和建设规模方面并无具体的分类指导。

按乡镇类型配置的标准/文件 **表1-11**

序号	标准/文件名称	分类方式	备注
1	河北省乡镇国土空间总体规划编制导则（试行）	城郊服务型、工贸带动型、特色保护型、资源生态型、现代农业型	有指引
2	安徽省乡镇国土空间总体规划编制规程（试行）	按自然地理分类：皖北平原、江淮丘陵、皖西山区、沿江平原和皖南山区	有指引
		按职能分类：一般服务型、特色带动型和重点发展型	
3	福建省乡镇国土空间总体规划编制指南（试行）（征求意见稿）	城市边缘型、现代农林型、资源生态型、工贸带动型、旅游带动型、文化传承型、滨水港口型、其他一般型	无公共服务指引
4	贵州省乡镇级国土空间总体规划编制技术指南（试行）	交通枢纽型、旅游服务型、绿色产业型、工矿园区型、商贸集散型、移民安置型、其他特色型等	无公共服务指引
5	新疆维吾尔自治区乡镇国土空间总体规划编制技术指南（试行）	生态保育类、特色发展类、城郊服务类、富民兴边类和其他类	有指引，公共服务按照行政等级配置

如《河北省乡镇国土空间总体规划编制导则（试行）》将乡镇分为城郊服务型、工贸带动型、特色保护型、资源生态型和现代农业型等类型，乡镇根据发展实际落实1种或多种类型的编制指引。其中城郊服务型乡镇应与市县中心城区基础设施互联互通、公共服务共建共享，为城市基础设施向乡镇延伸做好规划预留，积极融入城市30分钟交通圈、生活圈；工贸带动型乡镇的设施建设应注重提高宜居环境品质，建设与产业发展相适应的配套服务设施；现代农业型乡镇设施建设上注重补齐乡镇基本生活服务设施短板，与乡村自然风光和田园景观相协调，打造恬静、宜居、舒适的现代乡镇。

1.3.4.2 村庄类型及公服配置

各省、市、自治区按照村庄的自然地理区位、资源禀赋、产业发展、文化特色、聚落特征等不同情况，将村庄进行分类，同时针对各类型村庄给予职能定位、发展方向、空间布局、人居环境建设、服务设施等方面的指引建议。但是仅有《辽宁省村庄规划编制导则（试行）》等6个标准针对各类村庄提出公共服务设施的具体配置建议或用地建议，各省、市、自治区村庄分类方式见表1-12。

各省、自治区、市村庄分类方式 **表1-12**

分类方式	省/自治区/市	备注
三类：集聚提升、特色保护、保留改善	河南	有分类指导和配置引导
≥四类：集聚提升、城郊融合、特色保护、搬迁撤并	北京	—
	江苏	—
	安徽	另有其他类

续表

分类方式	省/自治区/市	备注
≥四类：集聚提升、城郊融合、特色保护、搬迁撤并	福建	另有待定类，有分类指导和配置引导
	江西	另有待定类
	山东	另有其他类，集聚提升类分为集聚发展、存续提升
	湖南	另有其他类
	广西	另有固边、兴边类
	云南	也可暂不分类，暂不明确类
	西藏	另有守土固边类和其他类，集聚提升分为河谷农区、高寒牧区
	陕西	另有其他类，有分类指导和配置引导
	甘肃	另有其他类
	新疆	另有多村联编
≥五类：集聚提升、保留改善、城郊融合、特色保护、搬迁撤并	天津	—
	河北	—
	辽宁	有分类指导和配置引导
	浙江	—
	吉林	另有兴边富民类
	海南	也可暂不分类
	贵州	也可暂不分类
	青海	另有其他类
	宁夏	—
有特色类	吉林	兴边富民类
	黑龙江	边境巩固类
	广西	固边兴边类
	西藏	守土固边类

总体来说共有 7 类村庄：集聚提升类、城郊融合类、特色保护类、搬迁撤并类、保留改善类、边境巩固类和其他类。其中北京、江苏等地将村庄分为集聚提升、城郊融合、特色保护、搬迁撤并 4 类；河北、浙江等地分为集聚提升、保留改善、城郊融合、特色保护、搬迁撤并 5 类；同时黑龙江、广西等边境省份还有边境巩固类的边境村庄类型；安徽、福建等地增加待定类或其他类村庄。

各标准对村庄类型定义略有不同，以《河北省村庄规划编制导则（试行）》等标准为例，总结整理 7 类村庄类型、主要特征和编制指引，具体内容见表 1-13 所示。

村庄类型、主要特征和编制指引　　表 1-13

村庄类型	主要特征	编制指引
集聚提升类	乡（镇）政府驻地的村庄、上位规划确定为中心村的村庄。人口规模相对较大、区位交通条件相对较好、配套设施相对齐全、产业发展有一定基础、对周边村庄能够起到一定辐射带动作用，具有较大发展潜力的村庄	补齐基础设施和公共服务设施短板，提升对周围村庄的带动和服务能力
城郊融合类	市县中心城区（含开发区、工矿区，以下同）建成区以外、城镇开发边界以内的村庄。村庄能够承接城镇外溢功能，居住建筑已经或即将呈现城市聚落形态，村庄能够共享使用城镇基础设施，具备向城镇地区转型的潜力条件	加快城乡产业融合发展、基础设施互联互通、公共服务共建共享，逐步强化服务城市发展、承接城市功能外溢的作用

续表

村庄类型	主要特征	编制指引
特色保护类	已经公布的省级以上历史文化名村、传统村落、少数民族特色村寨、特色景观旅游名村，以及未公布的具有历史文化价值、自然景观保护价值或者具有其他保护价值的村庄。村庄内文物古迹丰富、传统建筑集中成片、传统格局完整、非物质文化遗产资源丰富，具有历史文化和自然山水特色景观、地方特色产业等	统筹保护、利用与发展的关系，保持村庄传统格局的完整性、历史建筑的真实性和居民生活的延续性
搬迁撤并类	上位规划确定为整体搬迁的村庄。村庄的生存条件恶劣、生态环境脆弱、自然灾害频发、存在重大安全隐患、人口流失严重或因重大项目建设等原因需要搬迁	编制近期村庄建设整治方案作为建设和管控指引，突出村庄人居环境整治内容，严格限制新建、扩建永久性建筑
保留改善类	人口规模相对较小、配套设施一般，需要依托附近集聚提升类村庄共同发展	统筹安排村庄危房改造、人居环境整治、基础设施、公共服务设施、土地整治、生态保护与修复等各项建设
边境巩固类	位于边境一线的抵边村屯	应改造提升沿边基础设施建设、巩固国防建设、保障国土安全、扶持边境特色产业
其他类	暂时无法明确划入某类型的村庄，可以暂不分类，经过一段时间观察和论证后，再划分类别	应在县、乡镇国土空间规划中明确其他类村庄国土空间用途管制规则和建设管控要求，满足村民建房、人居环境整治等建设需要

《辽宁省村庄规划编制导则（试行）》《河南省村庄规划导则（修订版）》《陕西省实用性村庄规划编制技术导则（试行）》等标准，根据村庄类型提出规划发展方向，并相应给出公共服务设施的指引和配置建议，较好地指导不同类型的村庄公共服务设施发展，也是一种新的配置方法（表 1-14）。

按村庄类型配置的标准/文件　　表 1-14

序号	标准/文件名称	分类方式	备注
1	辽宁省村庄环境治理规划编制技术导则	拓展型、治理型	配置建议
2	辽宁省村庄规划编制导则（试行）	集聚建设、整治提升、城郊融合、特色保护、搬迁撤并	配置建议
3	上海市村庄规划编制导则（试行）	邻近城镇集中建设区的村庄、远离城镇集中建设区的村庄	配置建议
4	福建省村庄规划编制指南（试行）	集聚提升中心村、转型融合城郊村、搬迁撤并衰退村、保护开发特色村	用地建议
5	河南省村庄规划导则（修订版）	集聚提升类、特色保护类和整治改善类	配置建议
6	陕西省实用性村庄规划编制技术导则（试行）	集聚提升、城郊融合、特色保护、搬迁撤并、其他类	配置建议

如《陕西省实用性村庄规划编制技术导则（试行）》将村庄分为集聚提升、城郊融合、特色保护、搬迁撤并、其他类 5 类，并针对各类村庄提出分类发展指引和公共服务设施配置建议（表 1-15、表 1-16）。集聚提升类村庄基础设施建设应适度超前；城郊融合类村庄

应加快城乡产业融合发展、基础设施互联互通、公共服务设施共建共享；特色保护类村庄应加快改善村庄基础设施和公共环境；搬迁撤并类村庄严格限制新建、扩建活动，统筹考虑拟迁入或新建村庄的基础设施和公共服务设施建设；对于暂时无法确定分类的村庄，可暂定为其他类村庄。

《陕西省实用性村庄规划编制技术导则（试行）》村庄公共服务设施配置　　表 1-15

类别	项目	公共服务设施项目配置			
		集聚提升类	特色保护类	城郊融合类	搬迁撤并类
行政管理	村委会	●	●	●	●
学校教育	幼儿园	○	○	○	○
	托儿所	○	○	○	○
	小学	○	○	○	○
文化体育	文化活动室	●	●	●	○
	图书室	●	●	●	○
	村民活动广场	●	●	●	○
医疗卫生	村卫生室	●	●	●	●
社会福利	村级养老院	●	●	●	○
商业服务	小卖部	○	○	○	●
	生活超市	●	●	●	○
	餐饮、特产店	○	●	○	○
	旅馆/招待所	○	○	○	○

注：1. ●—必备内容，○—可选内容；
　　2. 结合教育部门整合教育资源的要求，幼托和小学可结合实际情况采取几个村合建配置。

《陕西省实用性村庄规划编制技术导则（试行）》村庄基础设施配置　　表 1-16

类别	项目	公共服务设施项目配置			
		集聚提升类	特色保护类	城郊融合类	搬迁撤并类
道路交通	公交站点	●	●	●	○
市政公用	停车场	●	●	●	○
	变压器/配电室	●	●	●	●
	污水处理设施	●	●	●	●
	水泵房	非集中供水村庄			
环境卫生	垃圾收集点	●	●	●	●
	公厕	●	●	●	●

注：●—必备内容，○—可选内容。

其他标准在明确村庄分类后，仍按村庄的结构层级、或人口规模、或生活圈进行公共服务设施配置。如《山东省村庄规划编制导则（试行）》将村庄分为集聚提升、城郊融合、特色保护、搬迁撤并、其他类 5 种，其中集聚提升、城郊融合、特色保护类村庄，公共服务设施是进行村庄规划的必要性内容，即必须包含的内容；而搬迁撤并和其他类村庄，公共服务设施是进行村庄规划的扩展性内容，即结合村庄实际需求进行选择的内容；此外，公共服务设施按照中心村和基层村 2 个层级给出配置建议（表 1-17）。

《山东省村庄规划编制导则（试行）》村庄公共服务设施配置　表 1-17

类别	项目	中心村	基层村	备注
社会管理	社会事务受理中心	●	○	在公共服务中心集中设置
	警务室	●	○	
	农业科技站	●	—	
	劳动保障服务站	●	—	
公共福利	幸福院	●	○	—
	日间料理中心	●	○	—
公共活动	公园绿地	●	○	—
	公共活动场所	○	○	可与户外体育运动场结合
公共卫生	卫生室	●	○	可进入公共服务中心
文化体育	文化活动室	●	●	可进入公共服务中心，兼具留守儿童之家、会议室等功能
	互联网信息服务站	●	○	
	图书阅览室	●	○	
	户外体育运动场	●	●	兼对外停车、集会、文化活动等
教育设施	小学	○	○	—
	幼儿园	●	○	—
商业设施	农贸市场	—	○	—
	餐饮店	●	○	—
	便民超市	●	●	可结合公共服务中心设置
	邮政所	○	—	—
	游览接待设施	○	○	—
生产服务设施	供销社	○	○	—
	兽医站	○	○	—
	农机站、场	○	○	—
	晒场	○	○	—

1.3.5　选择性和动态化配置

鉴于公共服务资源供给与村镇所需之间存在缺口，以及各地区资源供给的不平衡性，各标准在配置公共服务设施时首先考虑均等公平，其次再结合不同村镇经济、自然现状，按标准、等级进行分配。因此，大部分标准采用必选设施、可选设施、不要求设置的设施3种配置建议。用必选设施控制基本公共服务设施的供给，用可选设施和不要求设置的设施来调节非基本公共服务设施的配置。

同时，现代化村镇的发展是动态的、持续进步的，公共设施的配置需要有长远发展的眼光，实现村镇公共服务设施的合理优化配置，因此，标准中的公共服务设施配置也应该动态化发展和建设，才能持续不断满足各个发展阶段的居民需求。

1.4　标准的建设规模研究

我国村镇数量多、分布广，不同地区村镇的人口规模、自然条件、历史基础、经济发展差别较大，相应的公共服务设施配套建设规模差别也大。梳理全国各省、市、自治区的公共服务设施相关标准文件，重点针对公共服务设施规模进行对比，分析公共服务设施规模差异原因，结合全国公共服务设施需求趋势变化，归纳提升各项公共服务设施建设规模标准。

全国涉及村镇公共服务设施配置的标准、政策文件中，主要研究了《镇规划标准》GB 50188—2007、《镇（乡）域规划导则（试行）》、《乡村公共服务设施规划标准》CECS 354—2013、《社区生活圈规划技术指南》TD/T 1062—2021 等 4 项，先后实施于 2007 年、2010 年、2014 年、2021 年表（1-18）。根据实施时间顺序，其中国家标准《镇规划标准》GB 50188—2007 关于公共服务设施项目配置主要分为中心镇、一般镇对公共服务项目应设、可设提出要求，未对公共服务设施规模作出规定，无村庄指引内容（表 1-19）。《镇（乡）域规划导则（试行）》按镇区（乡政府驻地）、中心村、基层村 3 个等级配置公共服务设施，对公共服务项目提出必须设置、选择设置、不设置，未对公共服务设施规模作出规定（表 1-20）。《乡村公共服务设施规划标准》CECS 354—2013 适用于乡、村规划（建制镇按《镇规划标准》GB 50188—2007 执行），将乡驻地和村庄按照人口规模分为特大型、大型、中型、小型 4 种规模，对应配置不同类别的公共服务设施项目和人均用地面积（表 1-21）。行业标准《社区生活圈规划技术指南》TD/T 1062—2021 关于村镇公共服务设施，不同于以往标准按照村镇规模、等级的配套方式，分为乡集镇、村/组 2 个层级生活圈提出相应的配置项目和建筑面积规模要求，是目前比较新的覆盖村镇的公共服务设施配套指引标准（表 1-22、表 1-23）。

从变化趋势来看，设施配置体系从行政级别划分向重视建设规模引导方向转变。设施分类方面更加注重社会保障类设施供给，简化政府职能设施配置。设施用地方面细化控制标准，通过用地比例和人均指标进行规模控制和引导。设施配置模式方面从以人口规模和行政职能为主导的等级划分模式转变为生活圈模式，提高设施的精准覆盖和可达性。设施类型方面从以基础保障性供给为主，转变到注重适应新时代特征下乡村居民生活品质提升类设施配置。

公共服务设施相关标准/文件　　表 1-18

序号	标准/文件名称	标准/文件编号	发布机构	实施时间
1	镇规划标准	GB 50188—2007	中华人民共和国建设部	2007 年 5 月 1 日
2	镇（乡）域规划导则（试行）	建村〔2010〕184 号	中华人民共和国住房和城乡建设部	2010 年 11 月 4 日
3	乡村公共服务设施规划标准	CECS 354—2013	中国工程建设标准化协会	2014 年 1 月 1 日
4	社区生活圈规划技术指南	TD/T 1062—2021	中华人民共和国自然资源部	2021 年 7 月 1 日

《镇规划标准》GB 50188—2007 公共服务设施项目配置　　表 1-19

类别	项目	中心镇	一般镇
一、行政管理	1. 党政、团体机构	●	●
	2. 法庭	○	—
	3. 各专项管理机构	●	●
	4. 居委会	●	●
二、教育机构	5. 专科院校	○	—
	6. 职业学校、成人教育及培训机构	○	○
	7. 高级中学	●	○

续表

类别	项目	中心镇	一般镇
二、教育机构	8. 初级中学	●	●
	9. 小学	●	●
	10. 幼儿园、托儿所	●	●
三、文体科技	11. 文化站（室）、青少年及老年之家	●	●
	12. 体育场馆	●	○
	13. 科技站	●	○
	14. 图书馆、展览馆、博物馆	●	○
	15. 影剧院、游乐健身场	●	○
	16. 广播电视台（站）	●	○
四、医疗保健	17. 计划生育站（组）	●	●
	18. 防疫站、卫生监督站	●	●
	19. 医院、卫生院、保健站	●	○
	20. 休疗养院	○	—
	21. 专科诊所	○	○
五、商业金融	22. 百货店、食品店、超市	●	●
	23. 生产资料、建材、日杂商店	●	●
	24. 粮油店	●	●
	25. 药店	●	●
	26. 燃料店（站）	●	●
	27. 文化用品店	●	●
	28. 书店	●	●
	29. 综合商店	●	●
	30. 宾馆、旅店	●	○
	31. 饭店、饮食店、茶馆	●	●
	32. 理发馆、浴室、照相馆	●	●
	33. 综合服务站	●	●
	34. 银行、信用社、保险机构	●	○
六、集贸市场	35. 百货市场	●	●
	36. 蔬菜、果品、副食市场	●	●
	37. 粮油、土特产、畜、禽、水产市场	根据镇的特点和发展需要设置	
	38. 燃料、建材家具、生产资料市场		
	39. 其他专业市场		

注：●—应设的项目；○—可设的项目。

《镇（乡）域规划导则（试行）》公共服务设施项目配置 **表 1-20**

类别	项目名称	镇区（乡政府驻地）	中心村	基层村
一、行政管理	1. 党、政府、人大、政协、团体机构	●	—	—
	2. 法庭	○	—	—
	3. 各专项管理机构	●	—	—
	4. 居委会、警务室	●	—	—
	5. 村委会	○	●	●

续表

类别	项目名称	镇区（乡政府驻地）	中心村	基层村
二、教育机构	6. 专科院校	○	—	—
	7. 职业学校、成人教育及培训机构	○	—	—
	8. 高级中学	○	—	—
	9. 初级中学	●	○	—
	10. 小学	●	●	○
	11. 幼儿园、托儿所	●	●	○
三、文体科技	12. 文化站（室）、青少年及老年之家	●	●	○
	13. 体育场馆	●	—	—
	14. 科技站、农技站	●	○	—
	15. 图书馆、展览馆、博物馆	○	—	—
	16. 影剧院、游乐健身场所	●	○	○
	17. 广播电视台（站）	●	—	—
四、医疗保健	18. 计划生育站（组）	●	○	—
	19. 防疫站、卫生监督站	●	—	—
	20. 医院、卫生院、保健站	●	●	●
	21. 休疗养院	○	—	—
	22. 专科诊所	○	○	—
五、商业金融	23. 生产资料、建材、日杂商品	●	○	○
	24. 粮油店	●	●	—
	25. 药店	●	○	—
	26. 燃料店（站）	●	—	—
	27. 理发馆、浴室、照相馆	●	○	—
	28. 综合服务站	●	○	○
	29. 物业管理	●	○	—
	30. 农产品销售中介	○	○	—
	31. 银行、信用社、保险机构	●	—	—
	32. 邮政局	●	○	—
六、社会保障	33. 残障人康复中心	●	—	—
	34. 敬老院	●	○	—
	35. 养老服务站	●	●	—
七、集贸设施	36. 蔬菜、果品、副食市场	●	○	—
	37. 粮油、土特产、市场畜禽、水产市场	●	○	—
	38. 燃料、建材家具、生产资料市场	○	—	—

注：●—必须设置；○—可以选择设置；— —可以不设置。

《乡村公共服务设施规划标准》CECS 354—2013 公共服务设施项目配置　　表 1-21

公共服务设施用地类别	乡驻地分类用地面积指标（m^2/人）			
	特大型（＞30000）	大型（10001～30000）	中型（5001～10000）	小型（≤5000）
行政管理类设施用地	1.0～1.5	0.8～1.2	0.6～1.0	0.4～0.8
教育机构类设施用地	1.5～2.5	1.2～1.8	1.0～1.5	0.8～1.2
文体科技类设施用地	1.4～2.6	1.0～2.0	0.8～1.5	0.6～1.0
医疗保健类设施用地	0.4～0.7	0.3～0.5	0.2～0.4	0.2～0.3

续表

公共服务设施用地类别	乡驻地分类用地面积指标（m²/人）			
	特大型（>30000）	大型（10001～30000）	中型（5001～10000）	小型（≤5000）
社会福利类设施用地	0.2～0.3	0.2～0.3	0.1～0.2	0.1～0.2
商业金融类设施用地	3.5～6.0	2.5～3.8	2.2～3.0	2.0～2.5
公共服务设施用地类别	村庄分类用地面积指标（m²/人）			
	特大型（>3000）	大型（1001～3000）	中型（601～1000）	小型（≤600）
管理类设施用地	0.6～0.8	0.4～0.8	0.4～0.6	0.2～0.4
教育类设施用地	0.8～1.1	0.6～1.0	0.5～0.8	0.4～0.6
文体科技类设施用地	0.5～1.0	0.45～0.8	0.4～0.6	0.3～0.5
医疗保健类设施用地	0.18～0.20	0.15～0.18	0.12～0.15	0.10～0.12
社会福利类设施用地	0.15～0.20	0.10～0.20	0.10～0.15	0.05～0.10
商业类设施用地	1.8～2.2	1.6～2.0	1.5～1.8	1.2～1.5

《社区生活圈规划技术指南》TD/T 1062—2021 乡集镇层级公共服务设施项目配置 **表 1-22**

要素大项	要素分项	要素名称	规模性指标		覆盖性指标		
			单处一般规模（m²）	千人指标（m²/千人）	服务半径（m）	服务覆盖率（%）	配置要求
			建筑面积	建筑面积			
社区服务	健康管理	乡镇卫生院	1700～2000 1420～2860 （用地面积）	—	1000	—	规划人口5万人以上的乡/集镇宜设置
		卫生服务站	100～200	—	—	—	各乡/集镇至少设1处
	为老服务	养老院	7000～17500 3500～22000 （用地面积） 一般规模宜 200～500床	—	—	—	—
		老年活动室	200	—	—	—	各乡/集镇至少设1处
		老年人日间照料中心	300	—	500～1000	—	1.5万人宜设置1处
	终身教育	高中	结合地区常住人口结构明确数量和规模	—	—	—	每5万人常住人口配建1所24班高中
		初中		—	—	—	每2.5万人常住人口配建1所20班初中
		小学		—	—	—	每2.5万人常住人口配建1所28班小学
		幼儿园		—	—	—	每1万常住人口配建1所15班幼儿园
	文化活动	乡镇文化活动中心	3000～6000 3000～12000 （用地面积）	—	—	—	规划人口5万以上的乡/集镇宜设置

续表

要素大项	要素分项	要素名称	规模性指标		覆盖性指标		
			单处一般规模（m^2）	千人指标（m^2/千人）	服务半径（m）	服务覆盖率（%）	配置要求
			建筑面积	建筑面积			
社区服务	文化活动	文化活动室	200	—	—	—	各乡/集镇至少设置 1 处
	体育健身	乡镇体育中心	2000～5000	—	—	—	规划人口 5 万以上的乡/集镇宜设置
		室外综合健身场地	400（用地面积）	—	500～1000	—	—
	商业服务	菜市场	750～1500 或 2000～2500	—	500～1000	—	—
		邮政营业场所	—	—	—	—	各乡/集镇至少设置 1 处
	其他	生活垃圾中转站	按照每日人均垃圾量 1.0kg/人计算处理规模	—	服务范围内按来及运输平均距离超过 10 公里，宜设垃圾中转站	—	各乡/集镇至少设置 1 处
		公共厕所	30～80	—	—	—	—
就业引导	—	农业服务中心	—	—	—	—	各乡/集镇至少设置 1 处
	—	集贸市场	—	—	—	—	各乡/集镇至少设置 1 处
	—	职业技术教育与技能培训中心	—	—	—	—	—
日常出行	—	公交换乘站*	—	—	—	—	—
	—	公交首末站	—	—	—	—	—
生态休闲	—	社区公园	≥4000（用地面积）	—	500～1000	—	—

注：1. 加*的配套设施，其建筑面积与用地面积规模应满足国家相关规划及标准的有关规定；
2. 承担应急避难功能的配套设施，应满足国家有关应急避难场所的规定；
3. 加 _ 的配套设施，为一般情况下宜配置的服务要素。

《社区生活圈规划技术指南》TD/T 1062—2021 村/组层级公共服务设施项目配置　　表 1-23

要素大项	要素分项	要素名称	规模性指标		覆盖性指标		
			单处一般规模（m^2）	千人指标（m^2/千人）	服务半径（m）	服务覆盖率（%）	配置要求
			建筑面积	建筑面积			
社区服务	健康管理	村卫生室*	100～200	—	—	—	各行政村设 1 处，村域面积较大或集中居民点较分散情况下可多点设置
	为老服务	老年活动室	200	—	—	—	各行政村设 1 处，村域面积较大或集中居民点较分散情况下可多点设置

续表

要素大项	要素分项	要素名称	规模性指标		覆盖性指标		
			单处一般规模（m^2）	千人指标（m^2/千人）	服务半径（m）	服务覆盖率（%）	配置要求
			建筑面积	建筑面积			
社区服务	为老服务	村级幸福院*	—	—	—	—	—
		老年人日间照料中心	300	—	—	—	—
	终身教育	村幼儿园*	2120（班级数≥3）	—	—	—	邻近村庄可集中设置1处
		乡村小规模学校*	—	—	—	—	邻近村庄可集中设置1处
	文化活动	文化活动室	200	—	—	—	各行政村设1处，村域面积较大或集中居民点较分散情况下可多点设置
		农家书屋	—	—	—	—	各行政村设1处，村域面积较大或集中居民点较分散情况下可多点设置
		红白喜事厅	—	—	—	—	—
		特色民俗活动点	600	—	—	—	—
	体育健身	健身广场	400（用地面积）	—	—	—	—
	商业服务	便民农家店	120～250	—	—	—	各行政村设1处，村域面积较大或集中居民点较分散情况下可多点设置
		金融电信服务点	—	—	—	—	—
	行政管理	村务室	100～200	—	—	—	各行政村设1处，村域面积较大或集中居民点较分散情况下可多点设置
	其他	垃圾收集点*	—	—	—	—	—
		公共厕所*	—	—	—	—	—
		小型排污设施*	—	—	—	—	—
就业引导	—	物流配送点	—	—	—	—	—
日常出行	—	村级客运站点*	—	—	—	—	—
	—	公交站点*	—	—	—	—	—

注 1. 加*的配套设施，其建筑面积与用地面积规模应满足国家相关规划及标准的有关规定；
2. 承担应急避难功能的配套设施，应满足国家有关应急避难场所的规定；
3. 加_的配套设施，为一般情况下宜配置的服务要素。

近年来，各省、市、自治区主要结合国土空间规划进程通过乡镇规划导则、村庄规划导则对乡村公共服务设施配置标准进行探索创新，一方面强化设施布局的区域统筹协调，部分省、市、自治区如北京、广西开始在乡村地区开展乡镇不同层级设施协同共享的探索；另一方面，设施使用需求和布局集约性受到更多关注，更加重视乡村设施用地的高效性和乡村地区高品质服务设施需求，强调依据乡村发展类型与导向的差异提出针对性的设施配置策略。但是只有少数地方标准提出具体公共服务设施配置规模要求，尤其是乡镇层面提出公共服务设施配置规模要求的标准极少。

1.4.1　行政管理设施指标研究

村镇行政管理设施一般包含镇政府、社区居委会、村委会和各专项管理设施。

乡镇级行政管理设施主要包括乡镇行政管理中心、社区居委会，其中社区居委会可结合社区管理、社区组织、便民综合服务设置。总体来说，涉及乡镇级行政管理设施建设指标要求的标准较少，对比相关 4 项标准（表 1-24），根据团体标准《乡村公共服务设施规划标准》CECS 354—2013，乡镇人口规模分级提出乡驻地行政管理设施人均建设用地规模为 0.4～1.5m^2/人；《雄安新区社区生活圈规划建设指南（2020 年）》建议街坊管理服务站建筑面积为 860m^2，包含居委会工作站、警务工作站、物业管理用房、公共厕所等；《南京市农村地区基本公共服务设施配套标准规划指引（试行）》提出用地规模和建筑面积双控标准，用地面积为 1000～1500m^2，建筑面积为 1000～1500m^2；《福建省乡镇国土空间总体规划编制指南（试行）（征求意见稿）》对党政、团体机关建筑面积没有指引，提出街道办事处建筑面积区间为 700～1200m^2，社区居委会建筑面积为 30～50m^2。

乡镇级行政管理设施相关标准配置指标　　表 1-24

标准名称	设施名称	用地规模	建筑面积（m^2）	备注
乡村公共服务设施规划标准	乡驻地行政管理设施	1.0～1.5m^2/人	—	特大型（>30000 人）
		0.8～1.2m^2/人	—	大型（10001～30000 人）
		0.6～1.0m^2/人	—	中型（5001～10000 人）
		0.4～0.8m^2/人	—	小型（≤5000 人）
雄安新区社区生活圈规划建设指南（2020 年）	街坊管理服务站（十全）	—	860	建筑面积：居委会工作站为 500m^2，警务工作站为 150m^2，物业管理用房为 150m^2，公共厕所为 60m^2。每处适宜服务人口规模为 0.3 万～0.6 万人。可合并设置在居民方便易达的地段。应邻近主要生活性街道，可结合住宅底商或公建底层布置
南京市农村地区基本公共服务设施配套标准规划指引（试行）	镇街行政管理中心（新市镇）	1000～1500m^2	1000～1500	包括街镇政府机构以及市政、环卫等管理用房。针对已撤销行政建制的新市镇，可降低或取消街镇行政管理中心的配建标准
福建省乡镇国土空间总体规划编制指南（试行）（征求意见稿）	党政、团体机关	—	—	乡镇必配
	派出所	—	—	乡镇选配
	街道办事处	—	700～1200	特大型乡镇必配
	社区居委会	—	30～50	乡镇必配

村庄级行政管理设施主要包括村委会，可结合警务室、党员活动室、档案室等功能。各个地区的相关标准对比中，地区内部和地区之间用地规模、建筑面积均差异较大，主要取决于村委会的功能设置，村委会承担功能越多，用地规模、建筑面积越大（表 1-25）。如《河北省城乡公共服务设施配置和建设标准》《重庆市城乡规划村庄规划导则（试行）》

等标准，村委会仅作为村党支部委员会与村民委员会固定办公场所，建筑面积相对较小，为 100～200m^2，与现行行业标准《社区生活圈规划技术指南》TD/T 1062—2021 一致，对拥有基本功能的村委会建设具有指导意义。而上海市《村庄规划编制技术规范（征求意见稿）》《湖南省村庄规划编制导则（试行）》等标准，将村委会与农村社区事务受理中心、综合会议室、档案室、信访接待等合并设置，统称为农村综合服务平台或便民服务中心，村委会承担的功能更加多样化，继而建筑面积增大至 400～600m^2。

村庄级行政管理设施相关标准/文件配置指标　　表 1-25

标准/文件名称	设施名称	用地规模	建筑面积	备注
社区生活圈规划技术指南	村务室	—	100～200m^2	各行政村设 1 处，村域面积较大或集中居民点较分散情况下可多点设置，宜综合设置
（河北省）城乡公共服务设施配置和建设标准	村委会	≥400m^2	100～200m^2	—
北京市村庄规划导则（修订版）	村委会	—	0.15～0.5m^2/人	—
	其他管理机构			
天津市村庄规划编制导则（试行）	村委会（便民服务中心）、党员活动室、农村警务室	≥140m^2	≥300m^2	村委会独立占地，党员活动室、农村警务室独立占地/合建，配建标准为强制性要求
山西省村庄建设规划编制导则	村委会	—	200～500m^2	—
天津市乡村规划编制技术要求（2018 版）	村委会	140～220m^2	100～300m^2	独立占地
	党员活动室	—	50～100m^2	合建
吉林省村庄规划编制技术导则（试行）	村委会	—	100～150m^2	—
黑龙江省村庄建设规划编制导则	村委会	—	200～500m^2	—
湖北省美丽村庄规划编制导则（试行）	村委会	25～30m^2/人	20～25m^2/人	—
湖南省村庄规划编制导则（试行）	农村综合服务平台	—	600～800m^2	村党组织办公室、村委会办公室、综合会议室、档案室、信访接待等
广西壮族自治区村庄规划编制技术导则（试行）	居委会、村委会	50～300m^2	—	可附设于其他建筑
（上海）村庄规划编制技术规范（征求意见稿）	村委会办公室、农村社区事务受理中心、物业管理服务中心、便民服务点	—	400～600m^2	内容包含村委会办公室、农村社区事务受理中心、物业管理服务中心、便民服务点
江苏省村庄规划编制指南（试行）（2020 年版）	党群服务中心（便民服务中心）	—	200～400m^2	村委会所在地设置，可附设于其他建筑
安徽省村庄规划编制标准	公共服务中心	—	200～350m^2	—
福建省村庄规划编制指南（试行）	村民委员会	—	100～300m^2	—
	综合服务站		150～300m^2	—

续表

标准/文件名称	设施名称	用地规模	建筑面积	备注
山东省村庄规划编制导则（试行）	公共服务中心	≥500m²	—	用地规模 200m²/千人
	物业管理	—	千人指标：15m² 一般规模：50～100m²	—
上海市乡村社区生活圈规划导则（试行）	村“两委”办公场所	500m²	100m²	行政村必配
	事务服务大厅	500m²	400m²	行政村必配
	智慧乡村平台	500m²	30m²	行政村必配
	应急平安屋	500m²	—	行政村必配
	微型消防站	500m²	—	常住人口 1000 人以上行政村设置
	物业管理用房	500m²	30m²	每个新建农村集中归并点设置 1 处
	邻里驿站（党群服务点）	—	30m²	100 户设置 1 处
重庆市城乡规划村庄规划导则（试行）	村庄管理用房	—	100～200m²	含警务、社保、医保等用房
四川省村庄规划编制技术导则（试行）	村委会	—	100～150m²	—
	综合调节中心	—	50m²	—
贵州省村庄规划编制导则（试行）	农村便民服务中心	—	600～800m²	—
宁夏回族自治区村庄规划编制导则（试行）	村委会及其他管理机构	—	100～300m²	村委会及其他管理机构可集中设置，应包括小型会议室及办公室等功能空间
（新疆维吾尔自治区）村庄规划编制技术规程（试行）	村委会	—	200～500m²	—
新疆维吾尔自治区村庄规划编制技术指南（试行）（2022 年修订版）	村务室	—	100～200m²	行政村 1 处，较大或较分散村庄可多点设置
	警务室	—	100～200m²	行政村 1 处，较大或较分散村庄可多点设置

1.4.2　教育机构设施指标研究

村镇的教育设施主要包括幼儿园（托儿所）、小学、初中、高中以及成人教育、职业教育等其他教育设施。

1.4.2.1　幼儿园（托儿所）

幼儿园和托儿所均是学龄前儿童保育机构。托儿所是专门照顾和培养婴幼儿生活能力，或者是在公共场所中，因父母临时有事而将孩子交给受过专业训练的服务人员临时照顾，通常接纳 3 岁以下幼儿。幼儿园是对 3 岁以上学龄前幼儿实施保育和教育的机构，适龄幼儿一般为 3～6 岁。

在乡镇幼儿园的相关标准中，河北省、雄安新区、南京市、浙江省等分级别提出幼儿园的用地规模、建筑面积双控标准，各省市指标差异较大。幼儿园班级规模方面，主要有

4班、6班、9班、12班、18班、24班。幼儿园用地规模方面，以6班为例，《河北省村镇公共服务设施规划导则（试行）》为2700m²，要求较小；雄安新区和浙江省面积相似，分别为3000～5000m²、3498m²。幼儿园建筑面积方面，河北省面积较小，浙江省要求较大。另外，《社区生活圈规划技术指南》TD/T 1062—2021、《上海市15分钟社区生活圈规划导则（试行）》《浙江省美丽城镇生活圈导则（试行）》都提出儿童日托中心、托育所等机构的设置要求，是基于生活圈层级优化乡镇公共服务设施的趋势（表1-26）。

乡镇级幼儿园、托儿所设施相关标准/文件配置指标　　表1-26

<table>
<tr><th>标准/文件名称</th><th>设施名称</th><th>学校规模（班）</th><th>用地规模（m²）</th><th>建筑面积（m²）</th><th>生均面积（m²）</th><th>备注</th></tr>
<tr><td rowspan="2">社区生活圈规划技术指南</td><td>幼儿园</td><td>—</td><td>—</td><td>—</td><td>—</td><td>每1万人常住人口配建1所15班幼儿园。应独立占地。应设于阳光充足、接近公共绿地、便于家长接送的地段；其生活用房应满足冬至日底层满窗日照不少于3h的日照标准；宜设置于可遮挡冬季寒风的建筑物背面；建筑层数不宜超过3层；活动场地应有不少于1/2的活动面积在标准的建筑日照阴影线之外</td></tr>
<tr><td>儿童日托中心</td><td>—</td><td>—</td><td>100～200</td><td>—</td><td>0～3岁婴幼儿日托＋早教服务。适宜在婴幼儿比重较高街区配置。可结合住宅底商或公建底层布置。宜邻近住宅区和儿童游乐场设置</td></tr>
<tr><td rowspan="4">河北省村镇公共服务设施规划导则（试行）</td><td rowspan="4">幼儿园</td><td>6</td><td>1800</td><td>1500</td><td>用地12，建筑10</td><td>服务规模：<0.8万人</td></tr>
<tr><td>9</td><td>2250</td><td>2025</td><td>用地10，建筑9</td><td>服务规模：0.8万～1.2万人</td></tr>
<tr><td>12</td><td>2700</td><td>2400</td><td>用地9，建筑8</td><td>服务规模：1.2万～1.6万人</td></tr>
<tr><td>18</td><td>3600</td><td>3150</td><td>用地8，建筑7</td><td>服务规模：1.6万～2.4万人</td></tr>
<tr><td rowspan="4">（河北省）城乡公共服务设施配置和建设标准</td><td rowspan="4">幼儿园</td><td>4</td><td>1800</td><td>1200</td><td>—</td><td rowspan="2">服务人口0.3万～0.6万人</td></tr>
<tr><td>6</td><td>2700</td><td>1800</td><td>—</td></tr>
<tr><td>9</td><td>3800</td><td>2600</td><td>—</td><td rowspan="2">服务人口0.6万～1.2万人</td></tr>
<tr><td>12</td><td>5240</td><td>3300</td><td>—</td></tr>
<tr><td rowspan="3">雄安新区社区生活圈规划建设指南（2020年）</td><td rowspan="3">幼儿园</td><td>6（150生）</td><td>3000～5000</td><td rowspan="3">—</td><td>—</td><td rowspan="3">容积率为0.6～0.8。每班学生数不超过25人。居住人口0.4万～0.75万人时应配置一座幼儿园（适龄生源比例按4%）。幼儿园应保证有一定面积的室外游戏场地，该场地能作为社区服务设施共享。宜单独占地，开发强度大的地方也可以选择合建</td></tr>
<tr><td>9（225生）</td><td>4000～7000</td><td>—</td></tr>
<tr><td>12（300生）</td><td>5000～9000</td><td>—</td></tr>
<tr><td rowspan="2">上海市15分钟社区生活圈规划导则（试行）</td><td>幼儿园</td><td>—</td><td>6490</td><td>5500</td><td>—</td><td>步行可达距离5分钟（200～300m），用地649m²/千人，建筑550m²/千人</td></tr>
<tr><td>养育托管点</td><td>—</td><td>—</td><td>200</td><td>—</td><td>婴幼儿托管、儿童托管</td></tr>
</table>

续表

标准/文件名称	设施名称	学校规模（班）	用地规模（m^2）	建筑面积（m^2）	生均面积（m^2）	备注
南京市农村地区基本公共服务设施配套标准规划指引（试行）	幼儿园	12	5600	—	15.67	—
		15	6000	—	13～15	—
		18	7500	—	13～15	—
		24	10000	—	13～15	—
浙江省美丽城镇生活圈导则（试行）	幼儿园（含托儿所）	6（180人）	3498	2273	—	全日制幼儿园人均建筑面积不宜低于6班12.63/人、9班12.10/人、12班11.57/人。容积率宜为0.55～0.65。服务半径不宜大于500m
		9（270人）	5026	3267	—	
		12（360人）	6408	4165		
	托育机构	—	—	—	—	乳儿班（6～12个月，10人以下）、托小班（12～24个月，15人以下）、托大班（24～36个月，20人以下）3种班型。18个月以上的婴幼儿可混合编班，每个班不超过18人。每个班的生活单元应当独立使用

在村庄级幼儿园（托儿所）的指标配置方面，相关标准、政策文件中均有所不同（表1-27）《北京市村庄规划导则（修订版）》等标准按照村庄人口规模，配置相应等级的幼儿园（托儿所）设施的规模；河北省《城乡公共服务设施配置和建设标准》等标准按照村庄行政等级进行配置；另外，《山西省村庄建设规划编制导则》《湖北省美丽村庄规划编制导则（试行）》等只提出一般规模或人均用地规模，灵活性较大。在幼儿园（托儿所）的学校规模方面，大部分标准一般以2～3班为最小规模，每班为20～30人。在幼儿园（托儿所）的用地面积方面，各标准在用地的最小面积、人均面积等差距都较大。《辽宁省村庄环境治理规划编制技术导则》用地较小为2.6～6.0m^2/人；《湖北省美丽村庄规划编制导则（试行）》《重庆市城乡规划村庄规划导则（试行）》用地适中，为7～10m^2/生；《河南省新型农村社区规划建设导则》等用地标准较大，大于或等于15m^2/生。在幼儿园（托儿所）的建筑面积方面，《北京市村庄规划导则（修订版）》根据村庄人口规模将幼儿园建筑面积分为0.8～2.9m^2/人；《山东省村庄规划编制导则（试行）》等标准按照6班、9班、12班，将建筑最小面积规定为1500m^2、2000m^2、3000m^2，而《黑龙江省村庄建设规划编制导则》的建筑最小面积取值比山东省稍大；《山西省村庄建设规划编制导则》《贵州省村庄规划编制导则（试行）》《宁夏回族自治区村庄规划编制导则（试行）》、新疆维吾尔自治区《村庄规划编制技术规程（试行）》4个标准的建筑面积均为600～1800m^2，范围较宽。

村庄级幼儿园、托儿所设施相关标准/文件配置指标　　表1-27

标准/文件名称	设施名称或功能	学校规模（班）	用地规模	建筑面积	备注
幼儿园建设标准	幼儿园	≥3（90人）	—	—	农村幼儿园宜按照行政村或自然村设置，办园规模不宜少于3班（90人），服务人口3000人。服务人口不足3000人的，宜按3班规模人均指标设办园点

续表

标准/文件名称	设施名称或功能	学校规模（班）	用地规模	建筑面积	备注
社区生活圈规划技术指南	村幼儿园	≥3	—	$2120m^2$	邻近村庄可集中设置1处，应独立占地，应设于阳光充足、接近公共绿地、便于家长接送的地段；其生活用房应满足冬至日底层满窗日照不少于3h的日照标准；宜设置于可遮挡冬季寒风的建筑物背面；建筑层数不宜超过3层；活动场地应有不少于1/2的活动面积在标准的建筑日照阴影线之外
北京市村庄规划导则（修订版）	特大型（≥1001人）	—	$750m^2$	0.8～2.5m^2/人	—
	大型（601～1000人）		$450m^2$	1～2.7m^2/人	—
	中型（201～600人）		$250m^2$	1.2～2.9m^2/人	—
天津市村庄规划编制导则（试行）	幼儿园	3～12	1225～$8924m^2$	796～$4908m^2$	独立占地
（河北省）城乡公共服务设施配置和建设标准	普通村幼儿园	2	$520m^2$	$400m^2$	应有独立占地的室外游戏场地
		3	$700m^2$	$600m^2$	
	中心村幼儿园	3	$1800m^2$	$1200m^2$	规划服务人口0.3万～1.0万人，室外游戏场地人均面积不应低于$4m^2$
		6	$2700m^2$	$1800m^2$	
山西省村庄建设规划编制导则	幼儿园	—	—	600～$1800m^2$	—
内蒙古自治区新农村新牧区规划编制导则	幼儿园	—	—	$750m^2$	特大型嘎查村（农区≥1001人，牧区≥801人）
				$450m^2$	大型嘎查村（农区601～1000人，牧区401～800人）
				$250m^2$	中型嘎查村（农区201～600人，牧区101～400人）
天津市乡村规划编制技术要求（2018版）	幼儿园	—	1560～$4050m^2$	1200～$2700m^2$	独立占地
辽宁省村庄环境治理规划编制技术导则	幼儿园	—	2.6～6.0m^2/人	—	—
吉林省村庄规划编制技术导则（试行）	幼儿园	—	—	100～$150m^2$	—
黑龙江省村庄建设规划编制导则	幼儿园	6	≥$2779m^2$	≥$1751m^2$	—
		9	≥$3976m^2$	≥$2505m^2$	
		12	≥$5179m^2$	≥$3263m^2$	
河南省新型农村社区规划建设导则	托儿所、幼儿园	—	≥15m^2/生	—	托幼可以合设
湖北省美丽村庄规划编制导则（试行）	幼儿园		7～9m^2/生	5～7m^2/生	每班25人，独立地段

续表

标准/文件名称	设施名称或功能	学校规模（班）	用地规模	建筑面积	备注
广西壮族自治区村庄规划编制技术导则（试行）	幼儿园	—	≥500m²	—	单独设置，也可附设于其他建筑
江苏省村庄规划编制指南（试行）（2020年版）	幼儿园	3	≥1350m²	≥810m²	—
安徽省村庄规划编制标准	—	—	—	900m²	3000人
				600m²	2000人
				450m²	1500人
				300m²	1000人
福建省村庄规划导则（试行）	幼儿园	—	≥20m²/生	—	—
山东省村庄规划编制导则（试行）	幼儿园	6	600～800m²	≥1500m²	用地和建筑面积100～150m²/千人
		9	1200～1500m²	≥2000m²	
		12	2000～2500m²	≥3000m²	
重庆市城乡规划村庄规划导则（试行）	幼儿园	—	10m²/生	—	—
贵州省村庄规划编制导则（试行）	幼儿园	2～6	—	600m²～1800m²	—
西藏自治区村庄建设规划技术导则（试行）	>1000人	—	750m²	—	—
	601～1000人		450m²		
	201～600人		250m²		
新疆维吾尔自治区村庄规划编制技术指南（试行）（2022年修订版）	村幼儿园	≥3	—	2120m²	邻近村庄可集中设置1处，独立占地
宁夏回族自治区村庄规划编制导则（试行）	中心村幼托	—	—	1000～1800m²	本建议仅对基本设置要求进行一般性规定，即：幼托以4班计算，幼托机构应包括生活用房、服务用房、供应用房以及活动场地等功能空间
	一般村幼托	—	—	600～1000m²	
（新疆维吾尔自治区）村庄规划编制技术规程（试行）	幼儿园	2～6	—	600～1800m²	—

1.4.2.2 小学（教学点）

小学包括教学点、非完全小学、完全小学3种类型。教学点指不成建制的小学，常见于交通不便、人口稀少的山区和经济欠发达地区，学生人数很少，分布在不同年级，通常仅有1位老师。非完全小学指年级不完整的小学，比教学点规模稍大。完全小学指年级完整的学校。

对于乡镇小学，现行行业标准《社区生活圈规划技术指南》TD/T 1062—2021仅提出每2.5万常住人口配建1所28班小学，没有用地规模、建筑面积指引。各省、市、自治区对小学规模指引较为接近。小学班级规模方面，主要有6班、12班、18班、24班、30班、36班等规模。小学用地和建筑面积方面，用地面积以17m^2/生、建筑面积以7m^2/生控制，乡镇级小学各地相关标准配置指标略有差异，并根据班级规模上下浮动（表1-28）。

乡镇级小学设施相关标准/文件配置指标　　表1-28

标准/文件名称	学校规模（班）	用地规模（m^2）	建筑面积（m^2）	生均面积（m^2）	备注
社区生活圈规划技术指南	—	—	—	—	每2.5万常住人口配建1所28班小学。应独立占地。应设于阳光充足、接近公共绿地、便于家长接送的地段；其生活用房应满足冬至日底层满窗日照不少于3h的日照标准；宜设置于可遮挡冬季寒风的建筑物背面；建筑层数不宜超过3层；活动场地应有不少于1/2的活动面积在标准的建筑日照阴影线之外
河北省村镇公共服务设施规划导则（试行）	18	14580	6100	用地17，建筑7.5	服务规模：≤1.2万人，运动场应设200m环形跑道田径场
	24	17280	7560	用地16，建筑7	服务规模：1.2万～1.6万人，运动场应设250m环形跑道田径场
	30	18900	8775	用地14，建筑6.5	服务规模：1.6万～2万人，运动场应设250m环形跑道田径场
	36	21060	9720	用地13，建筑6	服务规模：2万～2.5万人，运动场应设300m环形跑道田径场
（河北省）城乡公共服务设施配置和建设标准	18	12200～18000	—	—	服务人口0.7万～2万人，应设200m环形跑道田径场
	24	16200～23000	—	—	服务人口1万～2.6万人
	30	20300～33000	—	—	服务人口1.4万～3.2万人
	36	24300～33000	—	—	服务人口1.6万～4万人
南京市农村地区基本公共服务设施配套标准规划指引（试行）	18	14700	—	用地18.18	—
	24	18600	—	用地17.27	—
	30	22100	—	用地16.41	—
	36	25300	—	用地15.64	—
浙江省美丽城镇生活圈导则（试行）	6	≥4020	≥1913	—	服务半径不宜大于500m。新建小学宜设不少于6班。完全小学每班学生人数不宜超过45人。生均按《浙江省九年制义务教育标准化学校用地和建筑面积指标》计
	12	≥8040	≥2968	—	
	18	≥10967	≥4003	—	
	24	≥18716	≥5183	—	

对于村庄小学，各标准将教学点、非完全小学、完全小学分别进行规模配置，对教学点和非完全小学的配置指标较少，仅有《山东省村庄规划编制导则（试行）》提出教学点用地和建筑面积的最低规模；《农村普通中小学校建设标准》（建标109—2008）、《福建省

村庄规划导则（试行）》提出非完全小学、初小的规模宜为 4 班，用地规模为 2973m^2。在村庄完全小学的配置标准方面，河北省《城乡公共服务设施配置和建设标准》《黑龙江省村庄建设规划编制导则》等标准基本参考《农村普通中小学校建设标准》（建标 109—2008），同时分别对用地规模和建筑面积指标有一定细化或增加，学校规模一般为 6 班、12 班、18 班、24 班。村庄级小学各地相关标准配置指标也不尽相同，详见表 1-29。

村庄级小学设施相关标准/文件配置指标 **表 1-29**

标准/文件名称	设施名称	学校规模（班）	用地规模（m^2）	建筑面积（m^2）	生均面积（m^2）	备注
农村普通中小学校建设标准	非完全小学	4	2973	—	25	用地未含学生宿舍用地面积、建筑面积。开展劳动技术教育所需的实习实验场、自行车存放用地（1.5m^2/辆），可根据实际情况另行增加
	完全小学	6	9131	—	34	
		12	15699		29	
		18	18688		23	
		24	21895		20	
社区生活圈规划技术指南	乡村小规模学校	—	—	—	—	邻近村庄可集中设置 1 处，应独立占地，应设于阳光充足、接近公共绿地、便于家长接送的地段；其生活用房应满足冬至日底层满窗日照不少于 3h 的日照标准；宜设置于可遮挡冬季寒风的建筑物背面；建筑层数不宜超过 3 层；活动场地应有不少于 1/2 的活动面积在标准的建筑日照阴影线之外
天津市村庄规划编制导则（试行）	小学	4～24	2973～34226	670～14185	—	独立占地
（河北省）城乡公共服务设施配置和建设标准	中心村小学	6	9200	2300	—	规划服务人口 0.3 万～1.0 万人，应设不小于 200m 环形跑道田径场
		12	15700	4300	—	
		18	18700	5500	—	
		24	21900	7100	—	
	普通村小学	4	3000	700	—	现有村庄小学用地应予以保留
		6	9200	2300	—	
		12	15700	4300	—	
天津市乡村规划编制技术要求（2018 版）	小学	—	6240～14400	4320～8640	—	独立占地
辽宁省村庄环境治理规划编制技术导则	小学	—	—	—	2.6～6.0	—
黑龙江省村庄建设规划编制导则	小学	4	⩾2973	⩾1543	—	结合教育设施布点规划
		6	⩾9131	⩾2120	—	
		12	⩾15699	⩾3432	—	
安徽省村庄规划编制标准	小学	—	3000、4000、6000	—	—	按照服务人口

续表

标准/文件名称	设施名称	学校规模（班）	用地规模（m^2）	建筑面积（m^2）	生均面积（m^2）	备注
湖北省新农村建设村庄规划编制技术导则（试行）	小学	—	18～20m^2/生	6～8m^2/生	用地 18～20，建筑 6～8	每班 45 人，独立占地
广西壮族自治区村庄规划编制技术导则（试行）	小学、教学点	—	⩾3000	—	—	教学点可单独设置，也可附设于其他建筑；小学需单独设置
福建省村庄规划导则（试行）	初小	4	—	—	⩾26	—
	完全小学	6	—	—	⩾26	—
		12	—	—	⩾24	—
		18	—	—	⩾21	—
山东省村庄规划编制导则（试行）	教学点	—	⩾3000	⩾1500	—	用地 600～800m^2/千人，建筑 400～600m^2/千人
	完全小学	12	⩾6000	⩾3000		
重庆市城乡规划村庄规划导则（试行）	小学	—	—	—	13～18	—
新疆维吾尔自治区村庄规划编制技术指南（2022 年修订版）	乡村小规模学校	少于 200 人	—	—	—	学生数少于 200 人的中小学校和教学点，邻近村庄可设置 1 处，独立占地
宁夏回族自治区村庄规划编制导则（试行）	小学	—	—	800～1500、1500～3000	—	根据村庄等级。小学校按照县（市、区）教育部门有关规划进行布点，本建议仅对基本设置要求进行一般性规定，即：小学以六班计算，应包括教学用房、教学辅助用房、行政用房、生活服务用房、活动场地等

1.4.2.3 初级中学

对于乡镇级初中，对比相关标准（表 1-30），行业标准《社区生活圈规划技术指南》TD/T 1062—2021 要求每 2.5 万常住人口配建 1 所 20 班初中，应独立占地，但对用地规模、建筑面积没有具体要求。河北省、南京市、浙江省对应不同服务规模级别提出要求，规模区间较大，上海市、天津市两个城市的初中用地规模、建筑面积水平较为接近，学校规模有 12 班、18 班、24 班、30 班、36 班等。

乡镇级初级中学相关标准/文件配置指标　　　　表 1-30

标准/文件名称	学校规模（班）	用地规模（m^2）	建筑面积（m^2）	生均面积（m^2）	备注
社区生活圈规划技术指南	—	—	—	—	每 2.5 万常住人口配建 1 所 20 班初中。应独立占地。选址应避开城市干道交叉口等交通繁忙路段；鼓励教学区和运动场地相对独立设置，并向社会错时开放运动场地

续表

标准/文件名称	学校规模（班）	用地规模（m^2）	建筑面积（m^2）	生均面积（m^2）	备注
河北省村镇公共服务设施规划导则（试行）	18	15300	7650	用地 17 建筑 8.5	服务规模：≤2.7 万人，运动场应设 250m 环形跑道田径场
	24	19200	9600	用地 16 建筑 8	服务规模：2.7 万～3.6 万人，运动场应设 250m 环形跑道田径场
	30	22500	11250	用地 15 建筑 7.5	服务规模：3.6 万～4.5 万人，运动场应设 300m 环形跑道田径场
（河北省）城乡公共服务设施配置和建设标准	18	18000～22500	—	—	服务人口 2 万～4 万人
	24	24000～30000	—	—	服务人口 2.4 万～5.5 万人
	30	30000～37500	—	—	服务人口 3 万～7 万人
	36	36000～48000	—	—	服务人口 3.6 万～9 万人
上海市 15 分钟社区生活圈规划导则（试行）	—	19670	10350	—	用地 787m^2/千人 建筑 414m^2/千人
南京市农村地区基本公共服务设施配套标准规划指引（试行）	24	26200	—	用地 21.84	—
	30	31100	—	用地 20.75	—
	36	33600	—	用地 18.71	—
浙江省美丽城镇生活圈导则（试行）	12	≥11136	≥4573	—	服务半径不宜大于 1000m。新建初中规模宜设不少于 12 班。每班学生人数不超过 50 人。生均按《浙江省九年制义务教育标准化学校用地和建筑面积指标》计
	18	≥15228	≥6263	—	
	24	≥20052	≥8225	—	
	36	≥33552	≥10251	—	
	九年一贯制学校 18	≥13300	≥5500	—	九年一贯制学校每班人数不宜超过 45 人。生均按《浙江省九年制义务教育普通学校建设标准》标准三类计
	九年一贯制学校 27	≥18577	≥7328	—	
	九年一贯制学校 36	≥30181	≥9425	—	

村庄级初级中学各地相关标准较少，配置指标见表 1-31。《农村普通中小学校建设标准》（建标 109—2008）提出 12 班、18 班、24 班 3 种班级规模，生均用地面积为 30～25m^2，用地规模区间在 17824～29982m^2。各省市村庄中学指引较少，一般参考国家标准《中小学校设计规范》GB 50099—2011 等。

村庄级初级中学相关标准/文件配置指标　　表 1-31

标准/文件名称	学校规模（班）	用地规模（m^2）	建筑面积（m^2）	生均面积（m^2）	备注
农村普通中小学校建设标准	12	17824	—	30	
	18	25676	—	29	
	24	29982	—	25	
天津市村庄规划编制导则（试行）	12～24	17824～41307	6000～18375	—	
天津市乡村规划编制技术要求（2018 版）	—	8640～21600	4800～10800	—	独立占地

续表

标准/文件名称	学校规模（班）	用地规模（m²）	建筑面积（m²）	生均面积（m²）	备注
广西壮族自治区村庄规划编制技术导则（试行）	—	≥10000	—	—	

1.4.2.4 高级中学

涉及乡镇级高级中学的相关标准较少，村庄一般不设置高级中学。行业标准《社区生活圈规划技术指南》TD/T 1062—2021 要求每 5 万人常住人口配建 1 所 24 班高中，应独立占地，对用地规模、建筑面积没有具体要求。河北省对应不同服务规模级别提出要求，有 18 班、24 班、30 班、36 班 4 种规模，对应用地规模区间为 36000～63000m²，建筑面积为 22500～36000m²；天津市高中用地面积为 24300～27000m²，建筑面积为 14850m²；上海市高中用地面积为 26800m²，建筑面积为 13300m²。天津和上海两个城市指标较为接近，河北省的指标远高于这两个市，原因可能是直辖市或经济发达地区的城市用地相对紧张，高中教育用地标准相对集约，更强调多点均衡布局，河北省乡镇的高中数量相对较少，更强调集中大规模布局（表 1-32）。

乡镇级高级中学相关标准/文件配置指标 **表 1-32**

标准/文件名称	学校规模（班）	用地规模（m²）	建筑面积（m²）	生均面积（m²）	备注
社区生活圈规划技术指南	—	—	—	—	每 5 万人常住人口配建 1 所 24 班高中。应独立占地。选址应避开城市干道交叉口等交通繁忙路段；鼓励教学区和运动场地相对独立设置，并向社会错时开放运动场地
河北省村镇公共服务设施规划导则（试行）	18	36000	22500	用地 40，建筑 25	服务规模：≤3.2 万人，运动场应设 250m 环形跑道田径场
	24	45600	28800	用地 38，建筑 24	服务规模：3.2 万～4.3 万人，运动场应设 300m 环形跑道田径场
	30	54000	33000	用地 36，建筑 22	服务规模：4.3 万～5.4 万人，运动场应设 300m 环形跑道田径场
	36	63000	36000	用地 35，建筑 20	服务规模：5.4 万～6.4 万人，运动场应设 400m 环形跑道田径场
上海市 15 分钟社区生活圈规划导则（试行）	—	26800	13300	—	用地 536m²/千人，建筑 266m²/千人

1.4.2.5 其他教育机构

其他教育机构包括社区学校、职业学校、成人教育等类型，是基础教育之外的补充，根据地区需要选择配置。各省、市、自治区标准中其他教育机构的类别差异较大，针对老年、儿童、青少年、就业群体等多种类别。小型社区学堂建筑面积为 100～200m²，成人教育学校建筑面积基本不小于 1000m²，职业培训学校建筑面积在 40000m² 以上（表 1-33）。

乡镇级其他教育机构相关标准/文件配置指标　　表1-33

标准/文件名称	设施名称	用地规模（m^2）	建筑面积（m^2）	备注
雄安新区社区生活圈规划建设指南（2020年）	街坊学堂	—	100～200	社区学堂、老年大学、夜校等，为居民和就近工作群体终身学习和社区教育。适宜在老年人、务工人员比例较高街区配置。可结合住宅底商或公建底商布置。宜邻近文化活动站、绿地、公园设置，并选址安静地段
	4点半课堂	—	100～200	青少年课后托管自习。适宜在学龄儿童比重较高街区配置。可结合住宅底商或公建底层布置，出入口不宜直接朝向城市道路。宜邻近中小学或住宅区设置
上海市15分钟社区生活圈规划导则（试行）	社区学校	—	1000	老年学校、成年兴趣培训学校、职业培训中心、儿童教育培训
浙江省美丽城镇生活圈导则（试行）	社会培训	—	≥500	就业培训、各类才艺类培训和社会教学。建议与文化中心或社区服务中心合建
福建省乡镇国土空间总体规划编制指南（试行）（征求意见稿）	成人教育及培训	＞6670	＞1500	特大型乡镇选配
	中等职业学校	—	＞40000	特大型乡镇选配

1.4.3 医疗保健设施指标研究

1.4.3.1 医院、卫生院（所）

对于乡镇卫生院，行业标准《社区生活圈规划技术指南》TD/T 1062—2021提出规划人口5万以上的乡/集镇宜设置，用地规模为1420～2860m^2，建筑面积为1700～2000m^2；《乡镇卫生院建设标准》（建标107—2008）仅根据床位数提出建筑面积要求，无床卫生院建筑面积为200～300m^2，1～20床的建筑面积为300～1100m^2，21～99床的建筑面积按55～50m^2/床控制。各省、市、自治区标准基本与《乡镇卫生院建设标准》（建标107—2008）保持一致（表1-34），南京市指标偏高，含残疾人康复设施。

乡镇级医疗保健设施相关标准/文件配置指标　　表1-34

标准/文件名称	用地规模（m^2）	建筑面积	备注
社区生活圈规划技术指南	1420～2860	1700～2000m^2	规划人口5万以上的乡/集镇宜设置，服务半径1000m。宜独立占地；不宜与菜市场、学校、幼儿园、公共娱乐场所、消防站、垃圾转运站等设施毗邻
乡镇卫生院建设标准	—	无床，200～300m^2/院	容积率0.7
		1～20床，300～1100m^2/院	容积率0.7
		21～99床，55～50m^2/床	容积率0.8～1.0
河北省村镇公共服务设施规划导则（试行）	≥1400	≥400m^2	服务规模3万～6万人，服务半径全乡镇，用地面积115m^2/床，建筑面积不小于48m^2/床（100床以下），按2床/千人标准计算

续表

标准/文件名称	用地规模（m²）	建筑面积	备注
城乡公共服务设施配置和建设标准	—	（无床）200～300m²	0.6～1.2床/千人，容积率0.7～1.0，床位规模不宜大于100床
		（1～20床）300～1100m²	
		（21～99床）50～55m²/床	
南京市农村地区基本公共服务设施配套标准规划指引（试行）	3000～5000	3000～4000m²（其中业务用房使用面积不小于2000）	含残疾人康复设施，也可单独设置。卫生院床位数应按不少于50床/所设置
浙江省美丽城镇生活圈导则（试行）	—	无床，≥300m²	每千人服务人口宜设置床位1.2个，原则上不超过100床。服务半径不宜大于1000m
		1～20床，≥1100m²	
		21～99床，50/床	
福建省乡镇国土空间总体规划编制指南（试行）（征求意见稿）	综合医院		5万～20万人至少1所二级以上综合性医院
	卫生院	无床，200～300m²/院，1～20床，300～1100m²/院，21～99床，55～50m²/床	
重庆市城乡公共服务设施规划标准	1～20床，（430～2000m²/院）	50～55m²	100床及以上的乡镇卫生院宜按此配置标准设置
	21～99床，（2000～9900m²/院）	50～55m²	

1.4.3.2 卫生服务站

对于乡镇级卫生服务站设施配置指标，行业标准《社区生活圈规划技术指南》TD/T 1062—2021仅提出建筑面积控制在100～200m²，其他各省、市、自治区缺少相关指引（表1-35）。

乡镇级卫生服务站设施相关标准/文件配置指标　　表1-35

标准/文件名称	用地规模（m²）	建筑面积（m²）	备注
社区生活圈规划技术指南	—	100～200	各乡/集镇至少设1处。宜综合设置。安排在建筑首层并设专用出入口

1.4.3.3 卫生室

在村庄卫生室的用地规模方面，《北京市村庄规划导则（修订版）》《内蒙古自治区新农村新牧区规划编制导则》等标准按照村庄规模，分为50m²、70m²、80m²、100m²不等；《河北省村镇公共服务设施规划导则（试行）》《天津市乡村规划编制技术要求（2018版）》给出面积区间，取值较大。在卫生室的建筑面积方面，《美丽乡村建设指南》GB/T 32000—2015、《福建省村庄规划导则（试行）》等大部分标准提出大于60m²，与北方地区大部分村庄卫生室现状建筑面积相一致；《山西省村庄建设规划编制导则》《四川省村庄规划编制技术导则（试行）》等大部分标准配置面积适中，为50～100m²；行业标准《社区生活圈规划技术指南》TD/T 1062—2021取值较大，为100～200m²；《江苏省村庄规划编制指南（试行）（2020年版）》《上海市乡村社区生活圈规划导则（试行）》等华东地区指标较大，约为180m²（表1-36）。

村庄级卫生室相关标准/文件配置指标表 **表1-36**

标准/文件名称	用地规模（m²）	建筑面积（m²）	备注
社区生活圈规划技术指南	—	100～200	各行政村设1处，村域面积较大或集中居民点较分散情况下可多点设置，宜综合设置，安排在建筑首层并设专用出入口
美丽乡村建设指南	—	≥60	人口较少的村可合并设立，社区卫生服务中心或乡镇卫生院所在地的村可不设
北京市村庄规划导则（修订版）	50、70、80、100	0.08～0.2m²/人	按村庄规模配
天津市村庄规划编制导则（试行）	—	80～140	独立占地/合建，每个乡镇都有1所公办乡镇卫生院
天津市乡村规划编制技术要求（2018版）	90～200	80～140	合建
河北省村镇公共服务设施规划导则（试行）	120～250	60～160	服务规模0.05万～0.6万人，服务半径全村，人口0.6万以上的中心村可突破以上指标。配置诊疗室、治疗室、观察室、药房、值班室等
山西省村庄建设规划编制导则	—	50～100	—
内蒙古自治区新农村新牧区规划编制导则	50、70、100、150	—	按村庄规模配
吉林省村庄规划编制技术导则（试行）	—	50～100	—
黑龙江省村庄建设规划编制导则	—	60～100	可合建
河南省新型农村社区规划建设导则	—	≥30	可与卫生站合设，3000人以上或有条件的社区可分设
湖南省村庄规划编制导则（试行）	—	≥80	医疗、保健、计生服务，可与综合服务平台联合设置
广州市村庄规划编制指引	—	200	—
广西壮族自治区村庄规划编制技术导则（试行）	≥50	—	可结合公共服务中心设置
上海市村庄规划编制导则（试行）	—	50～200	预防保健、传染病预防、计划生育、慢性病管理、老年保健等
上海市乡村社区生活圈规划导则（试行）	—	200	行政村必配
江苏省村庄规划编制指南（试行）（2020年版）	—	≥180	可结合公共服务中心设置
南京市农村地区基本公共服务设施配套标准规划指引（试行）	—	≥120	可含在社区行政管理与公共服务用房内
浙江省美丽城镇生活圈导则（试行）	—	100	服务半径0.5km。农村卫生服务网的基层单位；健康咨询、妇幼保健、老年保健、慢性病防治、健康宣传等。可合建；独立分区；小于或等于2层
杭州市乡镇（村）社区服务中心建设标准（试行）	—	≥40	—
安徽省村庄规划编制标准	—	80、80、100、120	按村庄规模配

续表

标准/文件名称	用地规模（m²）	建筑面积（m²）	备注
福建省村庄规划导则（试行）	—	≥60	—
山东省村庄规划编制导则（试行）	—	80～200	千人指标：20m²/千人
重庆市城乡规划村庄规划导则（试行）	—	50～100	服务半径为 1500m，独立占地的村卫生室，业务用房面积≥80m²
四川省村庄规划编制技术导则（试行）	—	50～100	—
成都市农村新型社区建设技术导则（试行）	—	≥60	—
贵州省村庄规划编制导则（试行）	—	≥80	—
贵州省村庄规划编制技术指南（试行）	—	>60	村庄必配
云南省“多规合一”实用性村庄规划编制指南（试行）（修订版）	—	≥60	可结合村级综服务平台设置
西藏自治区村庄建设规划技术导则（试行）	50、70、80、100	—	按村庄规模配
宁夏回族自治区村庄规划编制导则（试行）	—	100～200	按村庄等级配，卫生室应集中布置，应包括候诊室、值班室、诊疗室及药房等功能空间
新疆维吾尔自治区村庄规划编制技术指南（试行）（2022 年修订版）	—	100～200	行政村 1 处，较大或较分散村庄可多点设置

1.4.4 文体科技设施指标研究

文体科技设施主要包括文化活动中心、文化活动室、体育场馆、室外健身广场等。

1.4.4.1 文化活动中心和文化活动室

对于乡镇文化活动中心，行业标准《社区生活圈规划技术指南》TD/T 1062—2021 提出用地规模控制在 3000～12000m²，建筑面积控制在 3000～6000m²，《乡镇综合文化站建设标准》（建标 160—2012）则根据不同服务人口规模提出不同级别的建筑面积。各省、市、自治区标准规模下限基本与行业标准《社区生活圈规划技术指南》TD/T 1062—2021 一致，复合功能略有差异（表 1-37）。

对于乡镇文化活动室，行业标准《社区生活圈规划技术指南》TD/T 1062—2021 提出建筑面积控制在 200m²，各省市的建筑面积控制指标也基本一致。此外，地方标准提出的文化活动室类别更丰富，如《福建省乡镇国土空间总体规划编制指南（试行）（征求意见稿）》提出各类文化场馆、科技站、信息服务站等，基本在 200～300m²。

乡镇级文化活动中心相关标准/文件配置指标表　　表 1-37

标准/文件名称	设施名称或功能	用地规模（m²）	建筑面积（m²）	备注
社区生活圈规划技术指南	乡镇文化活动中心	3000～12000	3000～6000	规划人口 5 万以上的乡/集镇宜设置，可综合设置，宜结合或靠近绿地设置
	文化活动室	—	200	各乡/集镇至少设 1 处，宜综合设置

续表

标准/文件名称	设施名称或功能	用地规模（m²）	建筑面积（m²）	备注
乡镇综合文化站建设标准	乡镇综合文化站	—	800～1500（5 万～10 万人）	各类功能用房使用面积、室外活动场地面积规定详见标准
		—	500～800（3 万～5 万人）	
		—	300～500（1 万～3 万人）	
		—	300（1 万人以下）	
河北省村镇公共服务设施规划导则（试行）	中心镇文化设施	≥9000（600～1000m²/千人）	≥3000（200～400m²/千人）	—
	一般乡镇文化设施	≥6000（300～870m²/千人）	≥2000（150～300m²/千人）	—
（河北省）城乡公共服务设施配置和建设标准	综合文化站	800～1500	≥500	其他文化设施可参照城市社区级标准执行
雄安新区社区生活圈规划建设指南（2020 年）	文化活动站	—	1000～2000	书房、美术/手工教室、音乐教室、舞蹈教室、亲子活动室、生活/乡愁馆均为 150～300m²，其他 100～200m²。宜邻近公共交通站点、绿地和公园设置，选址和布局要方便步行到达并便于人流疏散。宜与街坊管理服务站邻近或整合设置。每处适宜服务人口规模 0.5 万～1.2 万人
上海市 15 分钟社区生活圈规划导则（试行）	社区文化活动中心青少年活动中心	（100m²/千人）	4500（90m²/千人）	步行可达距离 15 分钟（800～1000m），含图书馆、信息苑等
	文化活动室	—	200	步行可达距离 10 分钟（500m），棋牌室、阅览室等
南京市农村地区基本公共服务设施配套标准规划指引（试行）	文化站	≥3000（含不少于 2000m² 的室外活动场地）	建制镇镇区不低于 1500；涉农街道镇区不低于 1000（其中业务用房面积不少于总建筑面积的 3/4）	包括宣传栏、展览室、图书阅览室、文化信息资源共享工程基层服务点、多功能室（影视、歌舞、游艺）、科技服务点以及各类文艺培训、青少年和老年活动场地等
浙江省美丽城镇生活圈导则（试行）	文化活动中心	≥3000	≥2000	1.6 万户设 1 处。宜结合或靠近同级公共绿地设置，可不与其他设施合并设置。可利用城镇老城区原有建筑改建，不独立占地。也可利用城镇原有设施分散布局设置，满足总体要求
福建省乡镇国土空间总体规划编制指南（试行）（征求意见稿）	文化活动中心	3000～12000	3000～6000	特大型乡镇必配，大型选配
	图书馆	—	1200～4500	特大型、大型选配
	展览馆、博物馆	—	—	特大型选配
	科技站	—	＞300	小型选配，其他必配
	信息服务站	—	＞250	特大型、大型必配，中型、小型选配
	社区文化活动中心	—	＞300	均必配

在村庄文化活动设施的功能方面，一般包含文化活动室、文化站、图书阅览室、老年活动室、青少年活动室、广播室、室内体育活动室等，可提供各个年龄段的文化、体育室内活动空间。

在村庄文化活动设施的用地面积方面，《北京市村庄规划导则（修订版）》《西藏自治区村庄建设规划技术导则（试行）》等标准按照村庄规模，建议为 50～200m²，功能较为单一，仅为文化站/室；《湖北省美丽村庄规划编制导则（试行）》等标准将文化活动中心的规模扩大为 600～1000m²，包含功能也更多。

在村庄文化活动设施的建筑面积方面，由于包含文体设施的功能和空间不同，各地标准差异较大（表 1-38）。《社区生活圈规划技术指南》TD/T 1062—2021、《新疆维吾尔自治区村庄规划编制技术指南（试行）（2022 年修订版）》等标准对文化活动室建筑面积建议为 200m²；《安徽省村庄规划编制标准》等标准为 50～200m²，面积较小；《山西省村庄建设规划编制导则》等标准为 200～800m²，面积较大；《贵州省村庄规划编制导则（试行）》《湖南省村庄规划编制导则（试行）》分别建议图书室建筑面积为大于或等于 30m²、50m²。

村庄级文化活动设施相关标准/文件配置指标 **表 1-38**

标准/文件名称	设施名称或功能	用地规模（m²）	建筑面积（m²）	备注
社区生活圈规划技术指南 TD/T 1062—2021	文化活动室	—	200	各行政村设 1 处，村域面积较大或集中居民点较分散情况下可多点设置，宜综合设置
北京市村庄规划导则（修订版）	文化站/室	50、70、100、200	—	根据村庄规模
天津市村庄规划编制导则（试行）	文化活动站（室）、图书馆、老年活动室	—	≥300	独立占地/合建，配建标准为强制性要求
河北省村镇公共服务设施规划导则（试行）	文化设施	≥900（160～250m²/千人）	≥70（60～80m²/千人）	
（河北省）城乡公共服务设施配置和建设标准	文化活动室（综合文化服务中心）	≥1000	≥150、300	根据村庄等级，每个行政村应配置 1 处
山西省村庄建设规划编制导则	文化站	—	200～800	—
内蒙古自治区新农村新牧区规划编制导则	文化站（室）	—	农区 50、70、100、200，牧区 70、100、150、250	根据村庄规模
天津市乡村规划编制技术要求（2018 版）	文化活动站（室）	500～900	200～400	合建
	图书室	500～900	200～400	合建
	文化活动场地	200～1500	—	独立占地
吉林省村庄规划编制技术导则（试行）	文化室、青少年及老年活动室	—	100～200	—
黑龙江省村庄建设规划编制导则	文化室、青少年、老年活动室、文体活动中心（活动场）	—	200～600	多功能厅、文化娱乐、图书、老人活动用房等，其中老人活动用房占 1/3 以上

续表

标准/文件名称	设施名称或功能	用地规模（m^2）	建筑面积（m^2）	备注
河南省新型农村社区规划建设导则	文化活动中心	—	50～200	—
湖北省美丽村庄规划编制导则（试行）	文化中心	600、800、1000	300、400、500	根据村庄规模，附有大于或等于 300m^2 的硬质铺装多用途活动场地
湖南省村庄规划编制导则（试行）	文化活动室	—	⩾90	用于培训或小型演出等，可与综合服务平台联合设置
	图书室	—	⩾50	用于图书阅览、图书借阅，可与综合服务平台联合设置
广州市村庄规划编制指引	综合文化站（室）	—	200	—
广西壮族自治区村庄规划编制技术导则（试行）	文化站（室）	⩾50	—	可结合公共服务中心设置
（上海市）村庄规划编制技术规范（征求意见稿）	文化活动室	—	500	文化活动室、阅览室、青少年娱乐室、老年活动室、文化宣传栏，文化宣传栏长度大于 10m
江苏省村庄规划编制指南（试行）（2020 版）	综合性文化服务中心（文化礼堂）	—	⩾80、300	根据村庄等级
浙江省村庄规划编制技术要点（试行）	文化站（室）	—	70、100、200	根据村庄规模
安徽省村庄规划编制标准	文化活动室	—	50、70、100、200	根据村庄规模
福建省村庄规划编制指南（试行）	基层综合性文化服务中心	—	⩾100	包含图书室。可利用现状古厝、祠堂、礼堂、戏台等修缮配置
	文化活动场所	—	⩾100	包含农村电影放映室。可利用闲置的校舍、旧礼堂和村部大楼改造配置
山东省村庄规划编制导则（试行）	文化活动站	—	300～1000（100m^2/千人）	—
上海市乡村社区生活圈规划导则（试行）	综合文化活动室	—	200	行政村必配
	文化展示馆	—	50	行政村选配
重庆市城乡规划村庄规划导则（试行）	文化活动室	—	50～100、100～200	含科技服务点，小型运动场（篮球场）420m^2
四川省村庄规划编制技术导则（试行）	文化体育中心	—	100～300	—
贵州省村庄规划编制导则（试行）	文化活动室	—	⩾100	—
	图书室	—	⩾30	
云南省“多规合一”实用性村庄规划编制指南（试行）（修订版）	文化站（室）/文化传习所/文化传习馆	—	⩾50	—
新疆维吾尔自治区村庄规划编制技术指南（试行）（2022 年修订版）	文化活动室	—	200	行政村 1 处，较大或较分散村庄可多点设置
	农家书屋	—	—	行政村 1 处，较大或较分散村庄可多点设置

续表

标准/文件名称	设施名称或功能	用地规模（m^2）	建筑面积（m^2）	备注
新疆维吾尔自治区村庄规划编制技术指南（试行）（2022年修订版）	红白喜事厅	—	—	结合村庄活动中心设置
	特色民俗活动点	—	600	结合村庄活动中心设置
西藏自治区村庄建设规划技术导则（试行）	文化活动中心	50、70、100、200	—	根据村庄规模
（新疆维吾尔自治区）村庄规划编制技术规程（试行）	文化站（室）	—	200～800	可与绿地结合建设
	村广播室（放映室）	—	50	—

1.4.4.2 室内体育场馆

大型室内体育场馆多建设在城市，乡镇室内体育场馆要求功能较为单一、配套建设要求相对较低，农村鲜有建设。从乡镇级室内体育场馆的相关标准中看，行业标准《社区生活圈规划技术指南》TD/T 1062—2021 提出乡镇体育中心建筑面积控制在 2000～5000m^2；《河北省村镇公共服务设施规划导则（试行）》根据中心镇和一般乡镇两个层级给出不同的一般用地和建筑指标下限；此外，为避免设施浪费，《浙江省美丽城镇生活圈导则（试行）》等其他标准给出千人指标，但几个标准之间的取值差距较大；各类体育场馆配置指标则根据专项设计标准制定具体面积控制要求（表 1-39）。

乡镇级室内体育场馆相关标准/文件配置指标　　表 1-39

标准/文件名称	设施名称	用地规模（m^2）	建筑面积（m^2）	备注
社区生活圈规划技术指南	乡镇体育中心	—	2000～5000	规划人口5万以上的乡/集镇宜设置，可综合设置，体育场应设置60～100m直跑道和环形跑道；应具备大空间球类活动、乒乓球、体能训练和体质监测等用房
河北省村镇公共服务设施规划导则（试行）	中心镇体育设施	≥7000（500～800m^2/千人）	≥2000（100～300m^2/千人）	—
	一般乡镇体育设施	≥5000（250～700m^2/千人）	≥800（80～200m^2/千人）	—
（河北省）城乡公共服务设施配置和建设标准	室内体育设施	—	—	室内人均建筑面积不应低于0.1m^2，包括健身房、棋牌室、室内体育活动室等设施
上海市15分钟社区生活圈规划导则（试行）	综合健身馆	（40m^2/千人）	1800（36m^2/千人）	步行可达距离15分钟（800～1000m）
	游泳池（馆）	（60m^2/千人）	800（16m^2/千人）	
南京市农村地区基本公共服务设施配套标准规划指引（试行）	体育健身设施	8000～12000	＞1000	包括室外全民健身设施、室内健身房、慢跑道、篮球场、羽毛球场、乒乓球台、小型足球场和游泳池等设施项目。可结合文化站一并设置

续表

标准/文件名称	设施名称	用地规模（m^2）	建筑面积（m^2）	备注
浙江省美丽城镇生活圈导则（试行）	体育健身中心	—	≥1000 （40m^2/千人）	服务半径0.8km。室内体育用房、健身房、游泳馆（池）、健身路径等体育设施。室外场地可结合居住区公园设置
福建省乡镇国土空间总体规划编制指南（试行）（征求意见稿）	体育场馆	44000～56000	—	特大型选配
	田径场	26000～28000 （2万～5万人）， 8000～26000 （2万人以下）	—	特大型、大型、中型选配
	游泳馆	6300～7500 （5万～10万人）， 5000 （2万～5万人）	—	特大型、大型、中型选配
	社区体育设施	300～650m^2/千人	100～260m^2/千人	特大型、大型、中型必配，小型选配

涉及村庄室内体育活动室的标准较少，仅有上海和新疆两地对该设施提出规模建议，建筑面积为50～100m^2（表1-40）。

村庄级室内体育活动室相关标准/文件配置指标　　表1-40

标准/文件名称	设施名称	用地规模（m^2）	建筑面积（m^2）	备注
上海市乡村社区生活圈规划导则（试行）	室内健身室	—	100	行政村选配
（新疆维吾尔自治区）村庄规划编制技术规程（试行）	室内体育活动室	—	50～100	—

1.4.4.3 室外健身广场

在乡镇室外健身广场的建设指标方面，行业标准《社区生活圈规划技术指南》TD/T 1062—2021提出用地规模控制在400m^2。各省市根据不同服务人口规模，相应地控制规模差异较大，在300～5260m^2不等（详见表1-41）。

乡镇级室外健身广场相关标准/文件配置指标　　表1-41

标准/文件名称	设施名称	用地规模（m^2）	建筑面积（m^2）	备注
社区生活圈规划技术指南	室外综合健身场地	400	—	服务半径500～1000m，宜综合设置，宜结合或靠近绿地设置
（河北省）城乡公共服务设施配置和建设标准	室外活动场地	≥1500	—	人均用地不应低于0.3m^2，应独立占地，宜设于公共绿地附近，并保证良好的日照条件
雄安新区社区生活圈规划建设指南（2020年）	室外运动场地	1100～2100	—	依据不同服务规模，提供群众室外健身设施及场地。可安排健身路径、标准篮球场或三人制篮球场、乒乓球场地、标准门球场地等设施。单独占地，宜结合绿地、公园设置，并与健身步道串联，形成绿色城市活力带。可根据场地情况适当分散布置。与住宅楼栋保持一定距离，避免活动声音对住户的干扰
	其中：室外综合健身场地	300～800	—	
	其中：小型多功能运动场	800～1300	—	

续表

标准/文件名称	设施名称	用地规模（m^2）	建筑面积（m^2）	备注
上海市15分钟社区生活圈规划导则（试行）	运动场	300（140m^2/千人）	—	步行可达距离15分钟（800～1000m），足球场、篮球场、网球场、羽毛球场等
	健身点	300	—	步行可达距离5分钟（200～300m），室内、室外健身点
浙江省美丽城镇生活圈导则（试行）	多功能运动场地	2000	—	1.5万～2.5万人配建1处。宜结合各级公共绿地等公共活动空间统筹布局；宜设置篮球、排球、60m直跑道、场地
福建省乡镇国土空间总体规划编制指南（试行）（征求意见稿）	多功能运动场地	3150～5620	—	5万人以上，乡镇均选配
		1310～2460	—	1.5万～2.5万人
		>800	—	0.5万～1.2万人

在村庄室外健身广场的功能方面，各地标准一般包含文化活动场地、健身活动场地、体育运动场地等。在室外健身广场的用地规模方面，《北京市村庄规划导则（修订版）》等标准根据村庄规模，建议为300～1000m^2；《湖南省村庄规划编制导则（试行）》等标准建议健身设施每处大于或等于30m^2；《宁夏回族自治区村庄规划编制导则（试行）》等标准给出建议人均运动场地标准（表1-42）。

村庄级室外健身广场相关标准/文件配置指标　　表1-42

标准/文件名称	设施名称或功能	用地规模（m^2）	备注
社区生活圈规划技术指南	健身广场	400	宜综合设置，宜与绿地结合设置
北京市村庄规划导则（修订版）	健身场地	300、500、700、1000	根据村庄规模
天津市村庄规划编制导则（试行）	文化活动场地、健身活动场地、篮球场	200～1500	独立占地
（河北省）城乡公共服务设施配置和建设标准	室外活动场地	≥1000	规划服务人口0.3万～1万人，室外健身场地面积不小于1000m^2
山西省村庄建设规划编制导则	运动场地	600～1000	—
内蒙古自治区新农村新牧区规划编制导则	健身场地	300、500、700、1000	—
天津市乡村规划编制技术要求（2018版）	健身活动场地	200～1500	独立占地
湖南省村庄规划编制导则（试行）	文化活动广场	总量应≥500	室外文体活动场地
	健身设施	每处≥30	室内外健身场地，结合开敞空间设置
河南省村庄规划导则（修订版）	健身广场	—	1000人以上必配，以下选配
（上海市）村庄规划编制技术规范（征求意见稿）	体育健身点	300～500	可按需求设置篮球场、羽毛球场、乒乓球台、单双杠及其他健身器械等
江苏省村庄规划编制指南（试行）（2020版）	文体活动场地	≥150、500	根据村庄等级
	小游园	≥200、500	
浙江省村庄规划编制技术要点（试行）	健身场地	300、600、900	—
安徽省村庄规划编制标准	健身场地	300、500、600、800	根据村庄规模

续表

标准/文件名称	设施名称或功能	用地规模（m²）	备注
福建省村庄规划编制指南（试行）	健身场地	0.2～0.3m²/人	—
	运动场地	600～1000	可作为农村避灾点
山东省村庄规划编制导则（试行）	文化活动场地	500～2000	200m²/千人
上海市乡村社区生活圈规划导则（试行）	村民益智健身苑点	—	100户设置一处，自然村必配
	健身步道	—	行政村必配
	多功能运动场地	400	行政村必配
重庆市城乡规划村庄规划导则（试行）	全民健身设施	≥420	—
贵州省村庄规划编制导则（试行）	活动广场	500～800	—
	体育健身设施	每处≥30	结合开敞空间设置
贵州省村庄规划编制技术指南（试行）	活动广场	—	村庄必配
西藏自治区村庄建设规划技术导则（试行）	健身场地	300、500、700、1000	—
宁夏回族自治区村庄规划编制导则（试行）	运动场地	1.5m²/人	—
（新疆维吾尔自治区）村庄规划编制技术规程（试行）	文化、体育活动场地	600～2000	可与绿地结合建设
陕西省实用性村庄规划编制技术导则（试行）	村民活动广场	—	除搬迁撤并类村庄，其他均必配
新疆维吾尔自治区村庄规划编制技术指南（试行）（2022年修订版）	健身广场	400	与绿地结合设置

1.4.5 商业金融设施指标研究

商业金融设施种类较为丰富，乡镇级主要包括集贸市场、小商品市场等，村庄的商业金融设施主要包括饭店和饮食店、便民农家店、旅店、金融电信服务点等。

对于乡镇级购物设施，《乡村公共服务设施规划标准》CECS 354—2013提出集贸市场设施用地面积应按平常集会人流规模确定，用地规模大于或等于1200m²，建筑面积大于或等于800m²，小商品市场可按上市人数人均1.5m²或每个摊位3～5m²确定，《乡镇集贸市场规划设计标准》CJJ/T 87—2020提出小于1000m²、1000～5000m²、5000～20000m²、大于或等于20000m² 4种规模级别，行业标准《社区生活圈规划技术指南》TD/T 1062—2021提出集贸市场（菜市场）建筑面积控制在750～1500m²、2000～2500m²。其他各省市标准用地规模有1500～2000m²（河北）、大于2000m²（南京）、2000m²（浙江）等，建筑面积规模有800～1500m²（河北）、600～3000m²（河北）、1500m²（上海）、大于1500m²（南京）、2000m²（浙江）等，综合比较可得集贸市场参照《乡村公共服务设施规划标准》CECS 354—2013，控制用地规模下限在1200m²，不设上限，控制建筑面积下限在800m²，不设上限较为合理。小商品市场在地方标准中仅河北地区提出，且与《乡村公共服务设施规划标准》CECS 354—2013 一致，按 1.5m^2/人或3～5m^2/摊位确定。乡镇级购物设施相关标准/文件配置指标见表 1-43。

乡镇级购物设施相关标准/文件配置指标　　表 1-43

标准/文件名称	设施名称	用地规模	建筑面积（m^2）	备注
乡村公共服务设施规划标准	集贸市场（蔬菜、果品）	≥1200m^2	≥800m^2	乡驻地集贸市场设施用地面积应按平常集会人流规模确定，小商品市场可按上市人数人均 1.5m^2 或每个摊位 3～5m^2 确定，并应安排好大集或商品交易会时临时占用的场地，休集时应考虑设施和用地的综合利用
	小商品市场	1.5m^2/人，3～5m^2/摊位	—	—
社区生活圈规划技术指南	菜市场	—	750～1500、2000～2500	服务半径为 500～1000m，可综合设置，宜设置机动车、非机动车停车场
	集贸市场	—	—	各乡集镇设 1 处，宜独立占地，选址位置适中，交通便利
乡镇集贸市场规划设计标准	集贸市场	<1000m^2	—	用地面积：固定市场为 0.1～0.5m^2/人，露天市场、厅棚型市场、商业街型市场为 0.2～0.5m^2/人，商超型市场为 0.1～0.3m^2/人
		1000～5000m^2	—	
		5000～20000m^2	—	
		≥20000m^2	—	
河北省村镇公共服务设施规划导则（试行）	小商品市场	1.5m^2/人或3～5m^2/摊位	—	应安排好大集或商品交易会时临时占用的场地，休集时应考虑设施和用地的综合利用
	菜市场	1500～2000	800～1500	菜市场按 120m^2/千人为控制指标，基本满足 800m 服务半径步行距离，步行时间在 10 分钟以内
	菜店	—	500～1000	服务半径不大于 500m
（河北省）城乡公共服务设施配置和建设标准	集贸市场	—	600～3000	服务人口 1.0 万～5.0 万人，尽量利用原有集市单独设置或设于建筑底层
雄安新区社区生活圈规划建设指南（2020 年）	便民商业点	—	600～1300	应选择交通便利、居民出行便捷的沿街地段，可结合住宅底商或公建底层布置，宜设置在地面层或有下沉广场的地下一层
	其中：菜站	—	100～200	
	快递服务站	—	50～100	
	便利店	—	100～200	
	早餐铺	—	50～100	
	药店	—	50～100	
	邮政所	—	200～500	
上海市 15 分钟社区生活圈规划导则（试行）	室内菜场	（148m^2/千人）	1500（120m^2/千人）	步行可达距离 10 分钟（500m），副食品、蔬菜等
南京市农村地区基本公共服务设施配套标准规划指引（试行）	菜市场（新市镇）	>2000	>1500	包括粮油、蔬菜、肉类、水产品、副食品、干货、水果、熟食等商品销售
浙江省美丽城镇生活圈导则（试行）	农贸市场	2000	2000	3 万～5 万人设 1 处。宜集中独立设置，若合建，应有相对独立场地；应配置相应的机动车、非机动车停车位

对于乡镇级其他商业金融设施，国家标准暂无相关面积控制要求，各地方涉及较少，且差异较大，暂不提出面积控制要求（表 1-44）。

乡镇级其他商业金融设施相关标准/文件配置指标　　表 1-44

<table>
<tr><th>标准/文件名称</th><th>设施名称</th><th>用地规模（m²）</th><th>建筑面积（m²）</th><th>备注</th></tr>
<tr><td>社区生活圈规划技术指南</td><td>邮政营业场所</td><td>—</td><td>—</td><td>各乡/集镇至少设 1 处，可综合设置，宜与商业服务设施结合或邻近设置</td></tr>
<tr><td rowspan="2">上海市 15 分钟社区生活圈规划导则（试行）</td><td>社区食堂</td><td>—</td><td>200</td><td>步行可达距离 10 分钟（500m），膳食供应</td></tr>
<tr><td>生活服务中心</td><td>—</td><td>100</td><td>步行可达距离 5 分钟（200～300m），修理服务、家政服务、菜店、快递收发、裁缝店</td></tr>
<tr><td rowspan="2">南京市农村地区基本公共服务设施配套标准规划指引（试行）</td><td>商业金融服务设施（新市镇）</td><td>—</td><td>≥10000</td><td>含超市、餐饮、中西药店、书店、文具、美容美发、洗浴、服装、五金电器、日用品、旅馆等商业服务设施，银行储蓄所等金融服务设施。其中餐饮可采取小食中心、小贩中心等方式，以便利居民使用为目标，相对集中设置</td></tr>
<tr><td>邮政所（新市镇）</td><td>—</td><td>≥350</td><td>包括邮政分销业务，出售邮资凭证，国内函件、包件，国际平常函件，报刊收订和零售业务，邮政储蓄业务、汇兑业务（条件允许情况下），水、电、气等代缴费业务，市民卡等充值业务，汽车票、火车票、飞机票等票务代理业务，国内电话业务，报刊、邮件投递业务。可结合商业金融服务设施设置</td></tr>
</table>

对于村庄购物设施，行业标准《社区生活圈规划技术指南》TD/T 1062—2021 提出各行政村设一处便民农家店，建筑面积控制在 120～250m²，各省、市、自治区标准中村庄购物设施类型名称较为丰富，有农资超市、生活用品超市、蔬菜副食点、便民商店等，控制建筑面积在 30～300m² 不等，故为兼顾各种不同类型的便民店，将建筑面积控制指标调整有优化为 30～300m²，用地规模不设限制（表 1-45）。

村庄级购物设施相关标准/文件配置指标　　表 1-45

<table>
<tr><th>标准/文件名称</th><th>设施名称</th><th>用地规模（m²）</th><th>建筑面积</th><th>备注</th></tr>
<tr><td>社区生活圈规划技术指南</td><td>便民农家店</td><td>—</td><td>120～250m²</td><td>各行政村设 1 处，村域面积较大或集中居民点较分散的情况下可多点设置，宜综合设置</td></tr>
<tr><td rowspan="3">（河北省）城乡公共服务设施配置和建设标准</td><td>菜市场</td><td>200～500</td><td></td><td rowspan="3">—</td></tr>
<tr><td>农资超市</td><td>70～150</td><td>100～300m²</td></tr>
<tr><td>生活用品超市</td><td>≥100</td><td>≥100m²</td></tr>
<tr><td>山西省村庄建设规划编制导则</td><td>—</td><td>—</td><td>≥100、200、300m²</td><td>根据村庄规模确定，包含商业贸易、餐饮服务、副食加工、理发洗浴、物业管理等</td></tr>
<tr><td>天津市乡村规划编制技术要求（2018 版）</td><td>集贸市场</td><td>>50</td><td>—</td><td>独立占地</td></tr>
</table>

续表

标准/文件名称	设施名称	用地规模（m^2）	建筑面积	备注
黑龙江省村庄建设规划编制导则	百货、超市、食杂店	—	＞50m^2	—
	集贸市场	—	＞100m^2	
	蔬菜、副食点	—	＞30m^2	
河南省新型农村社区规划建设导则	农贸市场、食品加工点	100～300	—	—
	社区超市	70～150	—	
	农资超市	≥50	—	
上海市村庄规划编制导则（试行）	便民商店	—	50～150m^2	—
	小型市场	—	50～150m^2	邻近城镇集中建设区的村庄如可共用相邻镇的，可不设置
江苏省村庄规划编制指南（试行）（2020年版）	农资超市	—	≤50m^2	—
浙江省美丽城镇生活圈导则（试行）	便民服务网点（五分钟邻里生活圈）	—	≥150m^2	服务半径0.5km。水果菜店、理发浴室、维修缝补、便利店、餐饮店、书报、洗衣、家政、中介、快递、再生资源回收、智能快件箱、快递末端服务等；合建；≤2层
安徽省村庄规划编制标准	便民超市	—	30、40、60、80m^2	—
	农贸市场	—	60、100、150、200m^2	
	农资店	—	30、40、50、60m^2	
福建省村庄规划导则（试行）	集贸市场	—	≥100m^2	—
	农家店	—	≥40m^2	
	农资农家店	—	≥30m^2	
山东省村庄规划编制导则（试行）	农贸市场	200～500	50m^2/千人	—
上海市乡村社区生活圈规划导则（试行）	便民商店	—	50m^2	行政村必配
	农产品展示销售中心	—	—	行政村选配
重庆市城乡规划村庄规划导则（试行）	市场设施（1000人以上）	50～200	—	—
	放心店	—	50m^2	
四川省村庄规划编制技术导则（试行）	农家购物中心	—	50～200m^2	—
贵州省村庄规划编制导则（试行）	农贸市场	—	500～800m^2	—
	农村超市	—	≥20m^2	
（新疆维吾尔自治区）村庄规划编制技术规程（试行）	集贸市场	—	＞200m^2	—
	便民商店	—	＞50m^2	
	农资服务店	—	＞50m^2	

续表

标准/文件名称	设施名称	用地规模（m^2）	建筑面积	备注
新疆维吾尔自治区村庄规划编制技术指南（试行）（2022 年修订版）	便民农家店	—	120～250m^2	行政村 1 处，较大或较分散村庄可多点设置

对于村庄其他商业金融设施，国家相关标准未提出标准化配置项目，各省市标准中类型较为丰富，有饭店、旅店、农村信用社、邮政网点、电商平台、乡创中心等，建筑面积基本都大于 30m^2（表 1-46）。

村庄级其他商业金融设施相关标准/文件配置指标　　表 1-46

标准/文件名称	设施名称	用地规模（m^2）	建筑面积（m^2）	备注
餐饮、住宿				
黑龙江省村庄建设规划编制导则	饭店、小吃部	—	＞30	服务区域：村域
	旅店	—	＞50	
（新疆维吾尔自治区）村庄规划编制技术规程（试行）	小吃店	—	20～50	—
金融服务				
黑龙江省村庄建设规划编制导则	银行、信用、保险机构	—	＞50	服务区域：集中分布的多个村庄
安徽省村庄规划编制标准	乡村金融服务网点	—	25、30、35、40	—
天津市乡村规划编制技术要求（2018 版）	农村信用社	—	＞50	合建
（新疆维吾尔自治区）村庄规划编制技术规程（试行）	农村信用社	—	＞50	—
物流、邮政				
江苏省村庄规划编制指南（试行）（2020 版）	邮政代办点（快递服务站）	—	20～40	—
安徽省村庄规划编制标准	邮政网点	—	20、30、40	根据村庄规模
福建省村庄规划导则（试行）	村邮所	—	≥25	设置快递站点，可与农村淘宝网点联合设置
贵州省村庄规划编制导则（试行）	电商平台	—	≥100	—
天津市乡村规划编制技术要求（2018 版）	村邮所	—	＞10	合建
（新疆维吾尔自治区）村庄规划编制技术规程（试行）	村邮所	—	＞50	—
其他商业				
山东省村庄规划编制导则（试行）	其他商业	1000～3500	350m^2/千人	—
天津市乡村规划编制技术要求（2018 版）	便民商店	—	＞100	合建
	理发店	—	＞20	合建
	公共浴室	—	＞50	独立占地或合建

续表

标准/文件名称	设施名称	用地规模（m^2）	建筑面积（m^2）	备注
天津市乡村规划编制技术要求（2018版）	快递收寄点	—	＞30	合建
	农资服务点	—	＞100	独立占地或合建
	农产品收购网点	—	＞50	独立占地或合建
	农机修理店	—	＞100	独立占地
	晾晒场	＞80	—	独立占地
黑龙江省村庄建设规划编制导则	理发、浴室、综合修理服务、收购、快递网点	—	＞30	服务区域：所在居民点
上海市乡村社区生活圈规划导则（试行）	游客服务中心	—	—	行政村选配
	红白事中心（村民食堂）	800	1000	行政村选配
	为农综合服务站	—	50	行政村选配
	乡创中心（青年中心）	—	200	行政村选配

1.4.6 社会保障设施指标研究

1.4.6.1 养老院

在乡镇养老院规模方面，行业标准《社区生活圈规划技术指南》TD/T 1062—2021提出用地规模为3500～22000m^2，建筑面积为7000～17500m^2；河北、浙江、福建等省分别提出了最小规模限制，南京、天津等市要求的规模区间均在行业标准《社区生活圈规划技术指南》TD/T 1062—2021指标之内（表1-47）。

乡镇级养老院相关标准/文件配置指标 **表1-47**

标准/文件名称	设施名称	用地规模（m^2）	建筑面积（m^2）	备注
社区生活圈规划技术指南	养老院	3500～22000	7000～17500	一般规模宜为200～500床。宜独立占地。宜邻近乡镇卫生院、幼儿园、小学及公共服务中心
河北省村镇公共服务设施规划导则（试行）	敬老院	＞6000	＞3000	服务规模3万～10万人，建筑面积为≥30m^2/床，占地面积为40～50m^2/床。为缺少家庭照顾的老年人提供居住及文化娱乐场所。按每千人2个床位配建，100床以上/所。室内活动场所为1000m^2，室外活动场所为2000m^2
（河北省）城乡公共服务设施配置和建设标准	养老院	≥1200	≥900	每所最小床位数为30床
上海市15分钟社区生活圈规划导则（试行）	社区养老院	—	3000（120m^2/千人）	养老、护理等
南京市农村地区基本公共服务设施配套标准规划指引（试行）	敬老院	8000～10000	≥6000	敬老院是为乡村五保对象提供养老服务的社会福利事业机构，设有起居生活、文化娱乐、医疗保健等多项服务设施。每所乡村敬老院应有1片绿地、1片菜地、1个活动室。敬老院床位数应不少于200床/所，可附托老所一并设置。针对已撤销行政建制的新市镇，可降低或取消敬老院的配建标准

续表

标准/文件名称	设施名称	用地规模（m^2）	建筑面积（m^2）	备注
浙江省美丽城镇生活圈导则（试行）	养老院	≥900	≥700	5 万～10 万人配建不低于 20 床。每千名老人不应少于 40 床。服务半径不宜大于 1000m
福建省城乡养老服务设施规划及配置导则（试行）	养老院、敬老院、托老所（街道级）	—	≥30m^2/床	配建规模及要求≥10 床位。基本配建内容：生活起居、餐饮服务、文化娱乐、医疗保健用房及室外活动场地等
福建省乡镇国土空间总体规划编制指南（试行）（征求意见稿）	养老院	1200 以上	900 以上	独立占地

1.4.6.2　老年人日间照料中心/幸福院

老年人日间照料中心提供老年人日托服务，也称托老所、养老服务站、养老驿站，包括生活服务、保健康复、娱乐健身等功能。幸福院也称村庄养老院，需设置床位，并包含生活起居、就餐服务、文化娱乐、医疗保健、健身等功能。

在乡镇老年人日间照料中心的用地规模方面，行业标准《社区生活圈规划技术指南》TD/T 1062—2021、《上海市乡村社区生活圈规划导则（试行）》《上海市 15 分钟社区生活圈规划导则（试行）》等标准提出建筑面积为 300m^2；《福建省城乡养老服务设施规划及配置导则（试行）》根据人口规模配置，建筑面积较大。乡镇级老年人日间照料中心相关标准/文件配置指标见表 1-48。

乡镇级老年人日间照料中心相关标准/文件配置指标　　表 1-48

标准/文件名称	设施名称	用地规模（m^2）	建筑面积（m^2）	备注
社区生活圈规划技术指南	老年人日间照料中心	—	300	1.5 万人宜设置一处，服务半径 500～1000m。宜综合设置。安排在建筑首层并设专用出入口
河北省村镇公共服务设施规划导则（试行）	托老所	—	>500	服务规模 0.45 万～1.5 万人，服务半径 400m。建筑面积 20m^2/床，占地面积 25m^2/床。为无人照顾的老年人提供日间照顾、精神慰藉、医疗康复等服务。托老所每所设置床位 5～10 床。室内活动场所 300m^2，室外活动场所 500m^2
上海市 15 分钟社区生活圈规划导则（试行）	日间照料中心	—	300（40m^2/千人）	步行可达距离 10 分钟（500m），老人照顾、保健康复、膳食供应
浙江省美丽城镇生活圈导则（试行）	居家养老服务中心	—	≥1000（6m^2/千人）	服务半径 0.8km。涵盖用餐、家政、家庭护理、紧急救援、精神慰藉等；大于或等于 10 张短期照料床位。可合建、独立分区，小于或等于 2 层；建议合建社区医养结合服务中心

续表

标准/文件名称	设施名称	用地规模（m²）	建筑面积（m²）	备注
福建省城乡养老服务设施规划及配置导则（试行）	老年人日间照料中心	≥1000m²/处	≥1600（人口规模30000～50000人）；≥1085（15000～29999人）；≥750（10000～14999人）；	建设规模应以街道（社区）居住人口数量为主要依据，兼顾服务半径确定。服务半径不大于500m。应设置大于250m²的室外活动场地。基本配建内容：生活服务、保健康复、娱乐及辅助用房、室外活动场地等
	居家养老服务中心	≥400	≥200	基本配建内容：活动室、保健室、紧急援助、法律援助、专业服务等
上海市乡村社区生活圈规划导则（试行）	乡村长者照护之家	—	300	乡镇必配，至少1处
新疆维吾尔自治区乡镇国土空间总体规划编制技术指南（试行）	老年人日间照料中心	—	—	乡镇选配，1.5万人宜设置1处

在村庄幸福院的用地规模方面，仅有《山东省村庄规划编制导则（试行）》建议用地规模大于1400m²，其他标准均未规定；建筑面积方面，各标准差距较大（表1-49）。

村庄级幸福院相关标准/文件配置指标 **表1-49**

标准/文件名称	设施名称	用地规模（m²）	建筑面积（m²）	备注
社区生活圈规划技术指南	村级幸福院	—	—	应独立占地，设于阳光充足、接近绿地的地段；宜结合村庄活动中心设置
天津市村庄规划编制导则（试行）	养老院	—	—	按照人口3%设置养老院床位，每张床建筑面积30m²，独立占地
山西省村庄建设规划编制导则	敬老院	—	200～500	—
福建省城乡养老服务设施规划及配置导则（试行）	农村幸福院	—	≥100	可结合村级公共服务中心设置。每处配置3～10个床位。基本配建内容：就餐服务、生活照顾、日间、休闲娱乐等用房及室外活动场地等
福建省村庄规划编制指南（试行）	农村幸福院	—	0.5～0.8m²/人	包含农村老年人日间照料中心、托老所、老年人活动中心
山东省村庄规划编制导则（试行）	幸福院	≥1400	≥400	用地≥400m²/千人，建筑≥150m²/千人
重庆市城乡规划村庄规划导则（试行）	五保家园	—	—	人均0.1～0.3m²
陕西省村庄规划编制导则（试行）	养老服务站	—	—	活动场地应有1/2的活动面积在标准的建筑日照阴影线之外；容积率不应大于0.3；床位数量应按照40床位/百老人的指标计算
上海市乡村社区生活圈规划导则（试行）	示范睦邻点（老年助餐点）	—	20	100户设置1处，自然村必配

1.4.6.3　老年活动室

老年活动室是老年人进行室内交流和文娱活动的场所。乡镇级和村庄级老年活动室主要是规模和复合功能的区别。

在乡镇老年活动室的用地规模方面，行业标准《社区生活圈规划技术指南》TD/T 1062—2021、《上海市 15 分钟社区生活圈规划导则（试行）》按照建筑面积 200m² 配置；《福建省城乡养老服务设施规划及配置导则（试行）》老年活动中心的建设指标较大，相应的基本配建内容较丰富，包括阅览室、教室、阅览室、保健室、棋牌类活动室、室外健身活动场地等（表 1-50）。

乡镇级老年活动室相关标准/文件配置指标表　　表 1-50

标准/文件名称	设施名称	用地规模（m²）	建筑面积（m²）	备注
社区生活圈规划技术指南	老年活动室	—	200	各乡/集镇至少设 1 处。宜综合设置。安排在建筑首层并设专用出入口
上海市 15 分钟社区生活圈规划导则（试行）	老年活动室	—	200（60m²/千人）	步行可达距离 5 分钟（200～300m），交流、文娱活动等
福建省城乡养老服务设施规划及配置导则（试行）	老年活动中心（街道级）	≥600	≥300	应设置大于 300m² 的室外活动场地。基本配建内容：阅览室、教室、阅览室、保健室、棋牌类活动室、室外健身活动场地等

在村庄老年活动室的用地规模方面，《北京市村庄规划导则（修订版）》等标准按照村庄规模配置为 50～150m²。建筑面积方面，《山西省村庄建设规划编制导则》等大部分标准配置指标为 100～200m²（表 1-51）。

村庄级老年活动室设施相关标准/文件配置指标　　表 1-51

标准/文件名称	用地规模（m²）	建筑面积（m²）	备注
社区生活圈规划技术指南	—	200	各行政村设 1 处，村域面积较大或集中居民点较分散的情况下可多点设置，宜综合设置，安排在建筑首层并设专用出入口
北京市村庄规划导则（修订版）	50、70、100、150	—	根据村庄规模
山西省村庄建设规划编制导则	—	100～200	—
内蒙古自治区新农村新牧区规划编制导则	50、70、100、150	—	根据村庄规模
广州市村庄规划编制指引	—	100	—
浙江省村庄规划编制技术要点（试行）	70、100、150	—	根据村庄规模
安徽省村庄规划编制标准	—	60、80、100、150	根据村庄规模
福建省村庄规划导则（试行）	—	≥100	—
上海市乡村社区生活圈规划导则（试行）	—	160	行政村必配
西藏自治区村庄建设规划技术导则（试行）	50、70、100、150	—	根据村庄规模

续表

标准/文件名称	用地规模（m²）	建筑面积（m²）	备注
新疆维吾尔自治区村庄规划编制技术指南（试行）（2022年修订版）	—	200	行政村1处，较大或较分散村庄可多点设置
宁夏回族自治区村庄规划编制导则（试行）	—	100～200	根据村庄等级
（新疆维吾尔自治区）村庄规划编制技术规程（试行）	—	100～200	可与绿地结合建设

1.4.7 防灾避难设施指标研究

乡镇级防灾避难设施主要包括消防站、防洪设施、避震疏散场地，村庄级防灾避难设施主要包括治安和消防设施、防灾避难场地，即治安联防站、微型消防站、疏散道路、避灾点等。

乡镇级公共服务设施相关标准中涉及防灾避难设施的配置要求较少（表1-52），村庄公共服务设施相关标准中涉及防灾避难设施的配置要求相对略多（表1-53）。其中《河南省新型农村社区规划建设导则》建议治安联防站的建筑面积为15～30m²；《常州乡村基本公共服务设施配套标准（试行）》建议微型消防站建筑面积大于或等于20m²；行业标准《社区生活圈规划技术指南》TD/T 1062—2021等标准对避灾疏散道路等提出宽度和数量要求；《福建省村庄规划导则试行》等标准对避灾点提出配置建议。

乡镇级防灾避难设施（防灾设施）相关标准/文件配置指标　　表1-52

标准/文件名称	设施名称	用地规模（m²）	建筑面积（m²）	备注
防灾设施				
镇规划标准	消防站	—	—	特大、大型镇区消防站的位置应以接到报警5分钟内消防队到辖区边缘为准，并应设在辖区内的适中位置和便于消防车辆迅速出动的地段
	围埝（防洪设施）	—	—	根据安置人口数量，控制安全超高高度。地位重要、防护面大、人口大于或等于10000的密集区，安全超高控制大于2.0；人口大于或等于10000，安全超高控制2.0～1.5，1000～10000，安全超高控制1.5～1.0，人口小于1000，安全超高控制在1.0
	安全台、避水台（防洪设施）	—	—	根据安置人口数量，控制安全超高高度。人口大于或等于1000，安全超高控制在1.5～1.0，人口小于1000，安全超高控制在1.0～0.5
社区生活圈规划技术指南	防灾指挥设施	—	—	结合乡驻地政府设置，每个乡集镇设置1处
	消防设施	—	—	微型消防站，可与其他乡村用房综合设置

续表

标准/文件名称	设施名称	用地规模（m²）	建筑面积（m²）	备注
避灾场地				
镇规划标准	避震疏散场地	≥4000	—	人均疏散场地面积不宜小于 3m²，疏散人群至疏散场地的距离不宜大于 500m

村庄级防灾避难设施相关标准/文件配置指标　　表 1-53

标准/文件名称	设施名称	用地规模（m²）	建筑面积（m²）	备注
治安和消防设施				
江苏省村庄规划编制指南（试行）（2020 年版）	综治中心	—	20～40	—
	警务室	—	20～40	—
常州乡村基本公共服务设施配套标准（试行）	微型消防站	—	≥20	服务半径 0.5km。以救早、灭小和“3 分钟到场”扑救初起火灾为目标。宜独立；独立分picture；底层
河南省新型农村社区规划建设导则	治安联防站	—	15～30	可与社区委员会合设
重庆市城乡规划村庄规划导则（试行）	消防水池	≥50	—	—
	消防室	—	≥20	—
防灾避难场地				
社区生活圈规划技术指南	紧急避难道路	—	—	农民可疏散转移的村道，主要消防通道有效宽度与净高不小于 4m
村庄整治技术标准	避灾疏散	—	—	村庄道路出入口数量不宜少于 2 个，村庄与出入口相连的主干道路有效宽度不宜小于 7m，避灾疏散场所内外的避灾疏散主通道的有效宽度不宜小于 4m
福建省村庄规划导则（试行）	农村避灾点	—	—	容量不小于 100 人
（新疆维吾尔自治区）村庄规划编制技术规程（试行）	农村避灾所	≥3m²/人	—	可结合绿地、广场设置

1.4.8 基础设施指标研究

村镇基础设施主要包括公交首末站、公交换乘站、公共厕所、停车场地、垃圾中转站、垃圾收集点等。标准中涉及乡镇级基础设施的指标要求较少（表 1-54），村庄级基础设施的配置要求相对较多（表 1-55）。如公交站点，《常州乡村基本公共服务设施配套标准（试行）》建议公交站点用地规模为 200m²。关于机动车停车场，《常州乡村基本公共服务设施配套标准（试行）》和《成都市农村新型社区建设技术导则（试行）》分别从一般用地规模、千人指标和户均停车位进行规定。关于公共厕所，《浙江省村庄规划编制技术要点（试行）》等标准建议公共厕所建筑面积为 30m²；《江苏省村庄规划导则》等标准要求较大，为 60m²。关于垃圾收集点，各标准一般从服务半径进行要求，不大于 300m。

乡镇级基础设施相关标准/文件配置指标 **表 1-54**

标准/文件名称	设施名称或功能	用地规模（m^2）	建筑面积（m^2）	备注
公交站点				
社区生活圈规划技术指南	公交换乘车站	—	—	宜独立占地，根据专业规划设置
	公交首末站	—	—	宜独立占地，根据专业规划设置
南京市农村地区基本公共服务设施配套标准规划指引（试行）	公交首末站	≥900	—	—
新疆维吾尔自治区乡镇国土空间总体规划编制技术指南（试行）	公交换乘车站（公交首末站）	—	—	乡镇必配
公共厕所				
社区生活圈规划技术指南	公共厕所	—	30～80	可综合设置，宜设置于人流集中处；宜结合配套设施及室外综合健身场地设置
南京市农村地区基本公共服务设施配套标准规划指引（试行）	公共厕所	—	≥60	—
垃圾中转站				
社区生活圈规划技术指南	生活垃圾中转站	—	按照每日人均垃圾量 1.0kg/人计算处理规模	服务范围内垃圾运输平均距离超过10km，宜设垃圾中转站。各乡/集镇至少设 1 处，宜独立占地
南京市农村地区基本公共服务设施配套标准规划指引（试行）	垃圾转运站	200～1000	—	含绿化隔离带用地

村庄级基础设施相关标准/文件配置指标 **表 1-55**

标准/文件名称	设施名称	用地规模（m^2）	建筑面积（m^2）	备注
公交站点				
社区生活圈规划技术指南	村级客运站点/公交站点	—	—	宜独立占地，根据专业规划设置
常州乡村基本公共服务设施配套标准（试行）	镇村公交（行政村）	200	—	结合村委附近、主要公共设施、居住点设置，公交站亭可结合人行道一体化设置。站台高度宜采用 0.15～0.20m，站台宽度不宜小于 2m；当条件受限时，站台宽度不得小于 1.5m。结合村村通公交，每个行政村设置公交站亭，有条件的设置 1 处公交首末站
机动车停车场				
常州乡村基本公共服务设施配套标准（试行）	公共停车场	350（500～1000m^2/千人）	—	服务人口 0.3 万～1 万人。可结合乡村其他公共服务功能、旅游场地综合设置。每处泊位数≥10 个，每个泊位 35m^2

续表

标准/文件名称	设施名称	用地规模（m²）	建筑面积（m²）	备注
成都市农村新型社区建设技术导则（试行）	公共停车场	≥0.5个停车位/每户	—	旅游型≥0.7个停车位/每户
公共厕所				
社区生活圈规划技术指南	公共厕所	—	—	宜综合设置，宜结合村庄活动中心设置；人、畜粪便应在无害化处理后进行农业应用，减少对水体和环境的污染，根据专业规划设置
（上海市）村庄规划编制技术规范（征求意见稿）	公共厕所	—	6～20	—
江苏省村庄规划导则	公共厕所	—	≥60	—
浙江省美丽城镇生活圈导则（试行）	公共厕所	—	≥50	服务半径0.3km。建议与再回收站、垃圾收集站、环卫工人休息点综合设置；可邻建；建筑层数≤2层
浙江省村庄规划编制技术要点（试行）	公厕	—	30	与市场设施、公交站配套设置
安徽省美好乡村建设标准（试行）	水冲式厕所	—	15、15*2、15*3	根据村庄规模（<300人，800～2000人、300～800人，>2000人）
福建省村庄规划导则（试行）	公厕	—	≥30	每个主要居民点至少设1处，特大型村庄宜设2处以上
河南省新型农村社区规划建设导则	公厕	—	30～50m²/千人	每800～1000人1座，设置人流集中处，应考虑无障碍设计
成都市农村新型社区建设技术导则（试行）	公厕	—	25	每1000人1～2座
宁夏回族自治区村庄规划编制导则（试行）	公厕	—	≥30	每个村至少设置1处，村庄人数超过2000人宜设2处以上
（新疆维吾尔自治区）村庄规划编制技术规程（试行）	公共厕所	—	≥60	—
上海市乡村社区生活圈规划导则（试行）	公共厕所	—	50	行政村必配
垃圾收集点				
社区生活圈规划技术指南	垃圾收集点	—	—	宜独立占地，根据专业规划设置
宁夏回族自治区村庄规划编制导则（试行）	垃圾站	—	≥25	至少设置1处
上海市乡村社区生活圈规划导则（试行）	垃圾收集点	—	50	100户设置1处，行政村必配

第2章

村镇公共服务设施现状调查研究

2.1 村镇公共服务设施现状调查

2.1.1 概述

我国地域辽阔，各地村镇的地形地貌、经济水平、历史文化、人口规模等存在较大差异，导致村镇公共服务设施配置水平参差不齐。课题组通过采用数据收集、文献查阅的方式对全国各地村镇公共服务设施建设现状进行分析研讨，与此同时采用现场调研、部门访谈、问卷调查、GIS空间分析、图解分析等多种方式，详细调研分析了北京市、河北省、河南省、湖北省、山西省以及内蒙古自治区等全国八个省、市、自治区的60个乡镇和509个村庄，深度收集和了解各村镇公共服务设施的类型、建设规模、运营状态、使用频率、交通可达性等现状资料。

分析和研究发现，我国村镇的公共服务（教育设施、医疗卫生设施、文化体育设施和商业设施等），无论是设施数量还是服务质量均远低于城市水准，且村镇之间也因经济发展、地理区位、人口规模等因素的不同，导致配建的公共服务设施类型、规模、数量存在较大差距。村镇公共服务设施由于布局和质量等因素的影响，普遍存在供需错位、利用效率低下、品质不佳的问题。

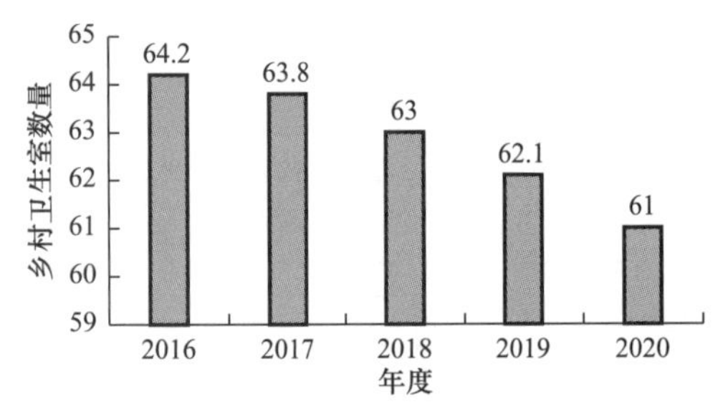

图2-1 近五年我国乡村卫生室数量变化（万个）

1. 医疗卫生设施和人员的现状

根据国家统计局最新统计数据，截至2020年底，全国50.9万个行政村共设有61万个村卫生室，近5年以来，我国乡村卫生室数量逐年缩减（图2-1），但是千人卫生室拥有量保持稳定并有小幅度增长，近5年全国乡村卫生室数量见表2-1。村卫生室人员达144.2万人，其中：执业（助理）医师46.5万人、注册护士18.5万人、乡村医生和卫生员79.1万人，平均每村卫生室人员2.37人。针对村镇医疗卫生设施和人员的现状，政府不断加强农村卫生工作方面的投入，新型农村合作医疗制度的提出就是该方面的体现。2002年10月中共中央、国务院作出《关于进一步加强农村卫生工作的决定》，明确指出：新型农村合作医疗制度将逐步转为以大病统筹为主。自2003年起，在全国部分县（市）试点新型农村合作医疗制度，到2010年逐步实现基本覆盖全国农村居民。但是由于我国乡村常住人口众多，占全国总人口的比例为36.11%，农村人口只占不到1/3的卫生总费用，因此，目前村镇医疗卫生服务设施的供给仍不能满足我国乡村居民的医疗卫生需求，尤其是与城镇人口所享用的医疗卫生资源相比，村镇居民所享受的医疗卫生服务仍处于较低水平（图 2-2）。总之，村镇疾病预防救治体系仍不够完善、卫生保健水准依旧比较低。

近 5 年全国乡村卫生室数量　　　　表 2-1

年度	乡村人口（万人）	乡村卫生室数量（万个）	千人拥有乡村卫生室数量（个）
2016	58973	64.2	1.09
2017	57661	63.8	1.11
2018	56401	63	1.12
2019	55162	62.1	1.13
2020	50979	61	1.20

图 2-2　我国村镇卫生室现状照片

2. 教育机构设施现状

我国对教育资源的投入始终是不遗余力的。根据《2020 年全国教育经费执行情况统计快报》，2020 年全国教育经费总投入为 53014 亿元，比上年增长 5.65%。其中，国家财政性教育经费（主要包括一般公共预算安排的教育经费，政府性基金预算安排的教育经费，国有及国有控股企业办学中的企业拨款，校办产业和社会服务收入用于教育的经费等）为 42891 亿元，比上年增长 7.10%。2020 年全国各级教育经费投入情况见表 2-2：全国学前教育经费总投入为 4203 亿元，比上年增长 2.39%；全国义务教育经费总投入为 24295 亿元，比上年增长 6.55%；全国高中阶段教育经费总投入为 8428 亿元，比上年增长 9.14%。其中，中等职业教育经费总投入为 2872 亿元，比上年增长 9.97%；全国高等教育经费总投入为 13999 亿元，比上年增长 3.99%，其中，普通高职、高专教育经费总投入为 2758 亿元，比上年增长 14.73%；全国其他教育经费总投入为 2090 亿元，比上年增长 0.09%。2020 年全国幼儿园、普通小学、普通初中、普通高中、中等职业学校、普通高等学校生均教育经费总支出情况是：幼儿园为 12954 元，比上年增长 9.14%；普通小学为 14103 元，比上年增长 4.43%；普通初中为 20342 元，比上年增长 3.94%；普通高中为 23489 元，比上年增长 6.10%；中等职业学校为 22568 元，比上年增长 6.51%；普通高等学校为 37241 元，比上年下降 3.78%。

2020 年全国各级教育经费投入　　　　表 2-2

教育阶段	经费投入（亿元）	比上年增长（%）	生均教育经费支出（元）
学前教育	4203	2.39	幼儿园：12954
义务教育	24295	6.55	小学：14103
			初中：20342

续表

教育阶段	经费投入（亿元）	比上年增长（%）	生均教育经费支出（元）
高中阶段教育	8428	9.14	高中：23489
			中等职业学校：22568
高等教育	13999	3.99	普通高等学校：37241
其他教育	2090	0.09	—
总计	53014	5.65	—

目前，我国九年义务教育得到普及，多数地区认真贯彻落实该制度，这使得乡村适龄儿童及青少年接受教育的机会大大增加。但是，就统计数据显示，近年来，乡村普通小学、普通初中数量逐年下降，乡村在校学生数也有下滑趋势。究其原因是，虽然我国已加大对教育的投资力度，但是教育资源的倾斜仍偏重于城镇教育，具体表现在乡村优秀教师匮乏，多数乡村地区的教师水平不达标，学校硬件设施不齐全，部分偏远地区的甚至不具备基本的教学条件。2020 年，全国初中毕业生总计 1535.3 万人，而农村初中毕业生仅占全国的 21.9%，由于各种原因，农村适龄青少年失学率也逐年上升，同时由于幼儿园不在义务教育范畴内，所以相对于城镇儿童，乡村儿童享受到的学前教育非常有限。

3. **文体科技设施现状**

根据《中国文化和旅游统计年鉴 2020：中国 2019 年各地区乡镇文化站基本情况统计(一)》统计：我国共有乡镇文化站 33530 个；文化站从业人员数 109630 人，其中专职人员 63141 人，在编人员 68543 人，专业技术人员 31254 人；提供文化服务 1142459 次，组织文艺活动 725421 次，参加文艺活动 21740.67 万人次；举办训练班 314722 次，培训 2147.43 万人次；举办展览 102316 个，参观 5021.17 万人次。农村广播节目人口覆盖率已经高达 96.6%，农村电视节目人口覆盖率 97.6%，这说明在政府不断加大投入力度的情况下，乡村文体娱乐设施不断增加，使得乡村居民逐渐享受到更优质的服务，但是，就目前国内乡村文体娱乐设施的综合情况看，部分偏远或经济水平一般的村镇文体娱乐设施依然存在一定缺口。

乡村现有的文化站集中布局于中心村，大多数基层村未设立文化站或文化站面积狭小、设施匮乏，开放时间不固定，使用效率较低。体育设施方面亦是远不能满足乡村居民体育锻炼的需求。大多数的乡村学校甚至没有自己的体育场地，乡村居民也没有能够加强体育锻炼的活动场地。科技设施方面，一方面，国内目前共有农村专业技术协会数万个，但是这些协会多数只是定期下乡宣传，且宣传地点较随机，为农民提供的服务不能确保科学、及时，导致文化素质普遍较低的乡村居民对周边市场供求以及新兴技术的了解相当匮乏，通常生产活动具有盲目性，增产不增收现象时常发生。另一方面，针对中小学学生而设立的科技站较少，不利于丰富中小学学生掌握科技文化知识。

4. **其他类公共服务设施现状**

除了以上所介绍的公共服务设施外，乡村公共服务设施还包括商业金融类、集贸市场类公共服务设施等。我国乡村由于经济水平较低，商业金融类设施主要集中于建制镇，以农村为代表的经济欠发达地区的生活圈极少配备商业类设施，少数乡村有私人承办的小型超市，政府受经济条件的限制，加上农村住户较分散，常住居民较少，具有消费潜力的居民常年不在家，流动性大，因此并未大范围建设供农村居民使用的商业金融类设施。集贸市场类设施主要出现在集镇，一般为居民按照当地习俗自发组织，仍停留于圈地为市的原始阶段，交易环境混乱，规模大小无规范可依，集贸市场功能单调、场地简陋、管理不规范的状况长期存在，无法与乡村居民日益增长的生活需求相匹配。

2.1.2　调研地区村镇公共服务设施现状

针对详细调研的 60 个乡镇和 509 个村庄，村镇调研情况见表 2-3，收集村镇公共服务设施现状建设资料，并为每一个村镇制定现状公共服务设施配置档案卡（图 2-3），作为现状研究的资料库。

村镇调研情况表　　表 2-3

省区市	调研的乡镇	调研的村庄
河北省	张家口市下花园区花园乡、段家堡乡、定方水乡、辛庄子乡；张家口市怀安县左卫镇；保定市清苑区冉庄镇、易县全部乡镇；石家庄市平山县西柏坡镇；唐山市迁安市大崔庄镇	张家口市下花园区定方水乡武家庄村、梁家庄村，辛庄子乡辛庄子村；保定市易县全部村庄
天津市	蓟州区渔阳镇；西青区杨柳青镇	—
北京市	怀柔区北房镇、雁栖镇；昌平区兴寿镇；大兴区庞各庄镇；门头沟区斋堂镇；延庆区八达岭镇	怀柔区北房镇郑家庄村、韦里村、宰相庄村、安各庄村、小辛庄村、梨园庄村、北房村、南方村、黄吉营村、小周各庄村；海淀区西北旺镇永丰屯村、冷泉村、韩家川村；延庆区旧县镇盆窑村
河南省	平顶山市宝丰县大营镇、商酒务镇、闹店镇、石桥镇、赵庄镇、张八桥镇、前营乡、李庄乡、周庄镇、肖旗乡、观音堂林站	平顶山市宝丰县观音堂林站金庄村、石板河村、闫三湾村，大营镇牛庄村、李文驿村，前营乡岳坟沟村、张吴庄村
湖北省	咸宁市赤壁市赤壁镇；黄冈市罗田区九资河镇；鄂州市梁子湖区梁子镇	宜昌市兴山县水月寺镇高岚村
山西省	晋中市灵石县静升镇；忻州市原平市崞阳镇、五台县台怀镇	—
内蒙古自治区	—	兴安盟扎赉特旗好力保乡永兴村、五道河子村，德尔镇新立屯、红卫村、茂力格尔，巴彦高勒镇永和村，宝力根花苏木德力斯台嘎查、金山嘎查，胡尔勒镇浩斯台嘎查、西胡尔勒嘎查，巴彦扎拉嘎乡后七家子屯、石头城子村东南屯，阿尔本格勒镇白辛嘎查、巴彦套海嘎查
甘肃省	—	定西市陇西县文峰镇乔门村

在长期城乡二元体制的影响下，我国城乡发展水平差距较大，公共服务设施配置不均衡，以北京市、河南省、河北省、内蒙古自治区的村镇为例，阐述各地区村镇公共服务设施建设现状。

2.1.2.1　北京市

1. **大兴区**

随着北京市南城计划的推进以及大兴新机场的建设，大兴区对周围地区的辐射作用不断扩大，带来了大量人流增加，同时也将对未来的产城融合起到极大的促进作用。大兴区

3	所属省市	所属区(县)	乡(镇)域面积	集镇(镇区)面积	乡(镇)常住人口	年人均收入	乡(镇)类型	主导产业	乡(镇)等级
定方水乡	河北省张家口市	下花园区	104.6km^2	——	5553人	——	农业型乡镇	牧业和农业	一般镇

定方水乡									
行政管理设施	内容	数量或占地规模	文教设施	内容	数量或占地规模	医疗设施	内容	数量或占地规模
	乡政府	1处		小学	2处		卫生室	13处
				幼儿园	4处			
				图书室	13处			
养老设施	内容	数量或占地规模	灾害避难	内容	数量或占地规模	商业金融服务设施	内容	数量或占地规模
	养老院	7处		活动场地	9处		便民超市	9处
							集市	3处
							金融服务网点	1处
							邮政所	1处

19	所属省市	所属乡(镇)	村域面积	村庄面积	村庄常住人口	年人均收入	村庄类型	主导产业	村镇等级
宰相庄村	北京市怀柔区	北房镇	689.3hm^2	47.8hm^2	5449人	27800元	整治完善型	第一产业	

宰相庄村									
行政管理设施	内容	建筑面积	文教设施	内容	建筑面积	医疗设施	内容	建筑面积
	村委会	1650m^2		综合文化室	1600m^2		卫生室	60m^2
				小学	占地10000m^2			
				幼儿园	占地2400m^2			
养老设施	内容	建筑面积	灾害避难	内容	建筑面积	体育设施	内容	建筑面积
	老年驿站	500m^2		广场，公园等开敞空间	5000m^2		体育活动室	400m^2
							健身场地	2600m^2
							运动场地	
						商业服务	小卖铺	
							小型超市	
							阳光浴室	

图 2-3　乡镇与村庄公共服务设施配置现状档案卡

乡镇教育机构和医疗保健设施现状配置较好，文体科技设施和社会福利设施现状配置相对较差。单位面积设施量均呈现出北多南少的空间分布格局，越往南公共服务设施配建越稀疏。通过对大兴区乡镇幼儿园、小学的配置情况分析见表 2-4。小学的配置情况最好，其分布情况与 6～14 岁人口数分布情况大致一样，服务半径较合理，2000m 服务范围覆盖居住用地面积比例约为 72.1%（图 2-5）；幼儿园（图 2-4）、医疗保健设施、文体科技设施和养老设施分布尚未达到全覆盖，东部和西部区域服务设施较弱；药店和公共图书馆数量整体较少，乡镇公共图书馆数量极少，仅有 2 个。

2. 怀柔区北房镇

北房镇是北京市怀柔区下辖乡镇之一，镇域面积 54.66km^2，下辖 2 个社区和 16 个行

大兴区乡镇幼儿园和小学设施统计表 **表 2-4**

乡镇	面积（km^2）	幼儿园数量（个）	幼儿园单位面积设施量（个/km^2）	小学数量（个）	小学单位面积设施量（个/km^2）
青云店镇	70	9	0.13	6	0.09
采育镇	71.6	3	0.04	4	0.06
安定镇	78	1	0.01	6	0.08
礼贤镇	92.06	1	0.01	6	0.07
榆垡镇	136	2	0.01	6	0.04
庞各庄镇	109.3	4	0.04	9	0.08
北臧村镇	60	4	0.07	3	0.05
魏善庄镇	81.5	1	0.01	9	0.11
长子营镇	63	5	0.08	2	0.03

（数据来源：论文《北京市边缘地带乡镇公共服务设施研究》）

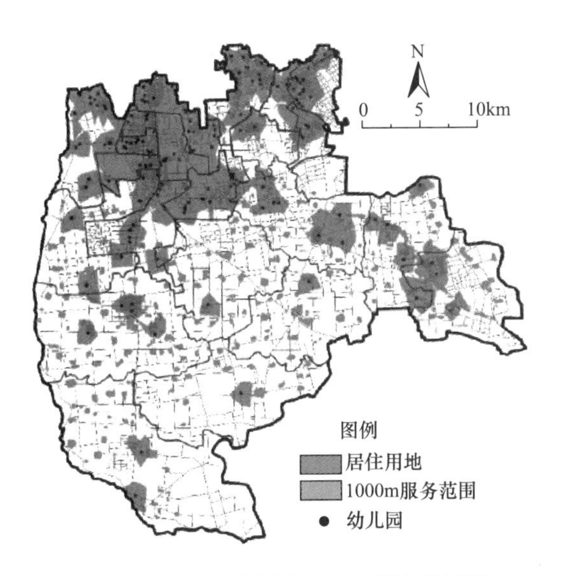

图 2-4 大兴区幼儿园 1000m 服务范围图
（图片来源：论文《北京市边缘地带乡镇公共服务设施研究》）

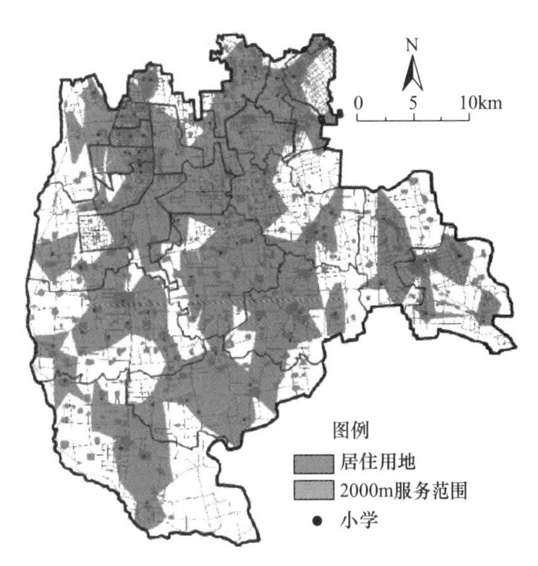

图 2-5 大兴区小学 2000m 服务范围图
（图片来源：论文《北京市边缘地带乡镇公共服务设施研究》）

政村，户籍人口 1.87 万人。北房镇各村公共服务设施存在的问题较为类似：一是选址合理性欠考虑，服务半径过大，使用不便；二是品质良莠不齐，设施较为陈旧，室内设备缺少维护；三是闲置率高，部分不符合村民使用习惯的文化设施使用率偏低。

现状配置最好的是医疗保健设施，配置合理、布局均衡；教育机构集中分布在镇区和宰相庄村，尚未达到全覆盖，教育设施存在一定的缺口（表 2-5、图 2-6）。社会福利设施按分级配置的方式是合理、科学的，但根据公共服务设施配置标准，大型和特大型村庄中村级养老设施为必配设施，目前仅有 9 个村设有养老驿站，个别村庄养老服务设施缺乏或不满足要求，例如小周各庄为大型村，现状缺乏养老设施；韦里村老年驿站现状不满足使用要求，增加养老设施需求的意愿明显。

北房镇教育设施统计表 表 2-5

北房镇幼儿园现状情况统计

序号	学校名称	班数（班）	人数（人）	占地面积（m^2）	位置	生源	办学机构
1	北房镇中心幼儿园	6	189	3800	北房派出所东侧		区教委
2	七彩童年幼儿园		约 800		北房镇卫生院西侧		民办（北房村）
3	驸马庄幼儿园				裕华园小区	经济适用房和两限房家庭	区教委委托
4	好孩子幼儿园			1700	宰相庄		民办
5	龙凤雏幼儿园				宰相庄		民办
6	北房村幼儿园			2000	北房村村北		村办
合计			989				

北房镇小学现状情况统计

序号	学校名称	班数（班）	人数（人）	占地面积（m^2）	位置	生均用地 m^2
1	北房镇中心小学	42	1409	17427	北房村幸福西街 26 号	12.4
2	宰相庄小学	10	230	10654	宰相庄村南侧	46.3
合计			1639			

北房镇中学现状情况统计

序号	学校名称	班数（班）	人数（人）	占地面积（m^2）	位置	办学机构
1	北房中学	18	369	30000	幸福大街与龙芸路交叉口东 100m	民办

3. 延庆区旧县镇盆窑村

盆窑村隶属于延庆区旧县镇，位于城区东北 15km 处的独山脚下。2018 年盆窑村总人口 578 人，其中非农业人口 201 人，农业人口 377 人。村域总用地 121.79hm²，其中建设用地 14.48hm²；村庄总用地 15.44hm²，其中建设用地 10.79hm²。村委会位于村庄中部，作为整个村庄居民生产、生活的组织管理机构。卫生室建筑面积约为 70m²。村内还有小

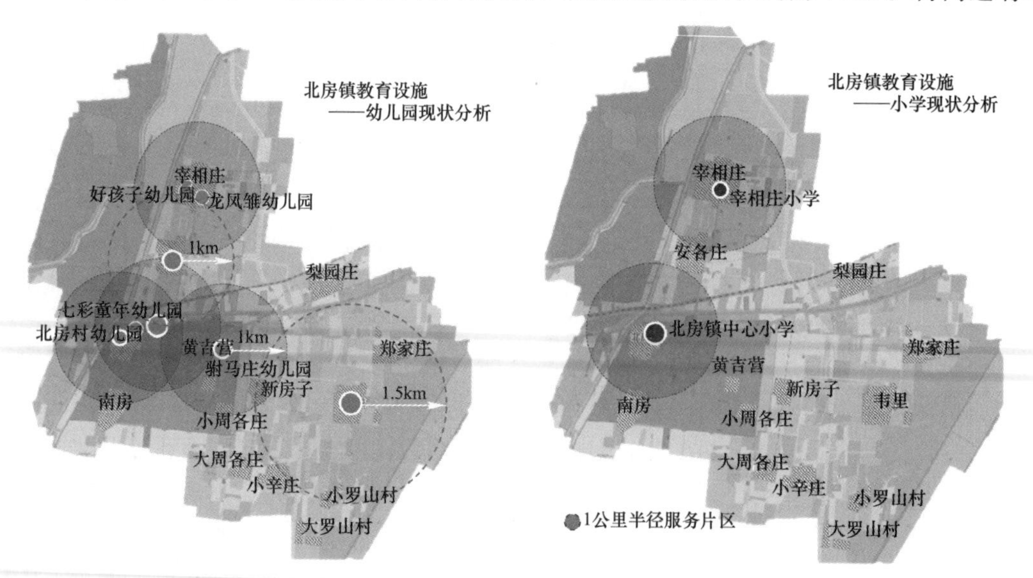

图 2-6 怀柔区北房镇幼儿园、小学、中学现状分布图（一）

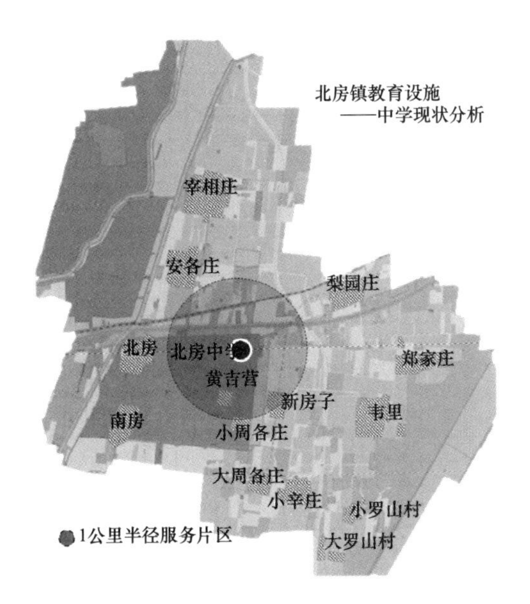

图 2-6　怀柔区北房镇幼儿园、小学、中学现状分布图（二）

卖部、阳光浴室、戏台、小广场、超市、公共厕所等，缺乏老年服务设施（图 2-7）。现有公共服务设施建设水平、环境、服务能力等有待进一步提高，如阳光浴室已闲置，公共厕所没有取暖设施，冬季无法使用。

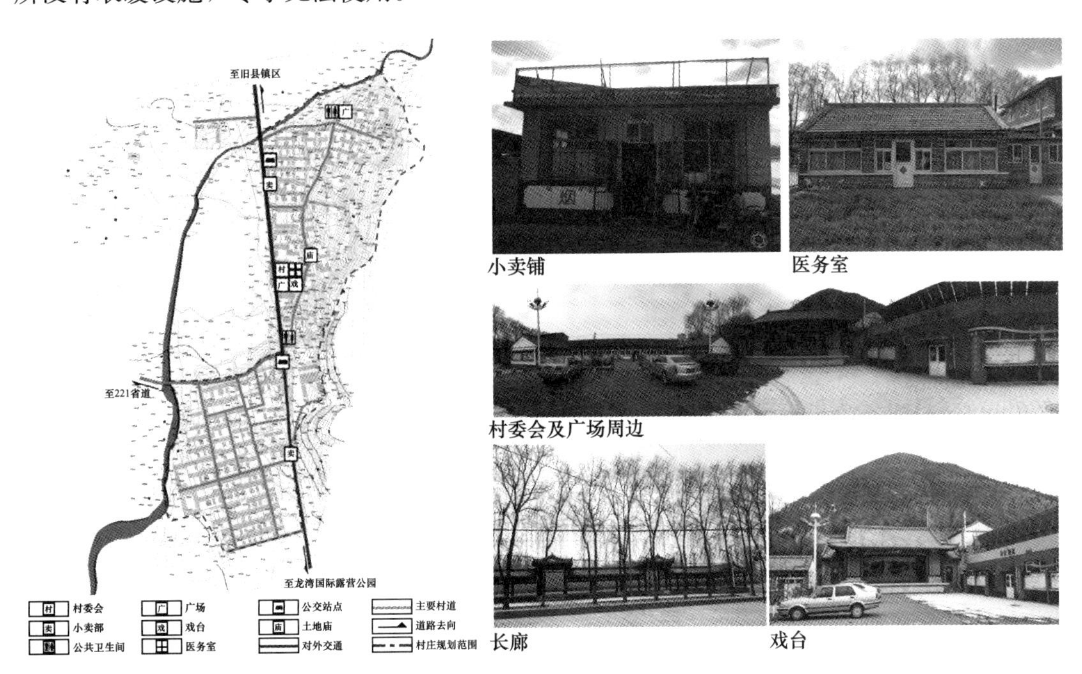

图 2-7　盆窑村公共服务设施分布及现状照片

4. 海淀区西北旺镇

针对北京市海淀区西北旺镇永丰屯村、冷泉村、韩家川三个村庄进行调研，村庄基本概况见海淀区西北旺镇村庄概况（表 2-6）。

海淀区西北旺镇村庄概况统计表　　表 2-6

序号	村庄	户籍人口（人）	农业人口（人）	非农人口（人）	村域面积（hm^2）
1	永丰屯	1690	1105	585	239
2	冷泉村	4827	1246	3581	778
3	韩家川	1534	704	830	467

永丰屯村的公共服务设施相对较为完善，行政、商业、文化、教育、活动空间等服务设施均有设置（表 2-7、图 2-8）。

永丰屯村庄公共服务设施基本情况统计表　　表 2-7

类型	名称	数量	所在位置	占地面积（m^2）
行政设施	村委会	1 处	永大路北侧	1400
文化设施	红丰党群活动服务中心	1 处	村庄北部	1250
	香严寺	1 处	村庄南部	700
教育设施	幼儿园	3 处	党群活动中心西侧；村委会北侧；村庄南部	700
医疗设施	诊所	2 处	永大路南侧	500
商业设施	商业服务设施	若干	永大路两侧	4500
公共活动空间	公园	1 处	村庄北部	1500

图 2-8　永丰屯公共服务设施现状

行政设施：村庄内设有行政设施 1 处，为村委会（图 2-9），位于永大路北侧，占地面积约 1400m^2，建筑层数为 2 层。

文化设施：村内文化设施有 2 处，其中一处为红丰党群活动服务中心，是全镇首家村级党群活动服务中心，位于村庄北侧，占地面积约 1250m^2，建筑层数为 2 层，包括 1 个党建大厅、4 个发展历程展示长廊及 14 个功能厅，包括村史馆、孔子学堂、半农轩书画社、舞蹈室、多功能放映厅、便民体检室、党建阅览室、党员活动室、党代表接待室、谈心谈话室等空间；党群活动中心是以回溯初心、传承使命为主题创立的开放式、多功能、专业化区域化综合党建工作平台，集教育、管理、服务、展示于一体的红色基地。另一处为村庄南侧香岩寺，占地约 4500m²，寺庙为三进院落，香岩寺重修于清代康熙五十九年(1720 年)，距今已有近千年的历史，是永丰屯村庄最为久远的建筑。现寺庙尚存大殿两进，其中最为著名的是药王殿，供奉的道家药王爷是医圣孙思邈的化身，以“治病灵”的美德在民间广为流传，药王殿也成为人们祈求健康、纳福延寿的一块宝地。香岩寺内有两棵“神树”——槐抱榆和“猴头神树”，距今均有近千年的历史。

教育设施：村庄内有 3 处民办幼儿园，分别为位于党群活动中心西侧的新航道启程艺术幼儿园，位于村委会北部的永丰中心双语幼儿园，位于村庄南部的恩膏幼儿园，服务永丰屯村民和外来居民。

医疗卫生：村内有 2 处诊所，均为个人开办，位于永大路南侧，合计占地约 500m²。

商业设施：永大路两侧的商业是自发形成的，商业街长约为 600m，功能业态较为丰富，包括餐饮、娱乐、超市、服装等（图 2-9），极大地方便了村民的生活需求，同时也服务了周边产业园区。

图 2-9　永丰屯公共服务设施现状照片

公共活动空间：村庄东侧原为大规模违建建筑，对原违建拆除后，2017～2018 年曾短暂被当做停车场使用，2019 年在原地新建一处滨河公园，占地约 120 亩，内设有健身器材、休憩座椅、活动空间、景观绿化、篮球场、网球场、乒乓球台等，为村民提供休闲娱乐、交流活动的室外空间。

2.1.2.2　河南省宝丰县

河南省宝丰县各乡镇公共服务设施的配置较注重教育设施、医疗卫生和文化设施，这三方面设施的配置较完善，服务覆盖率较高。教育设施方面，深入贯彻落实乡村教师支持计划，对城乡教师资源进行统筹配置并逐步向村镇倾斜，幼儿园入学率 100％，小学入学率 98％及以上，中心入学率普遍在 95％及以上。文化设施方面，以乡镇或中心村为重点，打造区域综合文化活动中心，村镇文化设施普及率较高，农家书屋或村级图书馆覆盖率最高。医疗设施、养老设施和防灾设施配置不均衡，主要集中在镇区或重点村，一般村仅设有村卫生室，存在一定的空白；在乡镇及村级医疗卫生机构改善条件方面，政府应给予大力支持，不断推进并完善健康乡村的建设。宝丰县乡镇敬老院建设情况及分布图见表 2-8、图 2-10。

宝丰县敬老院汇总表 表 2-8

序号	乡镇	建筑面积（m^2）	床位数估算（个）	敬老院规模
1	县城	4000	—	大型
2	城关镇	410	—	小型
3	杨庄镇	1746	58	大型
4	周庄镇	1155	39	中型
5	闹店镇	1180	39	中型
6	石桥镇	1862	62	大型
7	. 大营镇	1202	40	中型
8	赵庄镇	1032	34	中型
9	观音堂林站	456	15	小型
10	前营乡	1757	59	大型
11	张八桥镇	1289	43	中型
12	李庄乡	1181	39	中型
13	肖旗乡	2200	73	大型
14	商酒务镇	1032	34	中型
总计		20502	683	

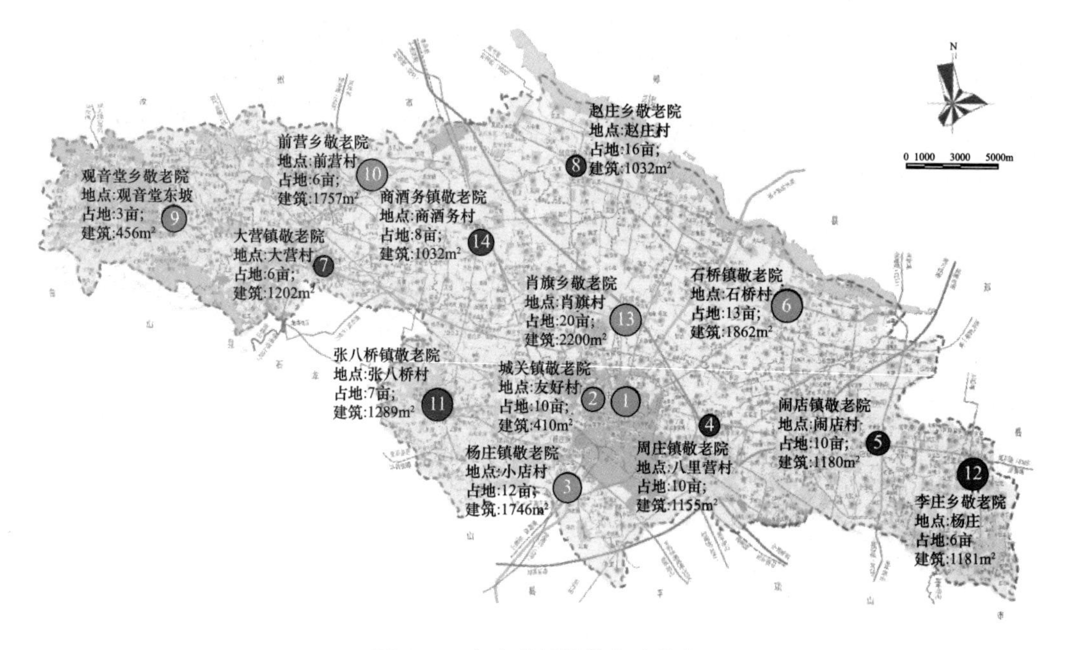

图 2-10 宝丰县村镇敬老院分布

2.1.2.3 河北省易县

《河北省村镇公共服务设施规划导则（试行）》中明确提出行政管理、教育机构、文体科技、医疗保健、社会保障五种设施为各行政村的必配设施，但现状建设情况参差不齐。河北省易县各村庄行政管理、医疗保健的配建率远高于教育、文体和社会保障设施。行政管理设施配建情况最好，基本可以实现全域全覆盖，97%的村庄配建了村委会，77%的村庄配建了便民服务中心，仅个别自然村（屯）没有配建行政管理设施。其次是医疗保健设施，93%的村庄有卫生室，26%的村庄有私人诊所，特别是裴山镇各村庄的医疗设施现状建设最好，配建率达到 100%。教育、文体和社会保障三类必配设施配建比例相对偏低。据统计，59%的村庄有幼儿园，46%的村庄有完全小学或教学点，且多分布在乡镇政府驻地的村庄和人口规模大于 1000 的村庄。超过 60%的村庄有室外健身广场、综合文化站和文化活动室，16%的村庄有体育活动室。社会保障设施是必配设施最薄弱的一类，35%的村庄有老年活动室，17%的村庄有残疾人救助站，且分布不均衡，主要集中在乡镇政府驻地的村庄。

随着乡村振兴重大战略的部署，易县乡村地区的公共服务设施得到了全面发展，通过调研村镇居民对公共服务设施的需求，得出 61.3%村民希望对已建公共服务设施的硬件、软件设施进行更新或补充，38.7%村民希望新建或扩建生活必配设施，对既有公共服务设施品质改善提升的需求大于新建设施的需求。

既有设施品质提升方面，不同类型的公共服务设施发展需求也有所不同。行政管理、文体科技设施注重办公设备、场地地面、健身器材、休息座椅等硬件设施的更新和补充；教育、医疗和社会保障三项公共服务设施，在提升硬件设施的同时，村民更注重软件设施的升级。例如文体科技设施，79%的村民希望增加或改善健身器材、场地地面、休息座椅等硬件设备，21%的村民希望更新图书、宣传影片等学习观看资料；教育设施方面，25%的村民或师生希望更新或补充校车、图书馆、电脑、打印机、空调等硬件设备，75%的村民希望增加师资力量，提高教育水平（图 2-11）。

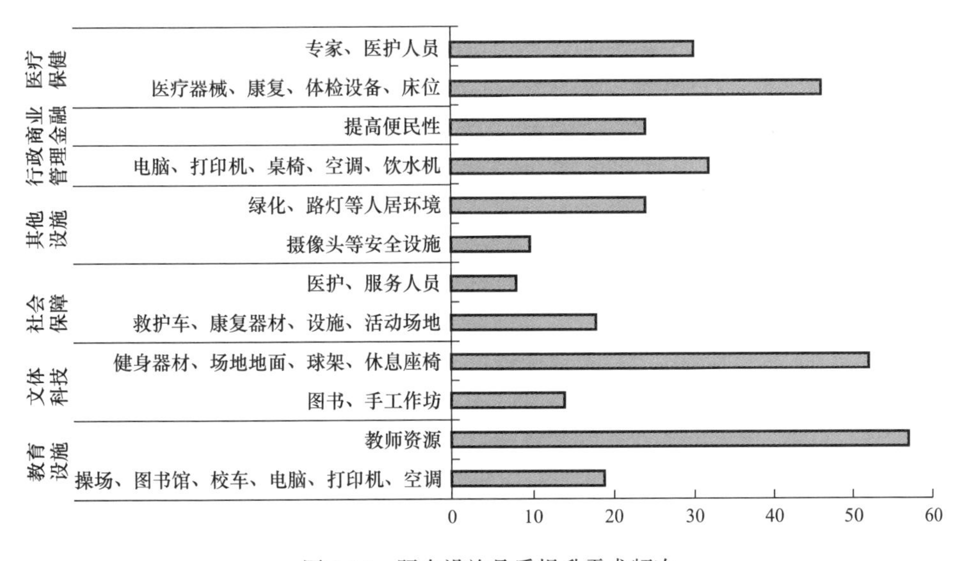

图 2-11　既有设施品质提升需求频次

新建公共服务设施方面，村民对增加商业金融设施的需求最旺盛，占比 33.8%，其中 40%的村民希望分散地增加便利店、小超市或商店，34%的村民希望增加快递站点，提高物流配送服务。其次是对养老设施的需求，占比 13.7%，村民希望增加养老院、老年服务中心、日间照料中心、助餐站等多类型养老设施（图 2-12）。

2.1.2.4　内蒙古自治区兴安盟扎赉特旗

内蒙古自治区兴安盟扎赉特旗音德尔镇的文化体育设施缺乏，现状文化活动用地为青少年宫（图书馆、宣传文化中心）位于音德尔路和神山西街交口东北角；现只有一处体育设施，为旗体委（体校）日常使用的场地，位于绰尔路和五四东街西北角。商业设施主要为沿街底商布置，主要为便利店、小型超市和百货店，相对比较分散，缺乏必要的商业配套、档次较低。医疗卫生设施配置较好，有新旗人民医院、中医院、蒙医院和卫生防疫站（图 2-13）。

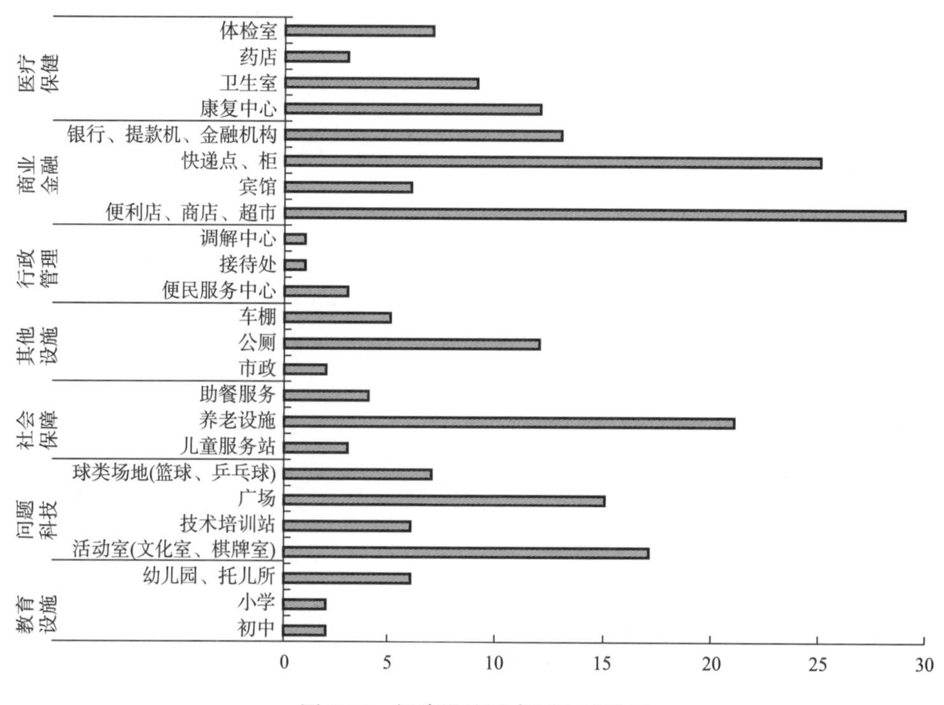

图 2-12　新建设施需求频次统计图

图 2-13　扎赉特旗村庄分布及公共服务设施现状照片

扎赉特旗的村庄已经基本实现村村通电、通广播电视通信、通饮水等工程，绝大多数村庄已经完成或者正在进行村庄街巷硬化项目等，但仍然有部分村庄的公共服务设施和基础设施还不健全，部分村庄缺乏幼儿园、卫生室、文化活动室、小商店；现有公共服务设施不能够满足村民日常活动需求，如广场面积或者村委会建筑面积过小等；道路体系不完整，缺乏路灯等照明设施；村庄没有排水沟渠，山洪灾害严重；几乎所有村庄使用传统旱厕；环境脏乱差，垃圾随意堆放等。此外，扎赉特旗大部分村庄地广人稀，现状公共服务建筑面积偏大。

2.2　河北省保定市易县公共服务设施建设现状

以河北省保定市易县村镇公共服务设施的现状为重点研究对象，选取易县 27 个乡镇、469 个行政村，主要涉及行政管理、医疗保健、教育设施、商业金融等八种服务设施类型。通过数据收集、现场走访调研、部门访谈、居民网络问卷调查等形式，深度收集和了解易县各村庄公共服务设施的类型、建设规模、运营状态、使用频率、交通可达性、居民满意度和需求等现状问题，共收集到问卷 710 份。经过对数据的整理与分析，归纳总结现状公共服务设施存在的问题和困境。

易县位于太行山北端东麓，河北省中部，地处太行山区向华北平原过渡倾斜地带，形成“七山一水二分田”的生态地理格局，地势呈西高东低，依次为山区、浅山区、丘陵和平原。截至 2021 年年底，易县下辖 27 个乡镇，469 个行政村，常住人口 38.97 万人，总面积 2534km^2，是保定市面积最大、乡镇最多的县，易县各乡镇基本情况见表 2-9。

2021 年易县各乡镇基本情况汇总表　　**表 2-9**

序号	乡镇名称	总面积（km^2）	总人口（万人）	村庄数（个）	序号	乡镇名称	总面积（km^2）	总人口（万人）	村庄数（个）
1	易州镇	50	9.16	36	15	高陌乡	75	4.73	29
2	狼牙山镇	168	1.62	20	16	尉都乡	36	1.23	11
3	紫荆关镇	263	1.73	25	17	大龙华乡	76	1.37	18
4	裴山镇	81	3.59	22	18	牛岗乡	84	0.52	10
5	良岗镇	167	0.84	18	19	西山北乡	93	2.04	21
6	梁格庄镇	145	3.18	27	20	独乐乡	37	1.02	6
7	西陵镇	83	1.51	17	21	七峪乡	51	0.12	6
8	高村镇	98	3.37	30	22	甘河净乡	62	0.07	5
9	塘湖镇	111	4.41	36	23	坡仓乡	73	0.41	9
10	安格庄乡	103	1.21	12	24	桥家河乡	73	0.28	6
11	凌云册乡	66	1.02	19	25	富岗乡	108	0.60	8
12	流井乡	108	1.42	14	26	南城司乡	178	0.83	21
13	白马乡	71	1.60	18	27	蔡家峪乡	70	0.16	5
14	桥头乡	54	2.79	20					

通过对易县地理数据和社会经济发展数据的研究分析，易县村庄的发展特征、空间集聚形态、人口规模与自然地理格局有着密切的关系，呈现三种分布形式：一是东部平原地区占全县面积的 17.2%，村庄呈团状、集中分布、人口密集、用地紧张，以城郊融合类村庄为主；二是中部丘陵地区占全县面积的 34.3%，村庄顺应沟谷、水系、交通干线等呈带状分布，以集聚提升类、保留改善类村庄为主；三是西部山区和浅山区，分别占全县总面

积的 4.2%、44.3%，村庄布局零散、多以小组团式的方式分布、人均建设用地偏大，以保留改善类、搬迁撤并类村庄为主。易县这三种不同的空间分布形态、地形特征、人口规模均对公共服务设施的配建产生影响。

2.2.1 行政管理设施

目前，易县的行政管理设施配置情况较好，乡镇政府和村委会是基层行政管理设施，基本可以实现全域全覆盖，以行政村为单位设立村委会，其他专项管理机构大部分和村委会院落或建筑合并设置。行政管理设施是村镇必配公共服务设施，据调研，97%的村庄配建了村委会，77%的村庄配建了便民服务中心，仅个别自然村（屯）没有配建行政管理设施（图 2-14）。

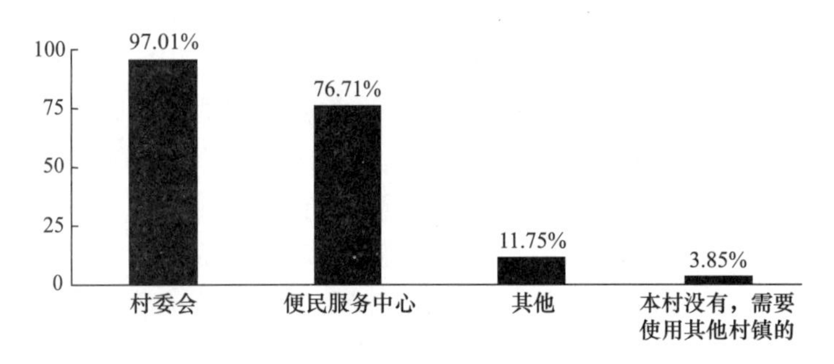

图 2-14　易县村庄行政管理设施统计图

调研显示易县乡镇政府建设情况良好，普遍占地面积 3 亩左右，建筑面积约 1000m²，包含政府办公、行政执法、民事调解、公安局、卫生及消防管理中心等行政功能，可以满足乡镇的办公空间。73%的乡镇政府工作人员表示办公场所可以满足使用需求，并可适当补充活动场地及电脑、打印机等办公硬件设备。

河北省《城乡公共服务设施配置和建设标准》中规定村庄村委会用地面积大于 400m²，建筑面积为 100～200m²（图 2-15）。易县村委会现状建设规模与该地方标准差距较大，主要呈现三种趋势：

图 2-15　易县裴山镇南街村、良岗镇大兰村村委会现状照片

一是位于平原地区的村庄，经济水平相似、居民点集中分布、人口密集、土地指标紧张，村委会的建设规模适中、村庄之间差距较小，占地面积多为 800～900m²，建筑面积多为 300～400m²，虽然建筑面积略大于地方标准的建议值，但村委会内设有办公室、会议室、党群活动室、信访办等多种功能空间。

二是位于丘陵地区的村庄，经济发展水平差距较大，比如安格庄乡、西陵镇等旅游型乡镇的经济水平高于以农业为主的乡镇，建设资金较充足，村委会的建设规模普遍偏大，土地资源浪费，占地面积超过 2000m²，建筑面积为 1300～1600m²。

三是位于山区、浅山区的村庄，建设用地有限、居民点零散、人口规模较少，村委会的建设规模差距较大，最小建筑面积 90m²，最大建筑面积 600m²，多数是有多大的用地就建设多大规模的设施，偏离规范的指导区间，进而导致村委会配置的功能不全或用地资源浪费的两个极端问题（图 2-16）。

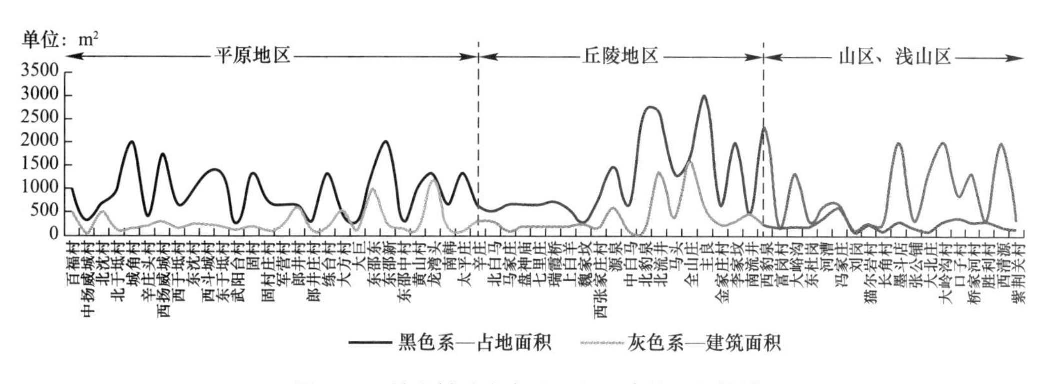

图 2-16　易县村委会占地面积、建筑面积统计

针对村庄行政管理设施村民使用情况调查显示，29%的村民每天去村委会、42%的村民每周去 2 次以上（图 2-17），行政管理设施与村民的日常生活和工作息息相关、联系较紧密，有 73%的村民去办事、上班，使用频率较高（图 2-18）。同时行政管理的需求偏向于对既有设施品质的提升，注重办公设备、场地地面等硬件设施的更新和补充。

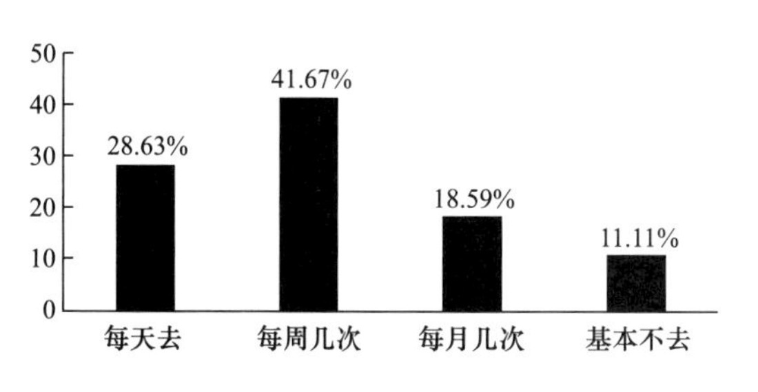

图 2-17　易县行政管理设施使用频率

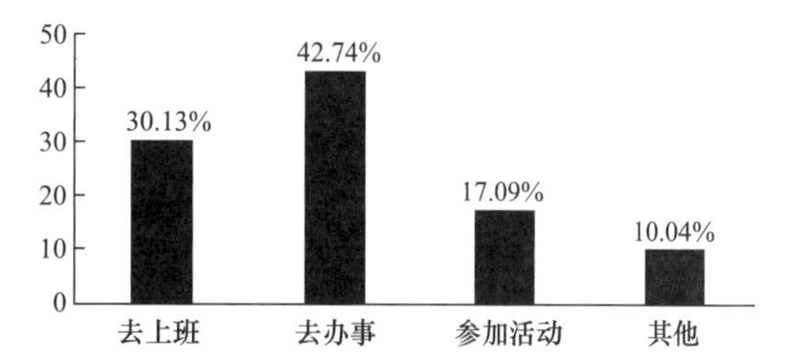

图 2-18　易县行政管理设施使用目的调查

2.2.2　教育机构设施

易县村镇各级各类教育设施有 158 所，包括幼儿园、教学点、小学、中学和职业技术学校。随着九年义务教育的普及，近年来易县政府及相关部门加强村庄小学、初中等教育设施的建设，但因用地紧张、人口规模小、适龄儿童少、师资力量匮乏等因素，致使教育

设施的现状建设不太理想。2020年，全县普通中学在校学生34211人，比上年增长0.8%；职业中学在校学生4631人，比上年增长10.1%；小学在校学生37594人，比上年下降4.6%；在园幼儿15552人，比上年增长6.9%；特殊教育在校学生88人，比去年增长2.3%。

2.2.2.1 幼儿园

据统计，易县59%的村庄有幼儿园或托儿所，主要分布在县域东部平原地区的村镇，平均每个中心村有幼儿园1处。西部、南部的山区和丘陵地区，受地形地貌、经济发展水平和居民点分布的影响，幼儿园的配建率较低。东部地区幼儿园虽然数量不少，但基本集中布局在人口规模大于1000人的中心村庄和乡镇政府驻地，东部基层村的幼儿园较少。全县有57%的村民认为有必要在本村内设置幼儿园。

针对幼儿园的服务半径和使用便利性，采用Arc GIS缓冲区分析方式对0～300m、300～500m和500～1000m三级覆盖范围进行分析，可以看出幼儿园存在大量服务盲区，特别是西部山区的村镇，适龄幼儿数量与幼儿园规模不匹配。300m服务半径的覆盖率较低，幼儿园设施存在较大空白；300～500m范围内，东部平原地区的易州镇、桥头乡、高陌乡等乡镇幼儿园分布较集中，存在部分服务范围重叠；500～1000m范围内，中、东部村镇覆盖率较高，但已超出学龄前儿童的出行距离。

课题组详细调研了8所幼儿园的现状建设情况，具体情况详见调查表2-10、图2-19。仅20%幼儿园的建设规模符合河北省《城乡公共服务设施配置和建设标准》的规定，占地面积为1～3亩，建筑面积300～2000m²；其余幼儿园建设规模大小不一，部分私有幼儿园场地小，人均占地面积较小，同时没有户外活动空间，不满足幼儿园的建设标准。幼儿园学生规模差距较大，如塘湖镇南中庄幼儿园仅有10位幼儿，而狼牙山镇华晨幼儿园有150位幼儿，分为7个班级，人数是南中庄幼儿园的15倍。幼儿园的班级数普遍分为大、中、小三个班级，每班人数为5～21人不等。

易县部分幼儿园调查统计表 **表2-10**

序号	所属乡镇	名称	地址	学生数（人）	建筑面积（m²）	班级数（班）	班级人均学生（人）	人均建筑面积（m²）
1	塘湖镇	南中庄幼儿园	南中庄村	10	146	2	5	15
2	独乐乡	中独乐幼儿园	中独乐村	43	1120	3	14	26
3	独乐乡	寨子幼儿园	寨子村	18	313	3	6	17
4	独乐乡	裴庄幼儿园	裴庄村	35	260	3	12	7
5	独乐乡	南独乐幼儿园	南独乐村	46	306	3	15	7
6	独乐乡	康家庄幼儿园	康家庄村	40	700	3	13	18
7	狼牙山镇	狼牙山中心幼儿园	北管头村	16	905	2	8	57
8	狼牙山镇	易县华晨幼儿园	北管头村	150	2100	7	21	14

2.2.2.2 小学（教学点）

据统计，易县46%的村庄有小学（教学点），且多分布在乡镇政府驻地的村庄和人口规模大于1000人的村庄。易县小学的空间布局方面，东部、东南部和中部地区村镇小学或教学点聚集度较高，西部山区的聚集度相对较低。同时小学的布局与村镇的经济水平和人口规模呈正相关关系，东部地区村镇的经济水平、产业发展、人口规模普遍高于西部地

图 2-19 易县幼儿园现状照片

区，教育设施方面投入资金较多，在办学质量和师资力量方面有绝对的优势，拥有地区优质的教育资源，对周边村镇产生了较大的吸引力，形成一定的聚集效应。

在不考虑学生人数、教师人数等因素影响的情况下，采用 Arc GIS 缓冲区分析方式对 0～500m、500～1000m 和 1000～1500m 三级覆盖范围进行分析，可以看出，县域东南地区的易州镇、桥头乡、狼牙山镇、高陌乡等乡镇的小学、教学点密度较大，1000～1500m 的范围内，几乎可以实现村镇全覆盖，满足适龄儿童上下学安全、便利的要求。其次是中部西陵镇、牛岗乡、大龙华乡等沿交通干道分布的乡镇，小学或教学点的分布呈组团式，可以满足部分村庄的使用需求。覆盖率较低的是西部山区的村镇，有 60%的适龄儿童从家至学校步行时长为 5～15 分钟，25.6%的适龄儿童距学校较远或跨村上学（图 2-20），需由家长骑自行车或摩托车接送，已超出村级教育设施的服务半径，无法保障儿童上下学的安全与便捷（图 2-21）。

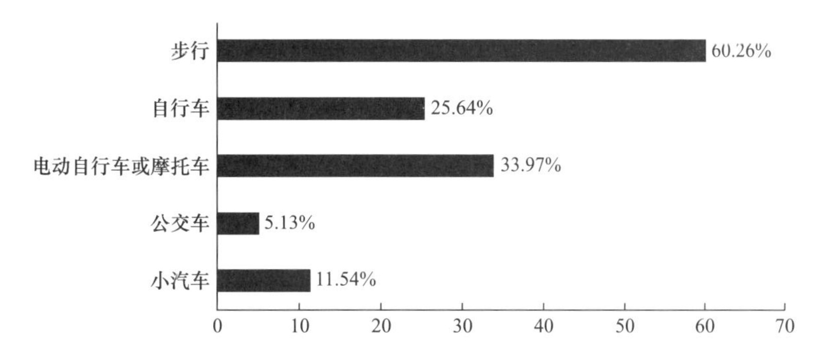

图 2-20 易县小学生上下学时间统计图

图 2-21 易县南头村小学、独乐中心小学现状照片

受村庄人口规模小、适龄儿童少、师资力量匮乏、教育设施布局调整等因素的影响，大多数村镇教学点由小学改造而成，独立占地；部分教学点与村委会、文化设施等公共服

务设施合建（图 2-22），建筑面积为 100～500m²。最小规模的教学点，建筑面积仅有 50m²；而建筑面积超过 2000m² 的教学点，人均建筑面积高达 200m²/人以上（图 2-23），主要位于山区的独乐乡、狼牙山镇，此类教学点原为小学，原有学生较多，因此建筑面积大，随着山区村庄人口的流失，适龄儿童逐年减少，小学调整为教学点。易县教学点的班额和学生数普遍较小，以 1～2 个班为主，学生数量多为 15～20 人。

图 2-22　易县村镇教学点现状照片

（图片来源：https://www.sohu.com/a/338654474_114731）

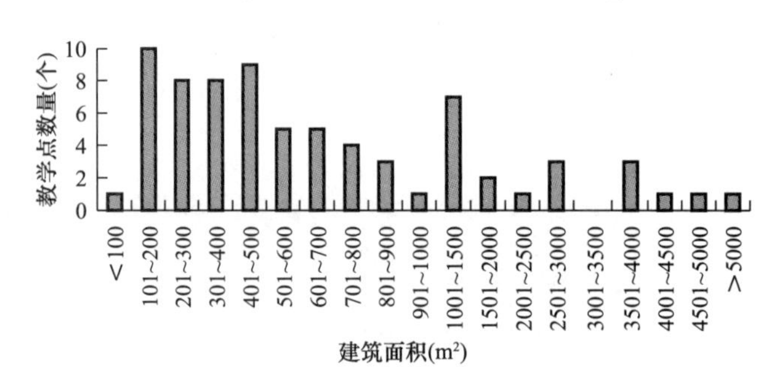

图 2-23　易县村镇教学点建筑面积统计图

（图片来源：https://www.sohu.com/a/338654474_114731）

河北省《城乡公共服务设施配置和建设标准》中按照小学 6 班、12 班、18 班、24 班四个等级规定了用地面积和建筑面积，具体规模要求见表 2-11。

《河北省城乡公共服务设施配置和建设标准》中心村小学配置规模要求　　表 2-11

学校规模（班）	用地规模（m²）	建筑面积（m²）	规划服务人口（万人）	备注
6	9200	2300	0.3～1.0	应设不小于 200m 环形跑道田径场
12	15700	4300		
18	18700	5500		
24	21900	7100		

就调研情况来看，易县村镇小学的用地面积集中在 5001～10000m²（图 2-24），人均用地面积 50～120m²，班级为 6 个班，学生人数集中在 101～200 人（图 2-25），每班学生数为 25～30 人，与地方标准小学 6 班的用地面积 9200m² 相符合。用地面积超过 2.5 万 m²

的小学有7所，主要分布在县域东部较平坦的村镇。

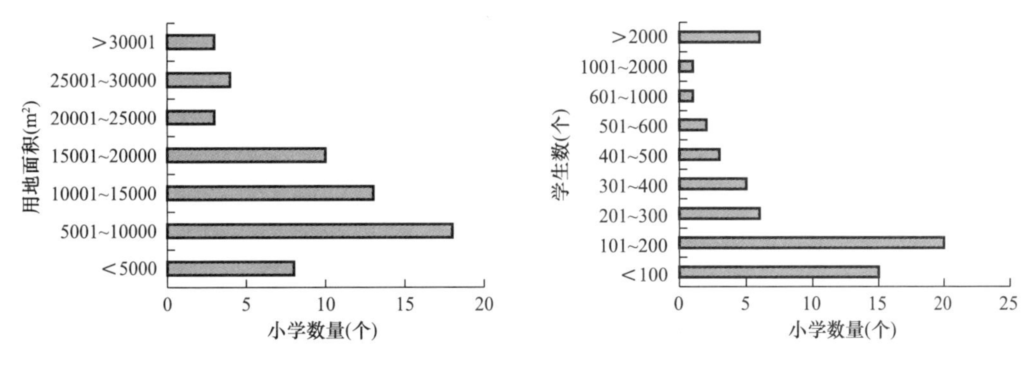

图2-24　易县小学用地面积统计　　　图2-25　易县小学学生数量统计

2.2.2.3　中学

空间分布方面，易县中学集中分布在县域东部平原地区的村镇，且多位于乡镇政府驻地和人口规模较大的村庄。中学教育质量是空间分布的关键因素，中心镇及县城的教育水平优于其他一般乡镇，导致远郊生源向中心镇及城区集聚趋势明显，生源配比不平衡的现象突出。中心镇或县城学校生源爆满，乡村学校生源明显不足。约有58.6%的易县村庄中学生到中心镇或县城上学，中心镇或县城学位缺口矛盾突出，两极化严重。

服务范围方面，中学的学区划分不明确，部分学区存在交叉重叠的现象。此外，学区空间界限不明确，相互咬合的现象突出；部分学区涵盖的服务人口规模过大，远超于学校额定承载能力，设施服务范围较广导致就近入学原则上无法实现。按照中学服务半径0～1000m、1000～2000m两个层级对比分析覆盖率，0～1000m的覆盖范围较为有限，以服务本村适龄学生为主；1000～2000m的覆盖范围基本可以覆盖本村和周边村庄的适龄学生，特别是易州镇、桥头乡等村庄的中学服务范围存在交叉、重叠。

中学的服务对象为12～18周岁青少年，包括初中、九年一贯制和高中三种类型。课题组详细调研了易县17所中学的用地面积、空间位置、班级数量和学生数量等情况，调查统计内容见表2-12。

易县部分中学调查统计表　　　　**表2-12**

序号	学校分类	学校名称	位置	用地面积（m²）	班级数（班）	学生数（人）	生均用地面积（m²）
1	初中	易县蓝天初级中学	北市村村委会	26000.14	40	1970	13.2
2		易县西陵满族初级中学	华北村村委会	26996.95	16	764	35.3
3		易县塘湖初级中学	塘湖村村委会	37000.16	10	539	68.6
4		易县实验初级中学	西环路居委会	61850.01	103	5521	11.2
5		易县宏岳初级中学	东市村村委会	48133.6	83	4201	11.5
6		易县中海初级中学	卓家庄村村委会	43596.32	68	3626	12.0
7	九年一贯制	易县燕都初级中学	章村村委会	34714.35	29	1298	26.7
8		易县易州九年一贯制学校	东环路居委会	54833.01	84	4024	13.6
9		易县裴山初级中学	东霍山村村委会	57044.01	18	820	69.6

续表

序号	学校分类	学校名称	位置	用地面积（m²）	班级数（班）	学生数（人）	生均用地面积（m²）
10	九年一贯制	易县梁格庄初级中学	石门店村村委会	28520.15	12	451	63.2
11		易县白马初级中学	南白马村村委会	20021.6	7	124	161.5
12		易县惠东初级中学	东市村村委会	43290	55	2653	16.3
13		易县高陌初级中学	高陌村村委会	22383.01	9	213	105.1
14		易县高村初级中学	东高村村委会	25509.01	9	165	154.6
15	高中	河北易县中学	长安路居委会	113551	152	8014	14.2
16		第二中学	店北村村委会	76705.13	56	2930	26.2
17		易水高级中学	章村委会	35028.16	51	2653	13.2

调研结果显示易县中学用地面积集中在 3 万～10 万 m²（图 2-26），以 10～20 个班为主（图 2-27），生均用地面积约为 30～50m²/生。部分中学呈现出超大班额、超大校额的情况，超大班额占比 12%。如易县实验初级中学，学校用地面积约 6 万 m²，设有初中三个年级、103 个班级，共有学生 5521 人，平均每班 54 人，生均用地面积为 12m²/生；教学设施设备齐全，拥有 400m 标准塑胶操场和 6800m² 综合体育馆，内设校园电视台、实验室、校史馆、图书阅览室，全方位满足教学和学生个性化学习需求。易县中学，校区占地 11 万 m²，分三院八区，校舍建筑面积 42000m²，有教学楼 2 栋，可容纳 100 个教学班，但现状有 152 个班，平均每班 53 人，严重超过学校的容量。

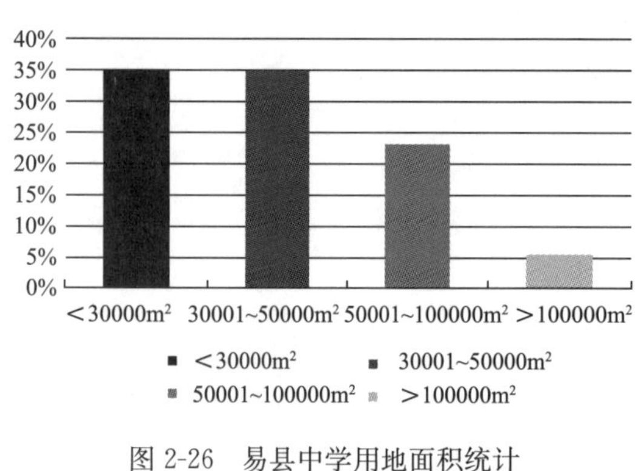

图 2-26　易县中学用地面积统计

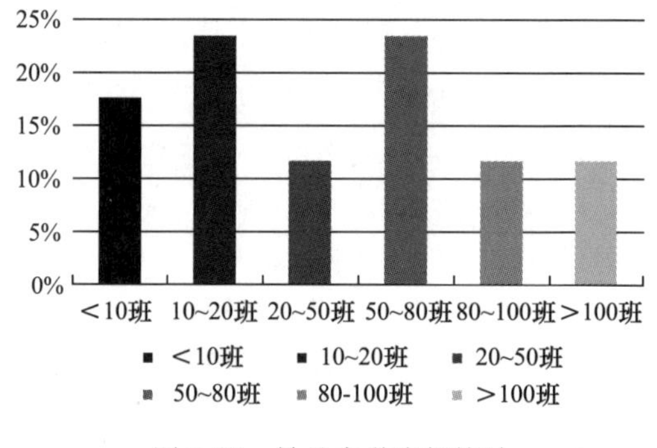

图 2-27　易县中学班额统计

2.2.3　医疗保健设施

村镇医疗保健设施是乡村公共服务设施体系中的重要环节，与维系村镇居民的日常生活、保障村镇居民的身体健康息息相关。课题组调研了易县的乡镇卫生院和村庄卫生室等医疗保健设施。随着村镇社会经济的发展和新一轮医疗卫生体制改革进程的推进，易县已经逐步建成了覆盖城乡的卫生医疗体系，基本按照村镇层级结构进行配置，现有医院、卫生院等医疗卫生机构 32 所，村卫生室 212 所，数量较充足。但是在具体使用过程中仍然出现基层医疗设施使用状况不佳，乡镇级设施在使用中缺位或未能发挥应有的作用，以及对大城市医疗设施依赖程度高等问题。

（1）医院、卫生院

空间布局方面，卫生院的分布与人口分布、地形地貌在空间格局上呈现较强的关联性，整体呈现出“多集中于东部，西部有较大空白区域”的分布特征。卫生院集中分在县城周边的易州镇、梁格庄镇、桥头乡等几个乡镇，人口分布密度较高的区域中，卫生院规模相对较大，聚集程度较高；且整体服务覆盖率较高，1000～2000m 范围内可覆盖本乡镇，2000～5000m 范围内不仅能够满足中心区患者的就医需求，还能辐射到周边乡镇。西部地区人口分布密度低的区域，卫生院规模较小，分布零散，设施的空间配置效率较低，2000～5000m 范围内仅可以为本村镇的居民服务。

各乡镇在医疗资源方面投入不足，建设规模存在较大差异。据统计，乡镇卫生院的用地面积集中在 501～1000m²，占比 26%，主要提供常见医疗、急诊、专项医疗、防疫、保健理疗和药品购买等服务内容；用地面积大于 5000m² 的卫生院，占比 16%，包括裴山中心卫生院、塘湖中心卫生院和安格庄乡卫生院（图 2-28）。安格庄乡卫生院是全县规模最大的卫生院，用地面积 10666m²，设有 30 张床，但医护服务质量未能达到乡村居民的需求。

调研易县乡镇居民对现状医院、卫生院使用情况和满意度显示，有 80%的村镇居民对现状设施表示满意，仅 5.7%的村镇居民表示不能满足使用需求（图 2-29），主要对卫生院的医疗设备、医护水平等方面表示不满，乡镇级别的医疗水平远不如城市医疗水平，特别是对于大病患者更倾向于去县级医院或市级医院；其次是村镇医院，卫生院服务供给内容与村庄社会现实需求不符，在村镇老龄化快速发展的背景下，易县医院、卫生院在养老、护理方面的公共服务供给能力过低。

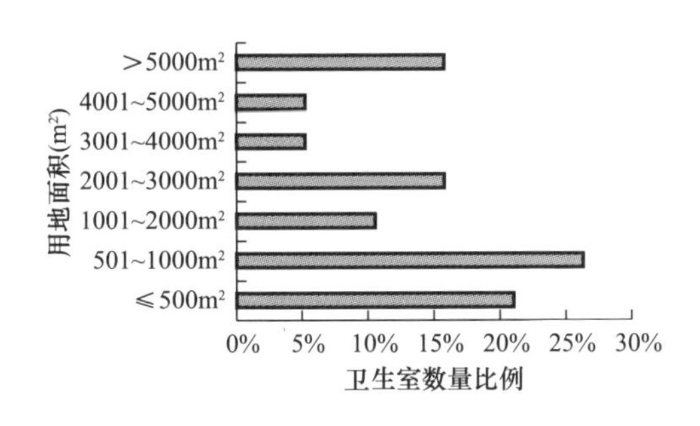

图 2-28　易县卫生院用地面积统计

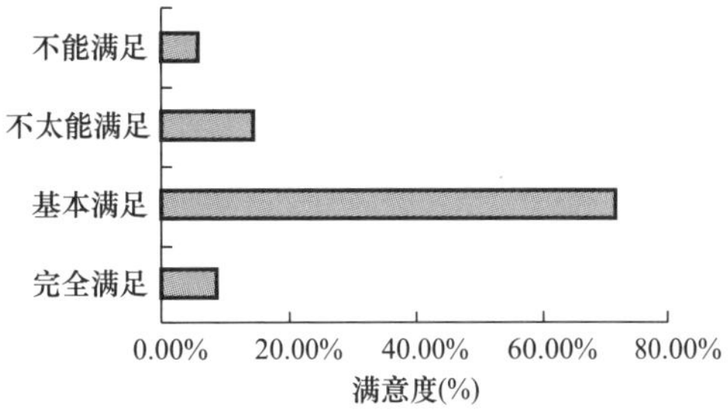

不能满足
不太能满足
基本满足
完全满足
0.00%
20.00%
40.00%
60.00%
80.00%
满意度(%)

图 2-29　易县卫生院使用满意度统计

卫生院的床位配置规模参差不齐，与《河北省村镇公共服务设施规划导则（试行）》规定的用地面积 115m²/床有较大差距。据统计，有 42%的卫生院床位数为 21～30 床，其次是 10 床以及下，且床均面积差距数倍（图 2-30）。以同样设有 30 床位的蔡家峪乡卫生院和西陵镇卫生院为例，前者用地面积 560m²，床均用地面积 18m²/床；而西陵镇卫生院用地面积 2377m²，床均用地面积 80m²/床，约是蔡家峪乡卫生院的 4 倍。同时卫生院的医护人员数量差距也大，53%的卫生院配有医护人员 11～20 人（图 2-31），其余的医护人员较少，其原因主要有基层卫生院待遇较低，导致专业人才招不进、留不住、积极性难调动等问题。例如，桥家河乡卫生院、紫荆关医院大盘石分院，仅有 1～2 个工作人员，卫生院各方面条件较差，所在村镇人口外流和自然生死数量增加，造成门诊萎缩，且病种比较单一，医务人员技术提高受到制约（图 2-32）。

（2）卫生室

河北省积极落实中共中央、国务院发布的《中共中央　国务院关于进一步加强农村卫

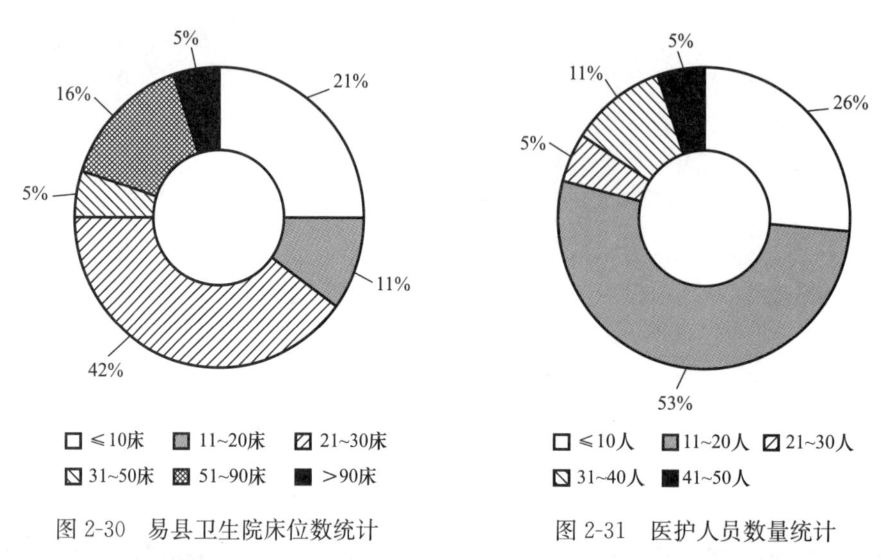

图 2-30 易县卫生院床位数统计

图 2-31 医护人员数量统计

图 2-32 易县卫生院现状照片

生工作的决定》（中发〔2002〕13 号），加大对村庄医疗卫生方面的投入，据统计易县 93%的村庄有卫生室，26%的村庄有私人诊所（图 2-33），特别是裴山镇各村庄的医疗设施现状建设最好，配建率达到 100%。裴山镇位于易县东南部，属于丘陵地区，各行政村除地方政府建设的卫生室外，还有多个私人卫生室或专科诊室，平均每村有 3 处医疗卫生设施（图 2-34）。其原因主要有国道 234 南北向贯穿裴山镇域，高等级交通区位优势明显，带动村庄产业经济快速发展，人均可支配收入 8000 元以上，同时各村庄人口规模较大。

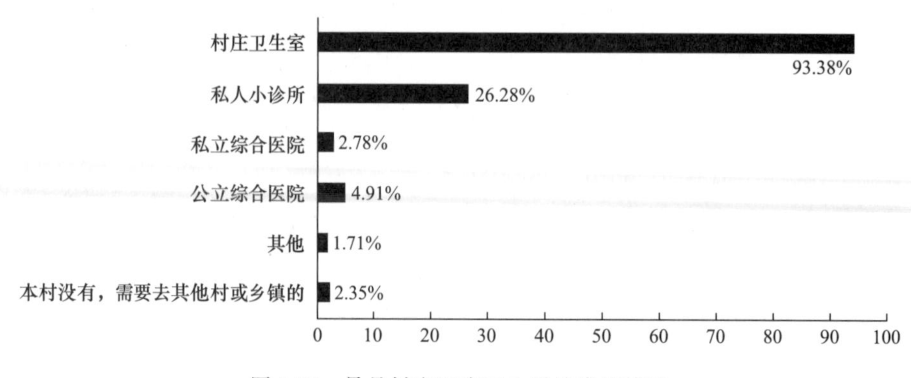

图 2-33 易县村庄医疗卫生设施类型统计

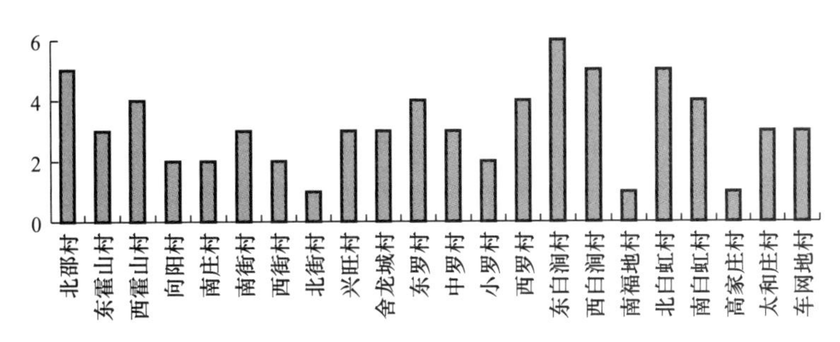

图 2-34　易县裴山镇各村庄卫生室数量统计图

卫生室在空间上呈现“东部平原地区密集，西部山区零散”的特征，特别是易州镇、桥头乡、高陌乡、裴山镇等乡镇的卫生室数量最多，分布最密集。基于 Arc GIS 的缓冲区分析，按照 0～500m、500～1000m、1000～2000m 的服务半径进行分析，可以看出卫生室存在大量服务盲区，特别是西部山区的村镇。500～1000m 服务半径的覆盖在易州镇各村庄存在部分服务范围重叠；但西部桥家河乡、紫荆关镇内各村庄的居民点布局较分散，1000～2000m 服务范围是有限的，难以满足村民的使用需求。

对卫生室建设规模进行调研分析，95％的卫生室建筑面积为 60～150m²，与《河北省村镇公共服务设施规划导则（试行）》规定的建筑面积为 60～160m² 相符。同时有 72％的卫生室建筑面积为 60m²，按照标准底线进行配建（图 2-35）。村庄卫生室提供日常感冒、肠胃不适等诊断服务，配置功能较简单，33％的卫生室没有配置床位，25％的卫生室配建 1 张床位，39％的卫生室配建 2 张床位（图 2-36）。

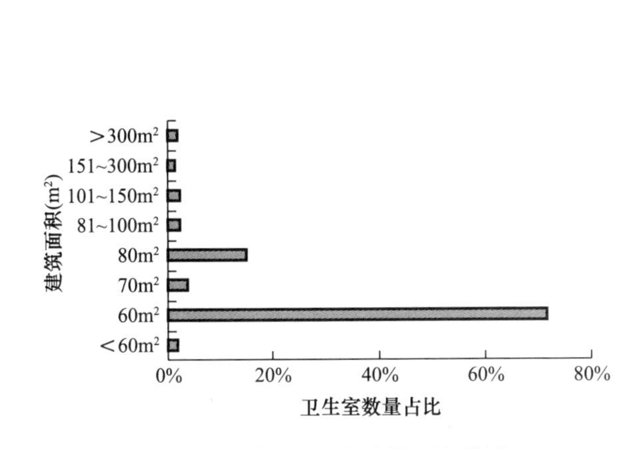

图 2-35　易县卫生室建筑面积统计

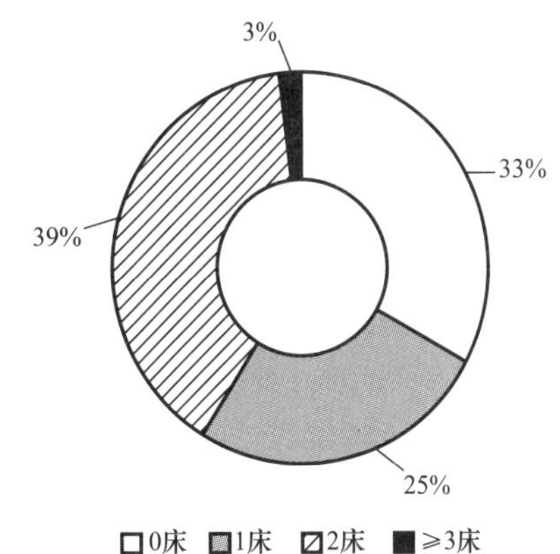

图 2-36　易县卫生室床位数统计图

易县的村庄卫生室普遍存在药品不足、用药受限较多，设备比较简陋、匮乏的情况（图 2-37）。村民反映现有医疗保健设施的建设还不完善，应增加设施的数量和种类，进一步优化设施布局和功能，增加设施面积，提高医疗服务水平；村民希望增加辅助设施和服务，如康复治疗室、专家流动问诊等。

2.2.4　文体科技设施

在政府不断加大投入力度情况下，村镇文体娱乐设施不断增加，逐步实现居民对宜居舒适生活的向往。调研显示超过 60％的易县村庄有室外健身广场、综合文化站和文化活动室，有 16％的村庄有体育活动室，仅有 7％的村庄没有文体科技设施，且村民平均 1.5 天

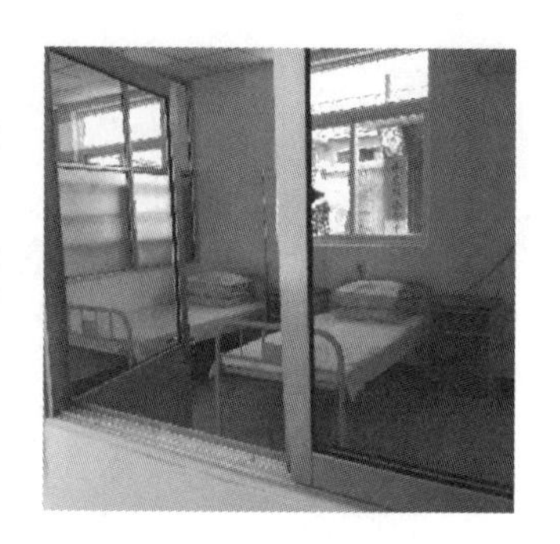

图 2-37　易县卫生室现状照片

使用 1 次文体设施，使用频率较高。

易县各村镇文体科技设施以文化站、农家书屋、健身广场等类型为主，现有 20 个乡镇文化站、376 个农家书屋、363 个体育健身点，集中分布在东部平原地区和丘陵地区的村镇。通过对文体科技设施 500m、500～1000m、1000～2000m 三级覆盖范围分析，可以看出位于东部及东南部的易州镇、桥头乡、高陌乡等 10 余个乡镇及其管辖的村庄，文体科技设施的数量最多、分布集中、覆盖率最高，基本实现了全域全覆盖；位于中部丘陵地区的安格庄乡、西陵镇、大龙华乡等沿水系或道路分布的村镇，文体科技设施的覆盖范围基本可以满足村民的使用需求；位于西部山区的紫荆关镇、蔡家峪乡、良岗镇等村镇受地形地貌、交通条件和人口规模的影响，文体科技设施数量较少、覆盖率较低。

易县村庄受自然地理格局的影响，村庄分布特征和人口规模多有不同，致使服务设施的使用、管理、维护也存在差异。以文体设施为例，纵向对比分析平原地区、丘陵地区、山区、浅山区村庄设施的使用状态和维护情况，可以看出，平原地区文体设施比其他三类地区的设施使用频率高、运营管理良好、闲置率低，相应的设备损坏程度较严重。山区、浅山区的文体设施闲置率最高，占比 17.34％（图 2-38），因设施多数由村委会管理，特别是文化活动室等室内设施，为便于管理，其钥匙通常由村委会工作人员代管，造成村民日常使用不便，导致设备闲置或很少使用。村庄设施设备维护检修的情况较相似，能保障定期检查、维护的占比 47.22％，偶尔维护的占比 41.24％，超 10％的村庄是“一次性”建设服务设施，建成之后不再管理维护，设施最终无法使用（图 2-39）。

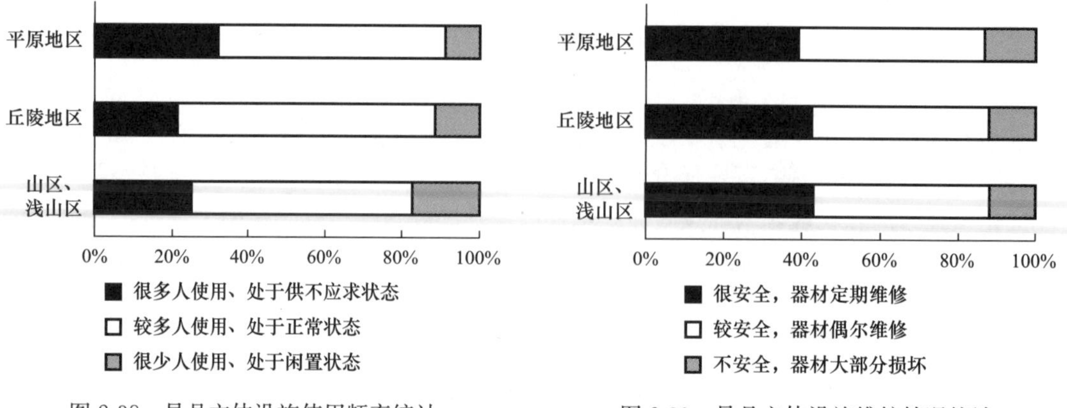

图 2-38　易县文体设施使用频率统计

图 2-39　易县文体设施维护情况统计

通过对文体设施的既有设施更新和新建设施需求度的分析（图 2-40），可以看出，易县村镇文体设施的主要供需矛盾体现在：现有文体设施数量不足，尽管是配建较完善的中心村的文体设施，设施也存在一定破损，多数处于无人维护、管理状态。村民对活动室类似功能的设施需求度较高，其次是篮球场、乒乓球场等球类场地；既有设施的更新方面，村民对健身器材、活动场地地面、球架及休息座椅的需求强烈。

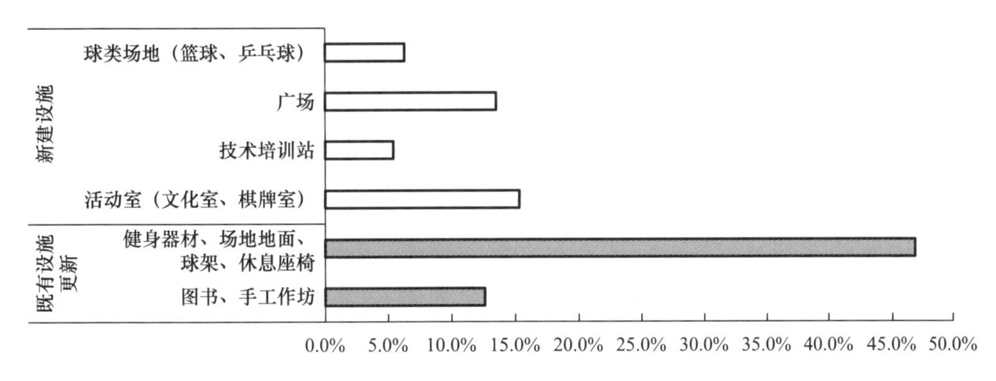

图 2-40　文体设施需求度统计

（1）文化站

文化站是我国农村群众文化工作网络的重要组成部分，是党和政府开展农村文化工作的基础力量，长期以来在活跃农村文化生活，促进农村经济社会协调发展等方面发挥了重要作用。文化站包括了图书阅览、知识科普、文化宣传、影视厅、棋牌类或球类等大量丰富多彩的文化活动，这对满足广大农民群众精神文化需求、保障基层群众文化权益发挥了重要的作用。目前，易县村镇的文化站覆盖率较低，有 38.7%的村镇配建文化站。其中，狼牙山镇的建设情况较好，各村庄的文化站建设率达 100%；但建筑面积大小有差异，50%的村庄文化站建筑面积为 30～40m^2，内设棋牌室和简单的活动设施；东西水村的文化站建筑面积最大，为 200m^2，设有多功能活动厅、文化活动室、书报刊阅览室、培训教室等文化活动场所，并设置室外活动场地、宣传栏、黑板报等配套设施（图 2-41）。

（2）农家书屋或图书室

农村图书馆是我国村镇的信息、文化和娱乐中心，以满足村民的信息、文化和娱乐需求为目标，是村镇政治、经济、文化和教育发展服务的公益机构。2007 年初，新闻出版总署等 8 部委共同发起“农家书屋”工程，以解决农民群众“买书难、借书难、看书难”的问题。河北省积极响应国家部署，发起农村图书馆建设工程。调研结果显示，目前易县有 53.3%的行政村配建有农家书屋或图书室，其中狼牙山镇各行政村图书馆建设情况最佳，配建率达 100%，农家书屋的建筑面积为 40～80m^2（图 2-42）。2018 年狼牙山镇的岩古岭、口头、鱼坨、上隘剎、南管头 5

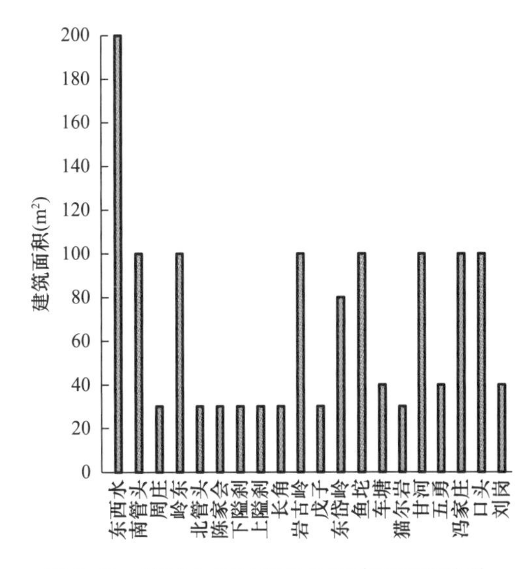

图 2-41　狼牙山镇村庄文化站建筑面积统计

个村投资 15.526 万元新建或修缮了农家书屋。

（3）健身场地

健身场地或广场是村镇重要的公共开放空间，往往占据村镇空间重要的位置，承担村民主要的休闲活动。从活动场地的建设数量与覆盖范围来看，镇区内活动场地的建设数量为 2～4 处，村庄地区的建设数量多数小于或等于 2 处。镇区内活动场地类型多样，包括文化广场、健身休闲广场、街头小广场等，基本涵盖了现有村镇活动场地的全部类型；而村庄内活动场地的种类较少，一般以健身活动广场为主。调研结果显示，69%的易县村庄建设有室外健身广场，且多数以健身器械和广场舞场地为主。

以狼牙山镇各行政村的健身广场为例，90%的村庄活动广场面积为 450～700m²，仅 10%的健身活动广场用地面积约 1000m²（图 2-43），而河北省《城乡公共服务设施配置和建设标准》中要求室外活动场地的用地规模大于或等于 1500m²，人均用地不应低于 0.3m²，应独立占地，宜设于公共绿地附近，并保证良好的日照条件，狼牙山镇各村庄的健身活动场地几乎均不满足建设标准的要求。在调研的村庄中，每个村庄配置的健身设施都一定程度地损坏，影响居民使用；同时广场上配建的健身器材类型单一，难以满足人们的健身需求。

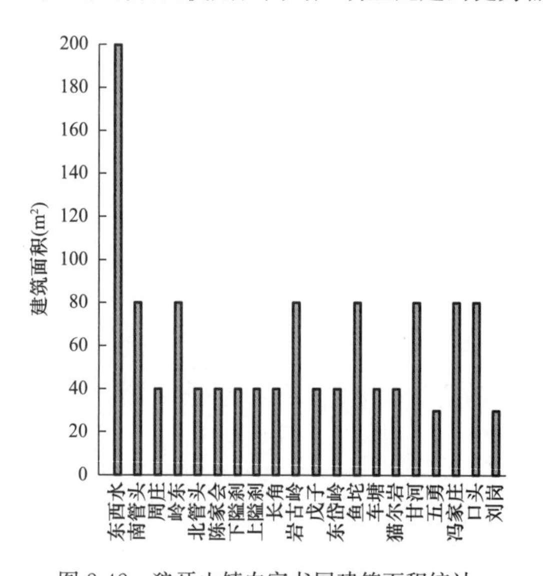

图 2-42　狼牙山镇农家书屋建筑面积统计

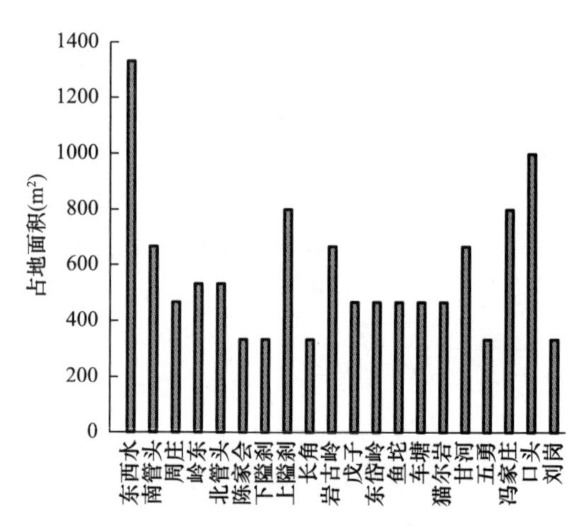

图 2-43　狼牙山镇健身广场占地面积统计

2.2.5　商业金融设施

随着乡镇经济社会水平的提升，村镇的商业氛围逐渐浓厚，从零售业态到集贸市场，从杂货商店到综合超市，镇区商业类型多样。但是除了镇区之外，只有部分行政村有商业设施点，主要是经营烟酒油盐等日化用品的个体商户，商品种类少、更新慢，大多数自然村没有商业设施点，因而村民在商业方面对于镇区的依赖程度较大。

易县村庄商业金融设施调查情况显示，使用频率从高到低的设施依次为便民农家店、小卖部、小超市，快递站点，集贸市场，饭店，村邮站（图 2-44）。40%的村民每周使用 1～3 次商业金融设施，32%的村民每天都使用（图 2-45）。此外，有 33.8%的村民希望新增便利店、小超市或商店、快递站点等设施，满足日常购买需求，提高物流配送服务。

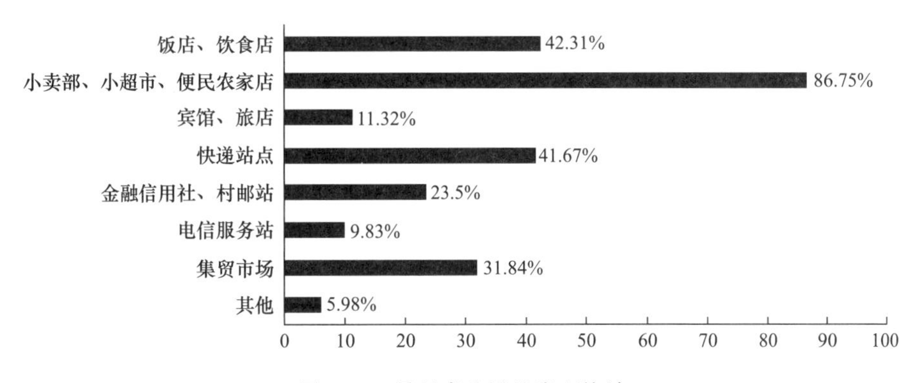

图 2-44　易县商业设施类型统计

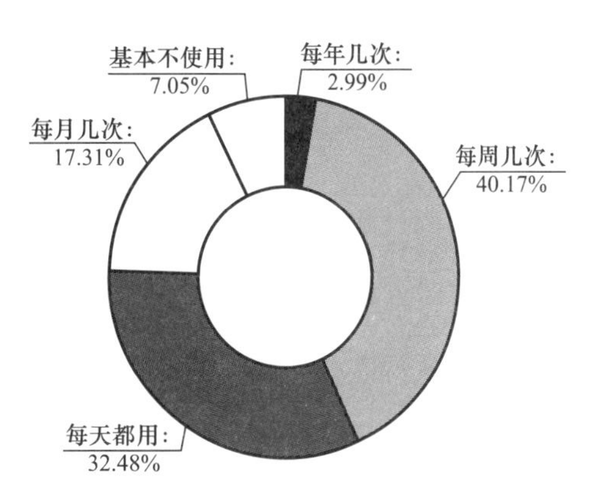

图 2-45　易县商业设施使用频率统计

（1）零售店铺

易县各镇区的商业业态类型较全面，包含百货、大型超市、服装鞋帽专业店、文化精品店等，商业配套规模为全镇最大，商业辐射能力最强，是镇域居民心中向往的购物消费、文化休闲的核心去处，是乡镇商业的旗帜。易县村庄的零售店铺多数是小卖部、小超市、餐饮店、便民农家店等小型私人店铺，分布较散，多数是利用自家宅基地开办商店（图 2-46）。

从空间布局来看，村镇零售商业多数沿交通干道分布，特别是沿 234 国道的易州镇、高村镇、裴山镇、塘湖镇等村镇，商业呈带状分布；而牛岗乡、南城司乡等没有重要交通干道穿过的乡镇，其零售商业多与居民点结合，呈点状分布（图 2-47）。

图 2-46　易县零售店铺现状照片

（2）电商平台

近年来，在城镇化、网络化浪潮的共同作用下，各地政府及企业纷纷加大对农村电商基础设施的建设投入。据统计，易县有 49.8%的村镇设有电商平台，从销售产品类型方面可分为两种：一是农贸型电商平台，依托村庄农业及相关农产品发展，如西山北乡的“淘淘乐”电商平台，用于销售当地桃子、李子等水果；如安格庄乡的淡水鱼销售平台，用于销售鱼、虾等海产品。二是文旅型电商平台，依托本地区休闲旅游产业和文创产品，如西陵镇园林古建绘画平台，用于售卖壁纸、首饰等文创产品，同时也提供建筑雕刻、彩绘体验项目。从配建数量来看，多数村庄有 1 处电商平台，以销售农产品为主；靠近县域交通

图 2-47　易县村镇零售商业现状布局形态

（图片来源：百度地图）

主要干道和以旅游为主的村庄有 3～4 处电商平台。

图 2-48　易县农贸市场数量及现状照片

（3）农贸市场

农贸市场是村镇居民购买农副产品的重要场所。据统计，易县 16％的村庄配建有农贸市场，主要分布在乡镇政府驻地的村庄或规模较大的村庄内（图 2-48），从空间分布来看，县域东部地区的村镇农贸市场分布较集中，西部山区的农贸市场分布零散。农贸市场多数为村民自发组织，沿村庄主要道路展开，场地环境混乱、露天或搭建简易棚子。易县农贸市场配建率低、大多为露天自发的组织形式，原因一是易县经济发展水平较低，分散力远大于集聚力，难以形成规模化商业街区；二是易县大部分村庄位于山区、丘陵地区，村庄布局零散，特别是山谷内的村庄，多以 5～10 户为组团的小型居民点，且村庄闲置率较高，村民消费能力低下。

易县现状农贸市场多为综合型市场，主要售卖水果蔬菜、米面粮油及肉类熟食等产品。市场规模大小根据用地情况变化较大，缺乏规范化管理，多数农贸市场的用地面积为 5～10 亩，仅个别位于镇区的市场规模较大（图 2-49）。例如，高村镇农贸市场（图 2-50），2020 年完成改造升级后，市场用地面积 80 亩，售卖大厅、消防通道及公共停车场所共计 18000m^2，售卖大厅设立生鲜、家居日用、服贸衣装等售卖台 58 个。此外，部分易县的农贸市场环境问题较突出，呈现脏、乱、差的空间感受。例如梁各庄镇集贸市场（图 2-51），商户的货物随意摆放，占道经营现象严重，街道狭窄，市场垃圾不及时清运，市场气味不佳；市场的内部道路两侧成为菜农与居民的停车场，消防隐患高。

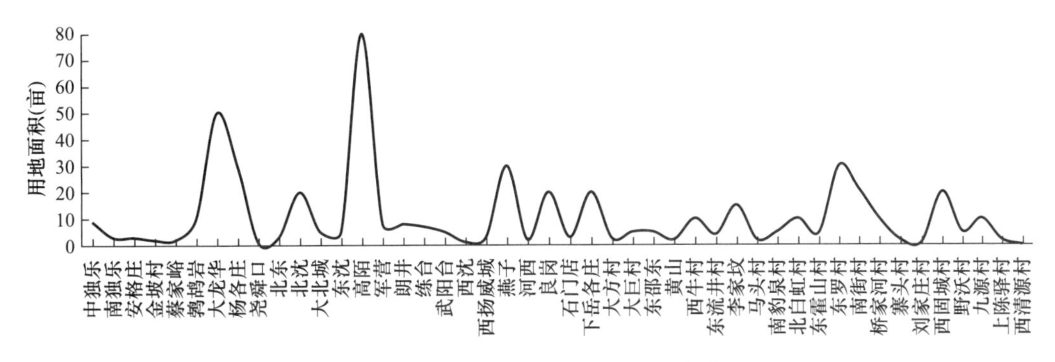

图 2-49 易县农贸市场用地面积统计

图 2-50 易县高村镇农贸市场改造后照片

（图片来源：公众号 今日高村）

（4）民宿、农家乐

易县的民宿、农家乐等旅游商业设施仅集中分布在拥有易水湖、清西陵、狼牙山等国家或省级旅游资源的乡镇，民宿、农家乐主要提供餐饮和住宿服务，内容形式简单、季节性强、适游周期短，难以形成独立支柱产业。

图 2-51 易县梁各庄镇集贸市场现状照片

以发展较好的西陵镇满（农）家乐为例，西陵镇借助清西陵的皇家文化，形成独一无二的满族风情休闲地，通过挖掘满族特色菜肴，形成了以“吃满家饭、住满家屋、品满族风情”为主题的特色农家旅游品牌。目前，围绕清西陵景区共发展的民宿满家乐共计 300 余家（图 2-52），涉及梁格庄、西陵 2 个乡镇 19 个村；特别是以凤凰台、忠义村等为代表的满族风情旅游村已发展到 11 个，年接待游客 50 万人次。2021 年西陵镇星级民宿——听松书院（图 2-53），成功入选全国甲级民宿，成为河北省首批两个甲级民宿之一。听松书院的民宿客房依托原有农家院改造而成，提供免费开放的图书馆，并定期举办文化雅集和课程讲解。

图 2-52 易县西陵镇满家乐
（图片来源：https://www.sohu.com/a/158838357_99944927）

图 2-53 易县西陵镇听松书院民宿现状照片
（图片来源：https://www.sohu.com/a/158838357_99944927）

（5）快递点

易县村镇的物流配送点、快递站点等新型商业网点设施配建较低，24%的村庄配有快递站点，大部分村庄依然存在物流配送难、快递站点少、快递不能及时到达等问题，导致难以实现村庄物流“最后一公里”“零距离”上门配送，难以享受“5G”“互联网+”带来的幸福感。同时，村镇对快递业务的需求相对较少，80%的村镇快递点收件平均每天不足30件，发件数平均每天仅几件，导致村镇快递业务难以拓展，仅有中通、圆通等几家物流公司在村庄设置了快递代理点。

2.2.6 社会保障设施

社会保障设施是指面向老年人、儿童、残疾人等特殊群体提供服务保障的设施。据统计，社会保障设施是易县必配设施最薄弱的一类，存在较大空白，亟须补充完善，37%的村庄没有社会保障设施。35%的村庄有老年人活动室，17%的村庄有残疾人救助站（图 2-54），主要集中在乡镇政府驻地的村庄；老年人日间照料中心、敬老院、儿童福利院等设施配建较少。28%的村民对社会保障设施不满意，村民比较重视社会保障设施的服务质量、周边环境、吃住水平、服务价格、设施功能（图 2-55）。同时，村民反映现有社会保障设施的建设不完善，应增加设施的数量和种类，进一步优化设施布局和功能，增加设施面积，提高服务水平。

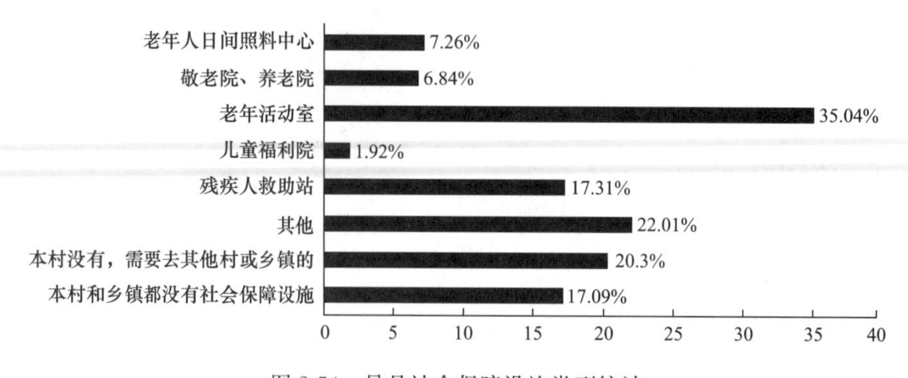

图 2-54 易县社会保障设施类型统计

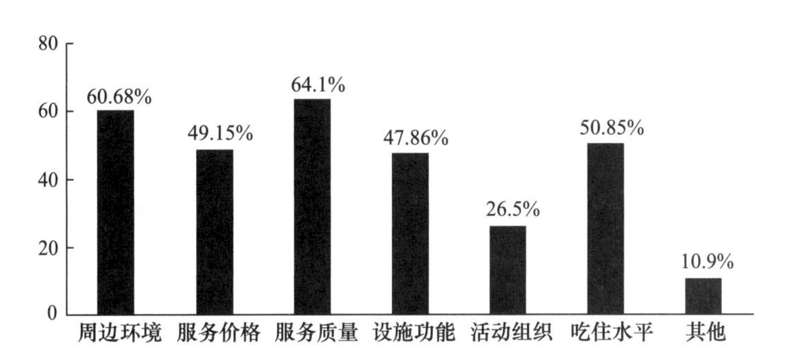

图 2-55　村民关注设施内容类型统计

（1）老年人日间照料中心/幸福院

近些年，河北省农村地区大力建设和推广农村互助幸福院，为农村老年人提供更方便的养老服务。从空间分布来看，易县幸福院多数分布在高村镇、高陌乡、凌云册乡东部村镇，西部地区的村镇幸福院布局较分散，涉及良岗镇、紫荆关镇、大龙华乡等村镇。幸福院建设主要以村为单位，通过对旧学校、村委会闲置的资源等进行新建、改扩建使其得到充分的再利用（图 2-56），并且提供水、电、暖等必需的基本生活需求，为村里有养老需求的老年人提供集中居住和活动娱乐的场所。

易县幸福院的建设规模大小不一，63%的幸福院建设面积小于 $50m^2$，多与村委会、文化活动室等合建，为老年人提供日常交往空间，13%的幸福院建筑面积超过 $100m^2$（图 2-57），独立占地，配有 10～30 张床位，可以为老年人提供日间照料服务，内部设有棋牌室、公共餐厅、健身疗养空间、公共活动室等，空间开放程度高、接纳人数多、活动形式丰富，激发了老年人的交往欲望，可以满足不同年龄段老年人的个人偏好和生活习惯。

图 2-56　易县幸福院现状照片

（2）老年活动室

老年活动室在易县村镇的总体覆盖程度较低。在镇区层面，活动室主要附属于镇区文化站或镇区内村委会；在村庄层面，仅个别经济水平较高的村庄设有老年人活动室，建筑面积一般为 50～$60m^2$。相比而言，东部平原镇区老年人在活动室内活动的机会较多，居住在离镇区较近村庄内的老年人也可步行 5～20 分钟到镇区内进行活动，实现设施共享。

在老年活动室的管理与服务方面，调研发现，部分村镇活动室常常不对外开放或开放时间不固定，特别是冬季，使许多有活动意向的老年人在寒冷的冬季只能到室外进行短时间的活动。同时，由于村镇活动室通常采用与基层服务点、培训中心等功能进行合设的建造方式，其附属室外活动场地也会共用，导致实际使用的老年人使用机会不多。

（3）老年人室外活动场地

易县村镇为老年人提供的综合类与服务类养老设施的类型与数量均较少，附属建设的老年人活动场地也较为缺乏。由于村镇建筑多以 1～2 层的低层建筑为主，广场的尺度较

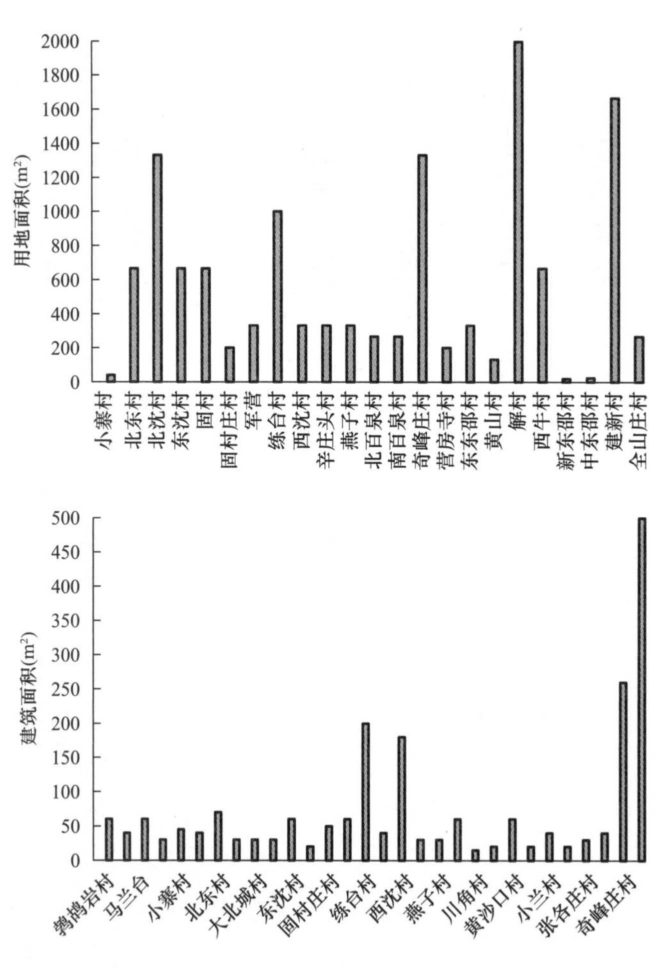

图 2-57　易县幸福院用地面积、建筑面积统计图

为开敞空旷。场地内配建的内容主要包括绿化、健身器械、座椅、篮球场地等（图 2-58）。在气候防御方面，由于活动场地周边建筑的围合不足、场地开口朝向各地主导风向、导致活动场地的气候防御能力较为不足，特别是冬季持续严酷的低温条件，使各类活动场地使用频率受到极大影响，大大降低了老年人外出活动的舒适度。

图 2-58　易县老年人室外活动场地现状
（图片来源：http://www.sxfc.gov.cn/c/2018～09～27/35438209.shtml）

2.2.7　防灾避难设施

易县镇区的防灾设施配建较完善，设施安全性、可靠性较高，设有乡镇级消防指挥中心，并在公共场所配置消火栓或灭火器等应急设备；而村庄的防灾意识较薄弱，建筑防火间距以及道路宽度多不符合消防要求。据统计，仅 14%的村庄设有防灾工具、临时避灾所等，大多数村庄未设置或未设置足够的消防栓、消防水源等消防设施，存在较大盲区。

村镇防灾避难场所是灾后应急疏散的重要

设施。据统计，易县各村镇54％的村庄设置避难场所，一般以村镇广场、绿地和中小型操场为主，避难场所普遍数量少，且布局不合理，大多数不满足避难场所的要求。村镇一般以现状主要道路作为避难疏散通道，道路宽度多数为6～9m，村内部分道路尚不满足消防通道的要求，有的村庄为防止大型车辆对村中道路造成损坏或为降低车速设置了障碍物，阻碍了消防车的通行，降低了救火效率。

2.2.8　基础设施

据统计，易县约78％的村庄建有垃圾收集点，50％的村庄设置公共厕所，16％的村庄有公交站点，但仅有11％的村庄有机动车停车场（图2-59）。对村庄基础设施村民满足度调查显示，有75％的村民完全满意或基本满意村庄的基础设施，有25％的村民对基础设施不太满意（图2-60）。在发展诉求方面，村民希望增加基础设施的种类和数量，如增加垃圾收集点和公厕的数量。

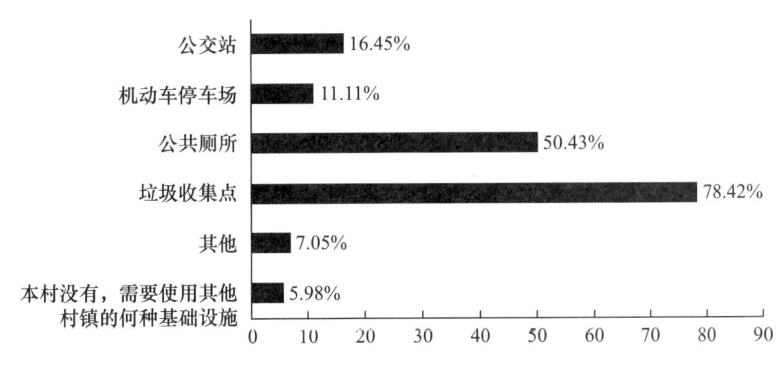

图2-59　易县村镇基础设施类型

（1）公交站点

城乡公交作为城市与乡村的联系纽带，承担着大量居民的空间流动。作为城市路网的延伸，在公交引导下村镇土地向多样化发展，它是引导村镇空间发展的重要动因之一。易县乡镇的公交设施建设较完善，各镇区的公交站点相对村庄而言布点较密集；村庄的公交站点布局较少，一般一个村庄仅设一个站点，且多数位于村庄入口处。镇区的公共交通运行时间较准时，而村庄的运行时间不规律。镇区公交候车亭配建的较人性化，设置有站牌、顶棚，部分设有等候座椅；而村庄的公交站台较简陋，多数仅设置一个公交站牌，部分站牌字迹不清晰（图2-61）。村镇公交站台多数未设置无障碍设施，不方便老人、残疾人及儿童推车候车和上下车。

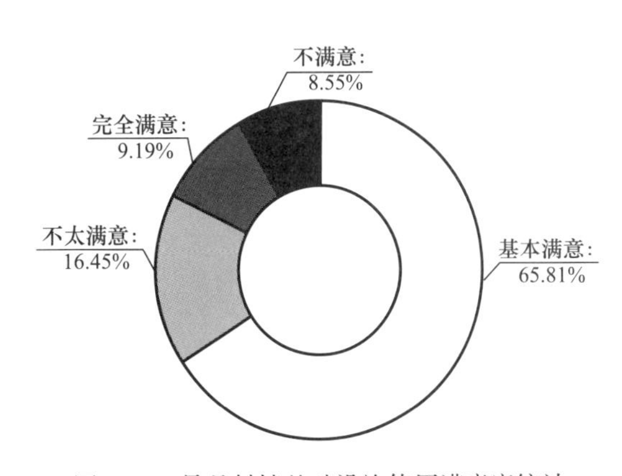

图2-60　易县村镇基础设施使用满意度统计

（2）停车场

随着农村生活条件的改善，农民生活水平的提高，农村家庭的小汽车保有量日渐增加。据统计，易县30％～40％的农村家庭购置了小汽车，但仅11％的村庄建设机动车停车场。大部分村庄道路较窄，路边停车条件不足，同时居民点内部用地紧张，村内很难有平整的空地用于修建停车场，导致乡村停车难、停车不规范等问题逐渐出现（图 2-62）。而易县西陵镇、安格庄乡等旅游型村镇，公共停车场建设规模较大、较规范（图 2-63）。

图 2-61　易县村镇公交车站台现状照片

图 2-62　路边随意停车及临时停车场

图 2-63　规范、固定的停车位

（3）公共厕所

公共厕所不仅是乡村公共空间必须的公共服务设施，也是乡村文明的缩影。易县农业农村局《2020 年工作总结及 2021 年工作思路》文件中提出，易县自 2013 年以来启动了农村改厕工作，截至 2020 年全县共计改造村镇公共厕所 29000 余座（图 2-64）。易县镇区的公共厕所配建较完善，但村庄公共厕所普及率较低，仅少部分公共厕所与村委会结合布置，或以旅游业为主导产业的乡村配建独立公共厕所。公共厕所分布不平衡，分布密度和服务半径无法达到随人口分布基本均匀，公共厕所布点随机，多位于偏僻地段，且导览标识系统不完善，不宜寻找。村民对公共厕所建造认识不足，公共厕所相关管理维护制度有待完善，公共厕所的建筑面积为 20～60m^2。

图 2-64　易县村镇公共厕所现状照片

（4）垃圾收集点

村镇生活垃圾主要收集方式为统一收集，其次为定点堆放，随意排放的比例最小。极少数村落的垃圾倾倒和运输机制不完善，存在河边垃圾倾倒、就地焚烧现象。大部分村落的垃圾清理机制较为完善，但少数村庄存在垃圾治理经费不足的问题。绝大部分村内设有垃圾桶（图 2-65），仅极少部分未进行分类设置或是垃圾桶不充足、垃圾桶配备位置不科学，少部分村民环保意识较弱。

图 2-65　易县村镇垃圾收集点现状照片

2.3　村镇公共服务设施现状的主要问题

随着城乡公共服务设施一体化发展，村镇公共服务设施配建受到资源区位、经济发展等外部因素和人口规模、年龄结构等内部因素双重的影响。外部因素是影响村镇公共服务设施配置的重要因素，不同的资源条件和地理区位均可使公共服务设施配置产生巨大的差距，也会对设施的布局产生影响；内部因素是决定村镇公共服务设施配置匹配度的关键因素。各地村镇公共服务设施普遍存在下列问题：

（1）设施配置标准执行难度大、落地性差

为适应国土空间规划体系要求，规范“多规合一”实用性村庄规划编制，科学指导村庄建设和人居环境整治，推动乡村地区高质量发展，助力乡村振兴战略实施，各省市地区政府及相关部门相继出台了多个村庄公共服务设施配置标准和政策文件，本着“以人为本”的原则提升村庄公共服务设施的配建品质，但配置标准由理论向实践转化过程中出现了差距。一些发达地区的村镇由于地方标准执行力度较大，建设资金充足，公共服务设施配置跟进及时且品质较好，在满足标准的同时，还随着村民对于生活要求的提高进行了一定的升级。反之部分欠发达地区，受村镇区位、建设用地、经济条件和人口规模的限制，公共服务设施落地较为困难。

通过调研发现，河北省配置标准中要求的必配设施中，行政管理、医疗保健的配建率远高于教育、文体和社会保障设施，而标准中鼓励村庄在条件允许的情况下选择配置商业金融、集贸市场、图书科技等设施，提升村民的生活品质，但实际建设情况中，选配设施呈现出缺失严重、品质不佳、使用频率低等问题。

（2）现状设施自上而下配置低效、不均衡

近年来随着城镇化的推进，我国村镇公共服务设施配置的投入力度加大，村镇公共服务设施建设明显改善。虽然当前村镇生存型公共服务设施已基本普及，但是发展型公共服务设施建设水平较低，供需失调。

我国村镇公共服务设施之间的配置水平不一，且部分设施地区间的差异较大。从设施类型角度看，农村医疗卫生、教育、广播电视和社会保障设施配置水平相对较高，而除广播电视外的文化设施和体育设施则相对较低。从设施空间布局角度来看，存在部分设施布局不合理的情况，如农村教育设施空间布局还存在着分布不均，有待调整的问题。这种差异主要源于政策制度、资金投入等因素影响下的供给优先次序不同。从地域空间角度来看，我国农村公共服务设施的配置水平变化存在着以下的特征：从东部地区到西部地区逐渐降低；平原地区的设施配置水平要高于丘陵地区和山区，丘陵地区的设施配置水平要高于山区；随着不同地区经济发展水平、财政实力的降低而降低。

（3）设施配建类型有限、品质不佳

公共服务设施的供给不足不仅是量上的不足，更是质上的不足，设施质量无法满足目前村镇居民的日常使用需求。公共服务设施质量是影响设施使用效率的重要因素，高质量的公共服务设施的缺少，造成了乡村公共服务设施使用效率低下和现有公共服务资源的浪费，具体表现在以下四方面：第一，行政管理类设施，尽管各行政村都配备有基层管理委员会，但设施陈旧，功能不完善以及服务内容的不明确都严重影响基层管理委员会的服务质量。第二，教育机构类设施，空间布局上存在明显的集中配置现象，设施数量上大体能够实现适龄青少年进行义务教育的需求，但包括师资在内的软实力以及教学用品在内的硬实力明显不足。第三，医疗保健类设施，致力于服务各村居民的卫生室在大多数行政村均有配置，但设施的简陋以及医疗水平的欠佳都使广大居民的需求不能得到满足，“看病难”

的问题始终困扰着村镇居民。最后，文体科技类设施，文体科技设施建设长期相对滞后，村镇居民日益增长的文体需求同村镇文体设施配置匮乏的矛盾严重制约着村镇尤其是农村地区文体活动的推进。

（4）设施无差别配置，与村镇发展需求不匹配

我国长久以来形成的行政格局对我国村镇公共服务设施配置有着深远的影响。按照行政格局配置公共服务设施是村镇公共服务设施配置的普遍标准，而忽视了当地村镇的地形地貌、乡村分布、规模以及人口结构等影响因素，导致了村镇公共服务设施看似布局均匀，但是实际使用效率低。在我国现行的村镇公共服务设施配置方法中，不少地区的配置标准中提出村镇公共服务设施配置遵循“文教卫体商”“五合一”的配置方法，即对于村镇的文体设施、教育设施、卫生医疗设施、体育设施和商业设施这五类与村镇居民日常生活息息相关的公共服务设施统一进行“捆绑式”配置。这种各类设施无差别的配置方法，即“一刀切”的配置方法，忽略了村镇居民的行为特征以及村镇居民对公共服务设施的使用要求，造成了公共资源的浪费。

另外，村镇医疗设施方面也是矛盾突出，主要表现为村级别卫生室、镇级别的卫生院以及一些其他的社区卫生服务中心等设施，无论是从规模等级、设施水平以及医生的医术水平而言都难与城市的医疗设施相比。我国乡村人口大概占全国人口的60%以上，然而广大的乡村区域却极少拥有优质的大型医疗设施。乡村优质医疗设施资源的匮乏，导致了乡村居民“跑外就医”成为一种常态，但医保等现实问题又制约了这种就医方式，给乡村居民的生活带来极大的不便，与乡村社会的发展需求不匹配。

（5）设施管理和维护松懈，部分设施为“摆设”

村庄规划是国土空间规划体系中的低层规划，方案设计和实施管理受上位规划限制，仅通过村庄规划难以统筹村镇公共服务设施的规划、建设和管理，需要多部门参与、多体系协调，孤立地进行村庄规划和公共服务布局势必给实施埋下隐患。

例如文体设施，村镇文体设施主要为村图书室、文化室、镇老年人活动中心、青少年活动中心等小型文体设施，但往往疏于维护和管理，无人看守、不按时开门等导致设施使用率低。随着乡村的发展，部分村镇出现青少年或老年人活动场地建设不规范，缺乏年轻人感兴趣的文化娱乐设施等问题，导致了尽管村镇已经建设文体设施但仍然不能满足各年龄段居民的使用需求。

（6）设施需求趋向多元化、高品质

随着现代信息的普及与发展、人民生活水平提高，我国城乡的空间形态虽有明显差异，但是传统的城乡阶层壁垒已被逐步打破，软性需求的差异明显减小，村民渴求城市的便利生活方式。

需求由单一向多元转变。公共服务设施的空间布局、配置项目以及配置规模等都影响村镇居民对公共服务质量的满意程度，与此同时，由于不同地区的经济发展程度不同，经济发展水平的差异化会使不同地区投入公共服务设施的资源不同，出现公共服务水平的差异。公共服务设施涉及种类繁多，不同地区的村镇居民对公共服务设施的需求类别及需求规模产生差异性。即便是医疗和教育设施，不同地区、不同人口规模的村镇，所产生的设施短缺也是有差异性的，公共服务设施建设的差异短缺引发了差异需求。

需求由“量”向“质”转变。我国目前仍处于社会主义初级阶段，经济发展水平虽逐

渐上升，但仍面临资源短缺，改革开放以来，整个社会处于快速发展阶段，国内资源相当一段时期内都是供城市优先使用。因此，我国村镇公共服务设施建设起步较晚，并且可用的资源有限，公共服务设施总量短缺是我国新农村建设始终面临的一个问题，即我国村镇公共服务设施建设投资不能满足村镇发展的实际需求。随着我国逐步加大对村镇建设的投入，公共服务设施短缺现象已大大改善，但是鉴于初始基点较低，总量需求距离满足村镇居民的实际需要还有相当大的差距。与此同时，随着村镇居民生活水平的提升，生活方式逐步向多元化发展，村镇居民对公共服务设施服务的质量越来越重视。

第3章

村镇公共服务设施优化配置思路与建议

3.1 村镇公共服务设施配置思路

公共服务设施是村镇未来构建“宜居、宜业、宜养”美好生活和提升人居环境品质的空间载体，是激发村镇活力、促进城乡融合的关键，仅在规划层面自上而下均衡、均质地供给公共服务设施，已不再满足村庄发展和村民对高品质生活向往的要求。为了适应村镇地区经济发展和居民对高品质生活需求的变化，构建生态生产生活有机融合、人居环境整洁优美、城乡服务要素一体化、空间尺度舒适宜人的有机乡村生活，本课题针对乡镇、村庄的公共服务设施配置分别提出了优化思路，引导村镇公共服务设施有序建设和合理布局。

3.1.1 乡镇公共服务设施配置思路

乡镇是承载城乡公共服务的重要物质载体，科学合理地配置乡镇公共服务设施是缩小城乡公共服务差异、实现城乡公共服务均等化的重要途径。针对乡镇公共服务设施的配置沿用现行国家有关标准的配置方法，按照乡镇等级结构进行配置，即中心镇、一般乡镇两个级别。根据党中央关于推进城乡基本公共服务均等化的政策要求，以城市设施配置标准作为村镇设施配套提升的重要参考，在兼顾村镇需求与建设可能性的基础上做相应取舍，重点提升中心镇配置水平。

（1）中心镇注重多元化、品质化，打造区域综合服务中心

中心镇公共服务设施配置应注重公平与效率，在满足居民基本生产生活需求的基础上，适当发展非基本公共服务，形成区域综合服务中心，在满足本镇域服务的同时兼顾周边一般乡镇和村庄的服务需求。例如，初中、高中、综合医院、文化馆、社会福利设施等基本服务设施，可适当增加设施数量、扩大服务半径，按照全镇域服务人口的1.2～1.5倍核算，集中布局在中心镇；幼儿园、小学、托老所、体育设施（含每镇配备的足球场地）等，服务人口可按照镇域总人口核算，可在镇中心区集中设置，也可分组团核算人口，在各组团就近设置。物流、旅游等非基本服务设施，可根据中心镇的特征，小型化、生态化、分散式布局，结合智慧管理、大数据等手段，构建覆盖镇域及周边的智慧物流、智慧旅游体系，提高村镇快递站点、游览接待设施、民宿等设施的覆盖率，注重村镇智能服务体系协同，突出中心镇的综合、引领作用。

对于产业特征显著的工业型、农业型、商贸型等中心镇，鼓励产业集聚区改变传统园区分割独立、各自为政、重项目轻生活的建设模式，提高功能复合率和宜业宜居度，集约配置公共服务资源，建立园区邻里中心，促进职住平衡，加强幼儿护育、学龄儿童代管、

老人医养、终身学习等公共服务设施的配建，避免中心城区居民钟摆式的通勤方式，形成集生产、研发、居住、消费、服务、生态多功能于一体的新型产业社区。

（2）一般乡镇注重便捷性、普惠性，打造组团服务中心

一般乡镇的公共服务设施应以乡镇政府驻地为中心，辐射带动乡镇域内的所有村庄。一般乡镇的公共服务设施应注重便捷性和普惠性，从当地百姓行为习惯分析，综合考虑服务对象的生活习惯和出行距离，可以以组团的形式构建服务中心。一般乡镇公共服务设施配置规模应基本达到与其人口规模相匹配的城镇居住区公共服务设施配置的标准，对功能类似的公共服务设施类型可以考虑适当兼容。对于针对发展乡村旅游业或注重农业发展的乡镇，可适度增加旅游接待中心、农业技术培训学校等服务设施。对于近年乡镇地区外出务工人口较多，留守的多是老人和儿童，公共服务设施设计应更多地关照老人与儿童。对于拥有浓厚文化资源的乡镇，其公共服务设施的配置应突显地区文化特色，形成乡愁记忆点。

3.1.2 村庄公共服务设施配置思路

（1）对接国土空间规划体系中的村庄类型，实施精准配置

积极对接国土空间规划体系中的村庄规划，在按照国家现行相关标准服务设施类型规定配置内容和要求的基础上，结合村庄规划类型，实施公共服务设施精准配置，以适应村庄的发展和需求的变化。

对于城郊融合类村庄的公共服务设施，应注重与县城或乡镇政府驻地公共服务设施的互补关系，与县城或镇区错位配置服务设施，加强共建共享，建立城乡一体化服务体系。对于集聚提升类、保留改善类村庄的公共服务设施，应注重设施的多样化、品质化，根据实际情况升级现状设施的品质，分散式补齐设施短板。对于特色保护类村庄的公共服务设施，应注重地方特色化，围绕特色建筑、村庄地标等打造公共活动中心，将地方历史、民俗文化等元素融入服务设施的建设中，留住特色、留住乡愁。对于搬迁撤并类村庄的公共服务设施，以维持现状为主，可借助周边村庄或乡镇的公共服务设施，满足村民基本生活需求。

（2）综合考虑村庄地理区位，强化共享配置

对于紧邻城区、县城或乡镇政府驻地的村庄，应充分利用区位的优势，注重与城区、县城或乡镇政府驻地公共服务设施的互补关系，与城区、县城或镇区错位配置服务设施，加强共建共享，建立城乡一体化服务体系。

村村共享。在地势较为平坦、经济环境较好的地区，农村居民点分布较密集，村与村之间的步行距离较短，各村居民的文化习俗、生活习惯接近，有较多的日常交流，对设施的需求趋同。针对这种情况，可考虑多村集中配置公共服务设施。

村镇共享。一般情况下，由于镇区的公共服务设施（如教育、医疗服务设施）质量高于周边农村居民点同类型的设施，居民往往会选择使用镇区的公共服务设施。为了避免同类型设施的浪费，可错位配置村庄公共服务设施。

村城共享。城区边缘农村居民点的居民可通过便捷的交通到城区中使用公共服务设施，可弱化村庄公共服务设施的配置，加强与城区的设施共享。

（3）以需求为导向，注重设施效用最大化

在国土空间规划体系下，依托村庄的地理区位、产业特征、自然文化资源、人口规模

等多因素，将村庄规划为不同的类型。村庄公共服务设施的配置应针对各类村庄特点和需求，注重服务设施效用的最大化。村庄公共服务设施不能单纯追求配置形式的完全一样，而应以基本公共服务为切入点，优先配置居民最需要的服务设施，同时结合村庄发展需求及特色，以实现村庄居民品质化生活为目标，通过特色服务设施建设，提高公共服务质量，走有内涵、品质化发展的道路。

公共服务均等化不是平均主义，不能一味追求服务的“均等”而忽视服务的效率。公共服务设施的运行要求具备合理的规模而又保持一定的服务效率，但现状公共服务设施的建设往往更注重设施服务的便捷性而忽视了设施的规模，从而影响服务水平，村庄地区分散的空间结构特点更易造成这一问题。因此，村庄公共服务设施配置需要兼顾运行效率与服务便捷的关系，实现服务效率的最大化。

（4）打破底线配置模式，强化设施多元化、品质化

村庄建设需摆脱“农村等于落后”的固有思维，打破公共服务设施底线配置的模式，灵活制定村庄公共服务设施的配置方案，增加设施品质投入，缩小城乡差异。

充分考虑村庄区域定位和经济水平，明确村庄所处地区当前的发展站位和功能使命，确定公共服务设施品质定位。综合考虑村庄人口规模、人口结构和发展特征等因素，对村庄公共服务的配置需求进行评级，并制定配置方案。在满足必配设施的基础上，结合村庄发展需求增加选配设施，强化设施配置的多元化。例如，老年人口较多的村庄，可适当扩大养老设施及广场设施的规模，增加老年人日间照料中心、老年人活动室、健身设施等养老设施的数量；外来人口较多或青、中年人口较多的村庄，可适度扩大商业设施规模，增加超市、银行、物流配送中心、快递站点等便民设施的数量，缓解人口逆向增长造成的服务设施紧张，并享受“5G”“互联网＋”带来的幸福感。

（5）引入智能管理，加强实施监督

为适应未来村庄发展趋势和村民对高品质生活的追求，在实施精准配置、考虑差异需求、满足便捷使用的同时引入体检评估制度，结合村庄类型、地域特色、人口结构、经济条件等因素，对照各类型设施的配建标准，对建设规模、配建内容、使用频率、设备维护等重点内容的执行情况，从上层规划到下层实施建设、运营管理进行全过程的监督，确保公共服务设施配建到位、实时监测、动态维护。

例如，文化活动室等室内设施，植入 IC 卡，把一个季度的刷卡率作为监测基数，通过监测刷卡率掌握文化活动室的使用情况，当刷卡率低于基数的 50%时，需进行现场检查，及时维修和管理。健身广场等室外设施，应对健身器材、场地地面等硬件设备进行季度或年度检查，同时构建设施报修 APP 平台，村民可在 APP 提交报修单，后期维护管理团队根据设备损坏情况及时提出处理方案并进行维修、更换。

3.2　村镇公共服务设施分类建议

综合参考国家现行有关标准和既有研究的内容，按照设施的使用性质将村镇公共服务设施划分为社会管理、生活服务、福利保障、市政防灾、产业服务五大类，前四类为基本公共服务设施，产业服务为非基本公共服务设施。本次研究的配置与建设标准主要针对基本生活服务设施，并根据村镇公共服务设施发展现状与需求，丰富细化村镇公共服务设施

的分类和名称，具体分类和名称见表 3-1。

村镇公共服务设施的分类和名称　　表 3-1

分类			乡镇设施名称	村庄设施名称
社会管理	行政管理		乡镇政府办公用房、各专项管理机构	村委会、农村综合服务中心、各专项管理机构
生活服务	教育机构	基础教育	幼儿园（托儿所）、小学、初级中学、高级中学	幼儿园（托儿所）、小学（教学点）、初级中学
		高等教育	专科院校	—
		职业教育	职业技术学校、成人教育机构	—
		培训教育	培训机构	—
	医疗保健	医疗	医院、卫生院（所）、专科诊所	卫生室
		保健	防疫站、休疗养院	—
	文体科技	文化	文化活动中心、图书馆、展览馆、博物馆、影剧院	文化活动室（图书室、展览室）
		体育	室内体育场馆、室外体育场地、游乐健身场	室外健身广场、体育活动室
		科技	科技站	—
		宗教	祠堂、教堂（礼拜堂）、佛堂	祠堂、教堂（礼拜堂）、佛堂
	商业金融	商品购买	百货商店、超市、小卖部、集贸市场、药店、图书音像店、文化用品店、摩托车和自行车销售部、日杂五金商店等	便民农家店、超市、集贸市场
		金融邮政电信	银行、储蓄所、信用社、保险机构、邮政局所、快递站点、电信网点等	快递站点、金融电信邮政服务点
		餐饮住宿	餐馆、旅馆等	餐馆、旅馆、民宿等
		其他服务	美容美发店、浴室、照相馆、冲印店、殡葬服务店等	—
福利保障	社会保障	养老服务	养老院、老年活动室、老年人日间照料中心等	老年活动室、老年人日间照料中心、幸福院
		其他保障	儿童福利院、残疾人服务站等	—
市政防灾	防灾避难		防灾设施、避灾场地	微型消防站、疏散道路、避灾点
	基础设施	交通场地	公交首末站、公交站、机动车停车场	公交站、机动车停车场
		其他	公共厕所、垃圾中转站、垃圾收集点	公共厕所、垃圾收集点
产业服务	生产资料供应		农机及零配件商店、维修店、农资店、生产资料销售部等	
	仓储		农具存放站、粮食晾晒场地、其他产业工具及产品存放站等	
	物流		快递中转站等	
	旅游服务		游览接待设施、民宿、土特产、手工艺品、纪念品商店等	
	就业培训		远程教育、科普教育学校、科技服务点、农业服务中心等	
	经营管理及其他		农业合作社、供销社、兽医站等	

注：基础设施仅包含与使用者产生密切关系的末端设施。

（1）社会管理类

社会管理类即行政管理类，乡镇包含乡镇政府办公用房和各专项管理机构，村庄包含村委会、农村综合服务中心和各专项管理机构。考虑村庄行政管理设施的功能综合化、多元化倾向，除常规村委会以外，增加农村综合服务中心，便于中心村或大型村庄处理农村综合事务。

（2）生活服务类

生活服务类即教育机构、医疗保健、文体科技、商业金融四类。其中教育机构包含基础、高等、职业、培训教育四类，乡镇包含幼儿园（托儿所）、小学、初级中学、高级中学、专科院校、职业技术学校、成人教育机构、培训机构等设施，教育机构的类型较全面；而村庄考虑服务人口和服务范围，只包含幼儿园（托儿所）、小学（教学点）、初级中学三项基础教育设施，小学可根据村庄条件和服务学生情况改设为完全小学、非完全小学或教学点。

医疗保健分为医疗和保健两类。乡镇包含医院、卫生院（所）、专科诊所、防疫站、休疗养院等设施；村庄仅设卫生室，具备基础医疗保健功能。

文体科技分为文化、体育、科技、宗教四类。乡镇包含文化活动中心、图书馆、展览馆、博物馆、影剧院、室内体育场馆、室外体育场地、科技站、祠堂、教堂（礼拜堂）、佛堂等，设施类型全面，可根据乡镇发展和居民需求进行选择设置；而村庄包含文化活动室（图书室、展览室）、室外健身广场、体育活动室、祠堂、教堂（礼拜堂）、佛堂等，满足基本的室内外文体活动、文化传承、宗教信仰。

商业金融分为商品购买、金融邮政电信、餐饮住宿、其他服务四类。乡镇包含百货商店、超市、银行、储蓄所、邮政局所、快递站点、餐馆、旅馆、美容美发店、浴室等设施；村庄包含便民农家店、集贸市场、快递站点、金融电信服务点、餐馆、宾馆，村镇可根据市场需求进行配置。同时为适应新时代互联网线上商业发展，公服设施中增加快递站点，可与小卖部、超市等设施合并建设，满足村镇居民网购收取快递的需求，或为构建农产品电商平台提供物流支持。

（3）福利保障类

福利保障类即社会保障类，分为养老服务和其他保障。乡镇包含养老院、老年活动室、老年人日间照料中心、儿童福利院、残疾人服务站等；村庄包含老年活动室、老年人日间照料中心、幸福院，为老年人提供基本餐饮、托管、养老服务，使广大农村老人能居家养老或在社区养老。

（4）市政防灾类

市政防灾类即防灾避难和基础设施类。鉴于广大村镇是我国灾害较为严重的地区，同时也是城乡防灾体系中的薄弱环节，本次研究中对防灾避难类设施也进行了考虑，包含防灾设施、避灾场地。基础设施仅包含与使用者产生密切关系的末端设施，分为交通场地和其他两类，包含公交首末站、公交站、机动车停车场公共厕所、垃圾中转站、垃圾收集点等。

3.3 乡镇公共服务设施配置建议

乡镇公共服务设施的配置主要以国家标准《镇规划标准》GB 50188—2007 和住房和城乡建设部发布的《镇（乡）域规划导则（试行）》为依据，按照本书第3.2节中村镇公共服务设施的分类和名称进行配置优化。在充分符合国家现行有关标准的前提下，根据城乡基本公共服务均等化的政策要求，对于村镇设施配置项目适当借鉴和吸收城市相关标准的规定，合理增删若干配置项目，适当提升其底线配置水平。

配置方法采用乡镇的结构层级进行配置，即中心镇和一般乡镇两个层级，根据乡镇等级差异化制定公共服务设施配置要素。其中，中心镇和一般乡镇依据县域国土空间规划或其他上位规划中确定的乡镇等级来确定。乡镇公共服务设施内容分为应设、可设、不设三个选择，项目配置应结合乡镇层级、性质、类型、规模、经济社会发展水平、居民经济收入和生活状况、风俗民情及周边条件等实际情况比较选定，具体配置内容见表 3-2。

乡镇公共服务设施配置建议 **表 3-2**

类别	项目	中心镇	一般乡镇
行政管理	乡镇政府办公用房	●	●
	各专项管理机构	●	●
教育机构	幼儿园（托儿所）	●	●
	小学	●	●
	初级中学	●	●
	高级中学	●	○
	专科院校	○	—
	职业技术学校、成人教育及培训机构	○	○
医疗保健	医院、卫生院（所）	●	●
	专科诊所	○	○
	防疫站	●	●
	休疗养院	○	—
文体科技	文化活动中心	●	●
	图书馆、展览馆、博物馆、影剧院	●	○
	室内体育场馆	●	○
	室外体育场、游乐健身场	●	●
	科技站	●	○
	祠堂、教堂（礼拜堂）、佛堂	○	○
商业金融	百货商店、超市、小卖部、集贸市场、药店、图书音像店、文化用品店、摩托车和自行车销售部、日杂五金商店等	●	●
	银行、储蓄所、信用社、保险机构、邮政局所、快递站点、电信网点等	●	●
	饭店、餐馆、旅馆等	●	●
	美容美发店、浴室、照相馆、冲印店、殡葬服务店等	●	●
社会保障	养老院	●	●
	老年活动室	●	●
	老年人日间照料中心	●	●
	儿童福利院	●	○
	残疾人救助站	●	○
防灾避难	防灾设施、避灾场地	●	●
基础设施	公交首末站、公交站	●	●
	机动车停车场	●	●
	公共厕所	●	●
	垃圾中转站、垃圾收集点	●	●

注：●—应设的内容，○—可设的内容，— —可不设的内容。

3.3.1 中心镇公共服务设施配置

中心镇指县域城镇体系规划中的各分区内，在经济、社会和空间发展中发挥中心作用的镇。中心镇是城市和乡村的重要纽带，是改善村镇公共服务设施的中心环节，也是实现城乡基本公共服务均等化的重要载体，应在中心镇建设完善的公共服务体系。

中心镇应设置乡镇政府办公和各专项管理机构，保证各级行政机构的正常运转。各专项管理机构的内容不再一一列出，各镇可根据自身的规模和发展，设置为发挥其地位和职能的机构。

教育机构设施配置是依据现行国家标准《镇规划标准》GB 50188—2007 和住房和城乡建设部发布的《镇（乡）域规划导则（试行）》，并根据现状调查和规划案例总结，结合乡镇居民在生产、生活活动中对教育设施需求的基础上提出的。其中，中心镇应建设完善的基础教育，包括幼儿园（托儿所）、小学、初级中学、高级中学。高等教育中的专科院校、职业技术学校、成人教育及培训机构等需要一定常住人口或经济水平的支撑，中心镇可结合实际情况选择设置。

中心镇应设置医院、卫生院（所）、防疫站，满足居民基本医疗需求，防控传染病；而各种专科诊所、休疗养院，可根据实际需求进行选择性设置。

文体科技设施中文化活动中心、室外体育场地或游乐健身场是各级乡镇都应设置的，满足居民对文化活动、体育活动空间日益增长的需求；图书馆、展览馆、博物馆、影剧院、室内体育场馆、科技站等建筑规模较大、服务人口较多的设施则在中心镇设置；祠堂、教堂（礼拜堂）、佛堂等宗教设施则根据镇域、镇区居民构成和需求进行选择性设置。

对于商品金融、金融邮政电信、餐饮住宿、其他服务等各类商业金融设施，中心镇均应设置，充分服务本镇及周边区域，带动片区商业发展，可根据各镇的产业职能、商业服务需求，调整具体设施内容。

另外，中心镇应建设完善的社会保障、防灾避难、基础设施系统，所有内容均为必须设置。

3.3.2 一般乡镇公共服务设施配置

一般乡镇指县域城镇体系规划中，中心镇以外的镇、乡。一般乡镇应建设基本完备的公共服务系统，辐射乡镇内的村庄。

一般乡镇应设置各类行政管理、商业金融、防灾避难和基础设施，满足乡镇基本的行政办公、商业服务等需求。在教育机构设施方面，幼儿园（托儿所）、小学和初级中学应配置完备；但高级中学、职业技术学校、成人教育及培训机构，应结合自身实际情况，根据需求进行选择设置；而高等教育中的专科院校则不需设置，可依托中心镇或城市的高等院校。医疗保健设施方面，首先应设置医院、卫生院（所）、防疫站，满足居民基本医疗需求，防控传染病；而各种专科诊所，可根据实际需求进行选择性设置；休疗养院则不需设置，可共享中心镇或城市的服务资源。文体科技设施中，一般乡镇应设置文化活动中心、室外体育场地或游乐健身场，满足居民对文化活动、体育活动空间日益增长的需求；而图书馆、室内体育场馆、科技站等建筑规模较大、服务人口较多的设施选择性设置，或共享城镇资源；宗教设施则根据乡镇居民构成和需求进行选择性设置。社会保障设施方面，一般乡镇应设置养老院、老年活动室、日间照料中心，为老年人提供基本的养老服务；而儿童福利院和残疾人救助站，则可依托中心镇或城市选择性设置。

3.4 村庄公共服务设施配置建议

村庄公共服务设施配置方面，考虑村庄发展方向、村庄类型、行政等级等影响公共服务设施配置的因素，参考各地村庄分类，把村庄类型和结构层级相融合，将村庄分为集聚提升类、保留改善类、特色保护类、城郊融合类和搬迁撤并类五类，并差异化制定公共服务要素配置标准，具体配置内容见表 3-3（边境巩固和其他类公共服务设施配置可参考保留改善类村庄）。

村庄公共服务设施配置建议　　表 3-3

类别	项目	集聚提升	保留改善	特色保护	城郊融合	搬迁撤并
1. 行政管理	村委会	●	●	●	●	●
	农村综合服务中心	●	○	○	○	—
2. 教育机构	幼儿园（托儿所）	●	○	○	○	—
	小学（教学点）	●	○	○	○	—
	初级中学	○	—	—	—	—
3. 医疗保健	卫生室	●	●	●	●	●
4. 文体科技	文化活动室	●	●	●	○	—
	体育活动室	○	○	○	—	—
	室外健身广场	●	●	●	○	—
	祠堂、教堂（礼拜堂）、佛堂	○	○	○	—	—
5. 商业金融	便民农家店	●	●	●	●	●
	超市、集贸市场	●	○	○	○	—
	餐馆	○	○	●	○	—
	旅馆、民宿	○	○	●	○	—
	快递站点	●	●	●	●	●
	金融电信邮政服务点	●	○	○	○	—
6. 社会保障	老年人日间照料中心	●	○	○	○	—
	老年活动室	●	○	○	—	—
7. 防灾避难	微型消防站、疏散道路、避灾点	●	●	●	●	●
8. 基础设施	公交站	●	○	○	○	—
	机动车停车场	●	●	●	●	—
	公共厕所	●	●	●	●	○
	垃圾收集点	●	●	●	●	●

注：●—应设的内容，○—有条件可设的内容，— —可不设的内容。

村庄公共服务设施配置建议表中有条件可设的设施，应充分考虑村庄类型、人口规模、人口结构和发展需求等因素，对有条件可设的设施进行需求评级，村庄选配设施配置需求评级的具体内容见表 3-4，科学制定配置方案，为各类服务设施预留功能、规模、要素之间转换的弹性空间，以适应村庄的发展和需求的变化。

村庄选配设施配置需求评级调查表　　表 3-4

保留改善类村庄			
设施类别	设施名称	需求度调查	需求等级
行政管理	农村综合服务中心	1. 常住人口超过 1000 人或调研需求度超过 50%	需要
		2. 常住人口低于 1000 人或调研需求度低于 50%	不需要
教育机构	幼儿园（托儿所）	1. 3 周岁及以下婴幼儿占比超过 20%或调研需求度超过 50%	特别需要
		2. 3 周岁及以下婴幼儿占比为 10%～20%或调研需求度为 30%～50%	需要
		3. 3 周岁及以下婴幼儿占比低于 10%或调研需求度为 10%～30%	一般需要
		4. 3 周岁及以下婴幼儿占比低于 10%或调研需求度低于 10%	不需要
	小学（教学点）	1. 6～12 周岁适龄儿童占比超过 30%或调研需求度超过 50%	特别需要
		2. 6～12 周岁适龄儿童占比为 10%～30%或调研需求度为 30%～50%	需要
		3. 6～12 周岁适龄儿童占比低于 10%或调研需求度低于 30%	不需要
文体科技	体育活动室	1. 青少年、老年人占比超过 30%或调研需求度超过 50%	特别需要
		2. 青少年、老年人占比为 10%～30%或调研需求度为 30%～50%	需要
		3. 青少年、老年人占比低于 10%或调研需求度低于 30%	不需要
	祠堂、教堂（礼拜堂）、佛堂	1. 宗教或少数民族人口占比超过 30%或调研需求超过 50%	需要
		2. 宗教或少数民族人口占比低于 30%或调研需求低于 50%	不需要
商业金融	集贸市场、超市	1. 常住人口超过 2000 人或调研需求度超过 50%	特别需要
		2. 常住人口为 1000～2000 人或调研需求度超过 30%～50%	需要
		3. 常住人口低于 1000 人或调研需求度低于 30%	不需要
	餐馆	1. 务工、流动人口占比超过 30%或调研需求度超过 30%	特别需要
		2. 务工、流动人口占比为 10%～30%或调研需求度为 20%～30%	需要
		3. 务工、流动人口占比低于 10%或调研需求度低于 20%	不需要
	旅馆	1. 务工、流动人口占比超过 70%或调研需求度超过 50%	特别需要
		2. 务工、流动人口占比为 50%～70%或调研需求度为 30%～50%	需要
		3. 务工、流动人口占比低于 50%或调研需求度低于 30%	不需要
	金融电信服务点	1. 青年、中年人口占比超过 50%或调研需求度超过 50%	特别需要
		2. 青年、中年人口占比为 30%～50%或调研需求度为 30%～50%	需要
		3. 青年、中年人口占比低于 30%或调研需求度低于 30%	不需要
社会保障	老年日间照料中心	1. 60 岁及以上老年人数量占村庄常住人口 20%以上或调研需求度超过 50%	特别需要
		2. 60 岁及以上老年人数量占村庄常住人口 10%～20%或调研需求度为 30%～50%	需要
		3. 60 岁及以上老年人数量占村庄常住人口 10%以下或调研需求度低于 30%	不需要
	老年活动室	1. 60 岁及以上老年人数量占村庄常住人口 20%以上或调研需求度超过 50%	特别需要
		2. 60 岁及以上老年人数量占村庄常住人口 10%～20%或调研需求度为 30%～50%	需要
		3. 60 岁及以上老年人数量占村庄常住人口 10%以下或调研需求度为 10%～30%	一般需要
		4. 60 岁及以上老年人数量占村庄常住人口 10%以下或调研需求度低于 10%	不需要
基础设施	公交站	1. 流动人口占比超过 30%、在城镇工作人群超过 50%或调研需求度超过 50%	特别需要
		2. 流动人口占比 10%～30%、在城镇工作人群 30%～50%或调研需求度为 30%～50%	需要
		3. 流动人口占比低于 10%、在城镇工作人群低于 30%或调研需求度低于 30%	不需要

注：1. 村庄公共服务设施配置需求评级只针对有条件可设的设施，不包括应设、不设的设施；
2. 村庄规划类型中集聚提升类、特色保护类和城郊融合类村庄占比相较保留改善类村庄较低，本设施配置需求评级表以保留改善类为例，其他类型的村庄可参照执行；
3. 村庄公共服务设施需求评价等级以村庄人口规模、人口结构和村民需求度为配置权重影响因子，分为特别需要、需要、一般需要和不需要四个等级。

3.4.1 集聚提升类

集聚提升类村庄指镇政府和乡政府驻地的村庄、上位规划确定为中心村的村庄。此类村庄人口规模相对较大、区位交通条件相对较好、配套设施相对齐全、产业发展有一定基础、对周边村庄能够起到一定辐射带动作用，具有较大发展潜力。

集聚提升类村庄公共服务设施的配置应注重多样化、品质化，根据实际情况提高现状设施的品质，补齐公共服务设施短板，提升对周围村庄的带动和服务能力。在满足生活基础服务设施的基础上，结合乡村振兴建设，强化电商物流等生产性服务保障。

对于以现代农业为主导产业的集聚提升类村庄，公共服务设施的配置在满足基本生活服务设施的同时，将非基本公共服务设施的产业服务设施纳入配套设施体系中。该类型村庄应更加注重于服务农业现代化建设，包括提升农产品种植技术、提高农产品产量和质量、拓宽农产品销售路径等方面，可增加农村综合服务站、技术培训站、农村淘宝店、乡村事务代理中心等农技推广、就业培训方面的民生工程建设，提高农业从业人员收入。

对于以新型工业为主导产业的集聚提升类村庄，公共服务设施的配置应考虑与工业产业空间的设施配置相协调，重点加强医疗卫生、商业金融方面的设施配置，满足就业人群生活便利性和医疗保障需求。

3.4.2 保留改善类

保留改善类村庄为基层村，人口规模相对较小、配套设施一般，需要依托附近集聚提升类村庄共同发展。

保留改善类的公共服务设施的配置应注重实际需求，根据村庄未来发展需要，依据村民诉求，动态化增加服务设施，补足必要的公共服务设施，满足现代农村生产生活需求。

对于60岁以上老人和12岁以下儿童占比较大的保留改善类村庄，应加强医疗保健、社会福利、文体教育等设施的配置，适当增加老年人活动中心、残疾人保障设施、图书室、游乐设施等福利设施的建设，并可在有条件的情况下配置村级养老院、老年人日间照料中心、幸福院等养老设施。

对于年龄结构合理或青、中年人口占比较大的保留改善类村庄，人们对购物、就餐、体育运动等娱乐设施需求较大，设施配置应向商业金融、便民服务性设施倾斜，适当增加超市、餐馆、银行、邮电邮政、运动场所等娱乐设施的配置，满足青中年群体生活便利性需求，同时能够增加当地活力，促进经济发展。

3.4.3 特色保护类

特色保护类村庄指已经公布的省级以上历史文化名村、传统村落、少数民族特色村寨、特色景观旅游名村，以及未公布的具有历史文化价值、自然景观保护价值或者具有其他保护价值的村庄。村庄内文物古迹丰富、传统建筑集中成片、传统格局完整、非物质文化遗产资源丰富，具有历史文化和自然山水特色景观、地方特色产业等。特色保护类村庄一般为基层村，如果是乡镇政府驻地所在村或中心村为特色保护类村庄，则按集聚提升类村庄进行配置。

特色保护类村庄除必要的公共服务设施外，还应重点考虑配置文化旅游、商业服务方面的设施，同时要统筹保护、利用与发展的关系，保持村庄传统格局的完整性、历史建筑的真实性和居民生活的延续性。此类型村庄的公共服务设施应注重地方特色化，围绕特色建筑、村庄地标等打造公共活动中心，将地方历史、民俗文化等元素融入服务设施的建设中，留住特色、留住乡愁。公共服务设施在满足自身居民生活品质改善的同时，也应服务于游客群体，因此应加强交通客运、商业金融、医疗保障等方面的建设，适当增加旅游交通站点、停车场、便民超市、餐馆、公厕、邮政电信网点、小型金融机构等设施的建设，同时提高当地医疗设施卫生保障水平，提升旅游环境质量。

3.4.4　城郊融合类

城郊融合类村庄指市县中心城区（含开发区、工矿区）建成区以外、城镇开发边界以内的村庄，一般为基层村。村庄能够承接城镇外溢功能，居住建筑已经或即将呈现城市聚落形态，村庄能够共享使用城镇基础设施，具备向城镇地区转型的潜力条件。

城郊融合类村庄应加快城乡产业融合发展、基础设施互联互通、公共服务共建共享，逐步强化服务城市发展、承接城市功能外溢的作用。根据城郊融合类村庄地理区位、距城市或乡镇驻地的距离、城镇化的程度等因素，可划分为城镇近郊融合类村庄和城镇远郊融合类村庄两种。

城镇近郊融合类村庄距离城市中心或乡镇驻地较近、区位优势明显，村庄本土文化微弱、与城镇互动频繁、空间形态与城镇交融、难以区分，村庄人口构成较复杂，多数是外来租住人员、人口流动性较强、年龄结构多为 20～40 岁。公共服务设施的配置应注重便民性，在满足村民生活服务设施的基础上，适度增加超市、餐馆、银行等商业金融设施和公共厕所、公交站点、机动车停车场等基础设施，以满足外来务工、租房人群的使用需求。

城镇远郊融合类村庄距离城市中心或乡镇驻地有一定距离，仍保留村庄原始风貌，空间上相对独立，人口结构以本村人群为主。公共服务设施的配置应以为本村村民服务为主，注重村庄未来发展的诉求，充分借助城镇的设施资源，补齐设施短板，特别是教育、医疗、商业等基本生活服务设施。除此之外，适当增加公共厕所、公交站点、机动车停车场等基础设施为未来并入城镇预留设施扩建空间。

3.4.5　搬迁撤并类

搬迁撤并类村庄指上位规划确定为整体搬迁的村庄，村庄生存条件恶劣、生态环境脆弱、自然灾害频发、存在重大安全隐患、人口流失严重或因重大项目建设等原因需要搬迁。

已确定近期整体搬迁撤并的村庄，原则上不予增建新的公共服务设施；计划远期整体搬迁撤并或渐进式搬迁撤并的村庄，酌情降低设施的配置标准；近、远期无法实施搬迁撤并的村庄，公共服务设施以保障村民基本生存需求为主，尽量使用原有建筑或改造建筑，突出村庄人居环境整治内容，严格限制新建、扩建永久性建筑。此类型村庄公共服务设施的配置重点为维护弱势群体利益与改善落后生活条件，维持基本生活即可。

第 4 章

村镇公共服务设施建设指引

4.1 村镇公共服务设施建设规模指引

经过对国家现行相关标准、各省市自治区公共服务设施相关标准的梳理、对比和分析，目前 2021 年发布的行业标准《社区生活圈规划技术指南》TD/T 1062—2021 对乡镇和村庄的公共服务设施建设规模指引较有指导意义。但根据全国各地乡镇的实际情况，各地乡镇的人口规模、人口结构差异巨大，相应地，乡镇公共服务设施规模和类型差异也较大。根据各省、市、自治区近年发布的地方标准来看，各地标准中提出的公共服务设施项目，如文化活动中心、体育健身中心、老年人日间照料中心等，也因复合功能不同，标准的控制规模差异较大。乡镇层面公共服务设施配置可参考城市公共服务配置标准。所以，对于乡镇级别公共服务设施建设，目前暂时没有规模指引。

村庄级别公共服务设施建设规模，主要参考《社区生活圈规划技术指南》TD/T 1062—2021、《乡镇卫生院建设标准》（建标 107—2008）、《美丽乡村建设指南》GB/T 32000—2015、《乡镇综合文化站建设标准》（建标 160—2012）、《乡镇集贸市场规划设计标准》CJJ/T 87—2020 以及各省、市、自治区近年相关的地方标准等，并结合现状建设情况和需求，给出建设规模优化建议，形成村庄公共服务设施配置建议（表 4-1）。

村庄公共服务设施配置建议 **表 4-1**

类别	项目	用地面积	建筑面积（m^2）	备注
1. 行政管理	村委会	0.2～0.8m^2/人	100～200	功能较简单，即村委会办公室。行政管理设施宜选址在村庄交通便利地段，可与其他公共服务设施集中设置。各行政村一般仅设 1 处村委会，村域面积较大或集中居民点较分散的情况下可多点设置，宜综合设置
	农村综合服务中心		200～600	功能复合，包含村委会办公室、农村社区事务受理中心、会议室、档案室、信访接待、警务室等
2. 教育机构	幼儿园（托儿所）	520～8924m^2	400～4908	幼托机构应包括生活用房、服务用房、供应用房以及活动场地等功能空间，每班 25 人。邻近村庄可集中设置 1 处，应独立占地，应设于阳光充足、接近公共绿地、便于家长接送的地段；其生活用房应满足冬至日底层满窗日照不少于 3h 的日照标准；宜设置于可遮挡冬季寒风的建筑物背面；建筑层数不宜超过 3 层；活动场地应有不少于 1/2 的活动面积在标准的建筑日照阴影线之外，室外游戏场地人均面积不应低于 4m^2

续表

类别	项目		用地面积	建筑面积（m^2）	备注
2. 教育机构	小学	教学点	（1～3 班） —	—	小学校按照县（市、区）教育部门有关规划进行布点，本建议仅对基本设置要求进行一般性规定。教学点可单独设置，也可附设于其他建筑中；小学需单独设置，每班宜为 45 人。小学应包括教学用房、教学辅助用房、行政用房、生活服务用房、活动场地等；应设于阳光充足、接近公共绿地、便于家长接送的地段；其生活用房应满足冬至日底层满窗日照不少于 3h 的日照标准；宜设置于可遮挡冬季寒风的建筑物背面；建筑层数不宜超过 3 层；活动场地应有不少于 1/2 的活动面积在标准的建筑日照阴影线之外；应设不小于 200m 环形跑道田径场
		非完全小学	（4 班） ≥2973m^2	—	
		完全小学	（6、12、18、24 班） 9131～21895m^2	≥2300	
	初级中学		17824～29982m^2	—	一般为 12～24 班
3. 医疗保健	卫生室		50～100m^2	≥60	各行政村设 1 处，村域面积较大或集中居民点较分散情况下可多点设置，宜综合设置，安排在建筑首层并设专用出入口。配置诊疗室、治疗室、观察室、药房、值班室等。具有预防保健、传染病预防、计划生育、慢性病管理、老年保健等功能
4. 文体科技	文化活动室		—	≥50	各行政村设 1 处，村域面积较大或集中居民点较分散情况下可多点设置，宜综合设置，可结合公共服务中心、绿地、室外健身广场集中设置。根据村庄规模合理确定文体活动中心的建筑面积，包含多功能厅、文化娱乐室、图书阅览室、广播站等
	室外健身广场		200～1500m^2		宜综合设置，与绿地相结合。可按需求设置儿童活动设施、健身器械、广场舞场地、篮球场等运动场地，可作为农村避灾点
5. 商业金融	便民农家店		—	30～250	各行政村设至少 1 处，村域面积较大或集中居民点较分散的情况下可多点设置，宜与其他商业金融设施综合设置，可兼有快递站点功能
	集贸市场、超市		100～300m^2	—	可在村庄室外健身广场等开敞空间设置流动性、定期的农贸市场，避免设置在重要交通道路两侧。具体设计标准参考行业标准《乡镇集贸市场规划设计标准》CJJ/T 87—2020
	餐馆		—	>30	—
	旅馆		—	—	—
	快递站点		—	—	—
	金融电信服务点		—	—	—
6. 社会保障	老年人日间照料中心		≥200m^2	≥300	宜结合村庄公共服务中心综合设置，安排在建筑首层并设专用出入口。活动场地应有 1/2 的活动面积在标准的建筑日照阴影线之外；容积率不应大于 0.3，每处配置 5～10 个床位
	老年活动室		—	≥200	老年活动室可独立设置，或与文化活动室等文体活动设施、老年人日间照料中心、幸福院合并设置。安排在建筑首层并设专用出入口，包含阅览室、棋牌活动室等休闲娱乐空间
	幸福院		≥1400m^2	≥400	宜独立占地，设于阳光充足、接近绿地的地段；宜结合村庄公共服务中心设置。活动场地应有 1/2 的活动面积在标准的建筑日照阴影线之外；容积率不应大于 0.3；床位数量应按照 40 床位/百老人的指标计算；每张床建筑面积 30m^2

续表

类别	项目		用地指标	建筑面积（m²）	备注
7. 防灾避难	防灾设施、避灾场地	治安联防站	—	15～30	可与村委会合并设置，包括综治中心、警务室等功能
		微型消防站	—	≥20	服务半径 0.5km。以救早、灭小和“3 分钟到场”扑救初起火灾为目标
		疏散道路	—	—	有效宽度与净高不宜小于 4m
		避灾点	≥3m²/人	—	可结合绿地、广场设置
8. 基础设施	公交站		—	—	宜独立占地，结合村委附近、主要公共设施、居住点、人行道一体化设置，并根据专业规划设置。站台高度宜采用 0.15～0.20m，站台宽度不宜小于 2m；当条件受限时，站台宽度不得小于 1.5m
	机动车停车场		一般村庄≥0.5 个停车位/每户，旅游型村庄≥0.7 个停车位/每户	—	可结合村庄其他公共服务功能、旅游场地综合设置。每处泊位数大于或等于 10 个，每个泊位为 35m²。旅游型村庄大于或等于 0.7 个停车位/每户
	公共厕所		—	≥30	宜综合设置，宜结合村庄活动中心设置。每个主要居民点至少设 1 处，特大型村庄宜设 2 处以上。应考虑无障碍设计。人、畜粪便应在无害化处理后进行农业应用，以减少对水体和环境的污染
	垃圾收集点		—	—	宜独立占地，原则上每村设置 1 个，并根据专业规划设置。服务半径不大于 300m

4.1.1 村庄行政管理设施建设规模指引

根据各省、市、自治区相关地方标准及村庄行政管理设施建设实际情况，由于各地方村庄人口规模、经济水平、社会事务复杂程度不同，村庄行政管理设施包括两种：一种是村委会，功能较简单，仅提供村两委班子日常办公空间；另一种是农村综合服务中心，复合了会议室、档案室、警务室、信访接待等不同功能。

村委会建设规模参照国家现行标准和各省、市、自治区相关标准，建筑面积基本在 100～200m²，现状调查显示标准较为合理，满足使用需求，因此建议村委会建筑面积为 100～200m²。

农村综合服务中心建设规模。对比各省、市、自治区农村综合服务中心的相关标准，各地由于设施包含的功能不同，面积也有所差异，如山西省 200～500m²、黑龙江省 200～500m²、湖南省 600～800m²、上海市 400～600m²、贵州省 600～800m²、新疆维吾尔自治区 200～500m²。本次农村综合服务中心的功能主要包括村委会办公室、农村社区事务受理中心、综合会议室、档案室、信访接待、警务室等，根据复合功能，建筑面积综合取值 200～600m²。村庄行政管理设施配置指标建议见表 4-2。

村庄行政管理设施配置指标建议 **表 4-2**

设施名称	用地规模（m²/人）	建筑面积（m²）	功能	备注
村委会	0.2～0.8	100～200	村委会办公室	行政管理设施宜选址在村庄交通便利地段，可与其他公共服务设施集中设置。各行政村一般仅设 1 处村委会，村域面积较大或集中居民点较分散的情况下可多点设置，宜综合设置
农村综合服务中心		200～600	村委会办公室、农村社区事务受理中心、综合会议室、档案室、信访接待、警务室等	

4.1.2　村庄教育机构设施建设规模指引

村庄幼儿园（托儿所）建设规模。幼儿园学校规模方面，《幼儿园建设标准》（建标 175—2016）提出幼儿园不少于 3 班（90 人）；各省、市、自治区相关地方标准中，河北省、贵州省、新疆维吾尔自治区等地提出幼儿园规模不少于 2 班，以兼顾幼儿较少的村庄。因此，考虑全国村庄老龄化、少子化问题较为突出，部分村庄可能幼儿较少，同时村民对幼托设施的需求又很强烈，本次将幼儿园规模的下限调整为 2 班，上限结合各省市自治区相关地方标准，通常不超过 12 班。用地规模方面参考各地标准，根据河北省《城乡公共服务设施配置和建设标准》，2 班幼儿园最小用地规模为 520m^2；根据《天津市村庄规划编制导则（试行）》，12 班幼儿园用地规模最大为 8924m^2，因此控制 2～12 班幼儿园用地规模在 520～8924m^2。建筑面积方面参考各地标准，根据河北省《城乡公共服务设施配置和建设标准》，2 班幼儿园建筑面积为 400m^2；根据《天津市村庄规划编制导则（试行）》，12 班幼儿园建筑面积最大为 4908m^2，因此 2～12 班幼儿园建筑面积控制在 400～4908m^2。村庄幼儿园设施配置指标建议见表 4-3。

村庄小学建设规模。考虑偏远地区、欠发达地区等存在学生数量极少的情况，教学点的建设需兼顾农村教育的公平性问题，村庄可设置教学点，教学点可单独设置，也可附设于其他建筑中，对面积不设控制要求，学校规模为 1～3 班。非完全小学的建设方面，《农村普通中小学校建设标准》（建标 109—2008）提出非完全小学为 4 班，用地规模控制在 2973m^2，生均用地面积为 25m^2；各地方标准的非完全小学要求基本与该标准一致，可维持不变。完全小学的建设方面，《农村普通中小学校建设标准》（建标 109—2008）提出完全小学规模为 6～24 班、用地面积为 9131～21895m^2，无建筑面积控制标准；各省、市、自治区相关地方标准的完全小学用地面积基本与该标准一致，而各地提出的建筑面积控制要求差异略大，但 6 班完全小学面积基本不小于 2300m^2；因此本次完全小学规模建议为 6 班、12 班、18 班、24 班，用地面积为 9131～21895m^2，建筑面积大于或等于 2300m^2。村庄小学设施配置指标建议见表 4-3。

村庄初级中学建设规模。《农村普通中小学校建设标准》（建标 109—2008）提出学校规模为 12～24 班，用地规模为 17824～29982m^2，无建筑面积控制要求；《天津市村庄规划编制导则（试行）》提出学校规模为 12～24 班，用地规模为 17824～41307m^2，建筑面积为 6000～18375m^2；参考上述两个标准，本次初级中学学校规模为 12 班、18 班、24 班，用地规模为 17824m^2、25676m^2、29982m^2，建筑面积大于或等于 6000m^2。村庄初级中学设施配置指标建议见表 4-3。

村庄教育设施配置指标建议　　**表 4-3**

项目	用地面积（m^2）	建筑面积（m^2）	备注
幼儿园（托儿所）	520～8924	400～4908	幼托机构应包括生活用房、服务用房、供应用房以及活动场地等功能空间，每班 25 人。邻近村庄可集中设置 1 处，应独立占地，应设于阳光充足、接近公共绿地、便于家长接送的地段；其生活用房应满足冬至日底层满窗日照不少于 3h 的日照标准；宜设置于可遮挡冬季寒风的建筑物背面；建筑层数不宜超过 3 层；活动场地应有不少于 1/2 的活动面积在标准的建筑日照阴影线之外，室外游戏场地人均面积不应低于 4m^2

续表

项目		用地面积（m^2）	建筑面积（m^2）	备注
小学	教学点	（1～3班）—	—	小学校按照县（市、区）教育部门有关规划进行布点，本建议仅对基本设置要求进行一般性规定。教学点可单独设置，也可附设于其他建筑中；小学需单独设置。每班宜为45人。小学应包括教学用房、教学辅助用房、行政用房、生活服务用房、活动场地等；应设于阳光充足、接近公共绿地、便于家长接送的地段；其生活用房应满足冬至日底层满窗日照不少于3h的日照标准；宜设置于可遮挡冬季寒风的建筑物背面；建筑层数不宜超过3层；活动场地应有不少于1/2的活动面积在标准的建筑日照阴影线之外；应设不小于200m环形跑道田径场
	非完全小学	（4班）≥2973	—	
	完全小学	（6班、12班、18班、24班）9131～21895	≥2300	
初级中学		17824～29982	—	一般为12～24班

4.1.3 村庄医疗保健设施建设规模指引

村庄卫生室建设规模。行业标准《社区生活圈规划技术指南》TD/T 1062—2021对卫生室用地面积无控制要求，仅提出建筑面积控制在100～200m^2，指标取值较高；《北京市村庄规划导则（修订版）》等标准的用地面积最小为50m^2；其他各省、市、自治区标准的卫生室建筑面积比行业标准《社区生活圈规划技术指南》TD/T 1062—2021要求较低，一般为60～150m^2，或不设上限控制要求。调研显示，河北省易县95%的卫生室建筑面积为60～150m^2，基本能满足村民需求。故建议村庄卫生室用地面积大于或等于50m^2，建筑面积大于或等于60m^2，不设置上限，其他村庄可根据情况扩大设施面积（表4-4）。

村庄医疗卫生设施配置指标建议　　表4-4

设施名称	用地规模（m^2）	建筑面积（m^2）	备注
卫生室	≥50	≥60	各行政村设1处，村域面积较大或集中居民点较分散情况下可多点设置，宜综合设置，安排在建筑首层并设专用出入口。配置诊疗室、治疗室、观察室、药房、值班室等。具有预防保健、传染病预防、计划生育、慢性病管理、老年保健等功能

4.1.4 村庄文体科技设施建设规模指引

文化活动室建设规模。对比国家现行标准和各省、市、自治区相关地方标准，对村庄文化活动室的面积要求差距较大，如行业标准《社区生活圈规划技术指南》TD/T 1062—2021提出建筑面积控制在200m^2，宜综合其他公共建筑设置，未提出用地规模要求；《安徽省村庄规划编制标准》中建筑面积根据村庄规模上下浮动，为50～200m^2；由于有的文化活动室仅仅是起到最基本的“文化展示馆”“农家书屋”功能，而有的文化活动室复合了科技服务、老年活动室、文化娱乐、多功能厅等多种功能，因此其他各省、市、自治区相关地方标准要求建筑面积基本为50～1000m^2。本次研究建议各地村庄宜结合当地文化民俗习惯、文化建设实力以及农村实际建设情况，因地制宜地配置文化活动室的功能和规模，建筑面积大于或等于50m^2即可（表4-5）。

村庄文体科技设施配置指标建议 表 4-5

设施名称	用地规模（m^2）	建筑面积（m^2）	备注
文化活动室	—	≥50	各行政村设 1 处，村域面积较大或集中居民点较分散的情况下可多点设置，宜综合设置，可结合公共服务中心、绿地、室外健身广场集中设置。根据村庄规模合理确定文化活动室的建筑面积，包含多功能厅、文化娱乐室、图书阅览室、广播站等
室外健身广场	≥200	—	宜综合设置，与绿地相结合。可按需求设置儿童活动设施、健身器械、广场舞场地、篮球场等运动场地，也可作为农村避灾点

室外健身广场建设规模。对比国家现行标准和各省、市、自治区相关地方标准，其差异较大，如行业标准《社区生活圈规划技术指南》TD/T 1062—2021 提出用地面积控制在 400m^2；《天津市村庄规划编制导则（试行）》提出用地面积控制在 200～1500m^2；其他各地标准要求用地面积区间为 150～2000m^2。考虑现有村庄的室外健身广场是在居民点中"见缝插针"地建设，因此可以分散设置若干个小型室外健身广场，满足村民就近健身的活动诉求，用地面积大于或等于 200m^2（表 4-5）。

4.1.5 村庄商业金融设施建设规模指引

村庄便民农家店建设规模。对比国家现行标准和各省、市、自治区相关地方标准，行业标准《社区生活圈规划技术指南》TD/T 1062—2021 提出建筑面积控制在 120～250m^2，各省、市、自治区相关地方标准与该标准相比，上限为 250m^2，但黑龙江、上海、安徽、福建、重庆、四川等控制下限面积基本在 30～50m^2，面积小的村庄便民农家店仅作为小卖部，满足村民基本商品需要即可，有的农户利用临街农房几十平方米即可满足需求，建设较灵活。村民也会自发形成便民农家店等小型商业设施，因此，本着"集约高效"原则，对便民农家店标准不过高限制，满足村民的日常生活即可。另外，随着社会的发展、经济水平的提升以及互联网的普及，村民上网购物逐渐增多，"便民店＋快递代收"模式，可提升便民店的竞争力。鼓励村民因地制宜，灵活销售商品，发展新型便民农家店，如便民店＋快递代收点、便民店＋"助农"网络带货等多种模式。因此本次研究将便民农家店的建筑面积调整优化为 30～250m^2，村域面积较大或集中居民点较分散的情况下可多点设置，宜与其他商业金融设施综合设置，可兼有快递站点功能（表 4-6）。

村庄农贸市场建设规模。各地村庄农贸市场的用地规模、建筑面积差别较大，因此参考行业标准《乡镇集贸市场规划设计标准》CJJ/T 87—2020，用地规模通常控制在 100～300m^2（表 4-6）。

村庄其他商业金融设施如餐馆、快递站点、金融电信邮政服务点，参照各省、市、自治区相关地方标准及农村各地实际建设情况，提出建议建筑面积，配置指标见表 4-6。

村庄商业金融设施配置指标建议 表 4-6

设施名称	用地规模（m^2）	建筑面积（m^2）	备注
便民农家店	—	30～250	各行政村设至少 1 处，村域面积较大或集中居民点较分散的情况下可多点设置，宜与其他商业金融设施综合设置，可兼有快递站点功能

续表

设施名称	用地规模（m²）	建筑面积（m²）	备注
农贸市场	100～300	—	可在村庄室外健身广场等开敞空间设置流动性、定期的农贸市场，避免设置在重要交通道路两侧。具体设计标准参考行业标准《乡镇集贸市场规划设计标准》CJJ/T 87—2020
餐馆	—	>30	—
快递站点	—	>20	—
金融电信邮政服务点	—	>50	根据村庄规模设置，可兼有快递服务功能，可与农村淘宝网点联合设置

4.1.6 村庄社会保障设施建设规模指引

村庄老年人日间照料中心建设规模。行业标准《社区生活圈规划技术指南》TD/T 1062—2021 提出建筑面积为 300m²，各省、市、自治区相关地方标准的面积下限与该标准基本一致。本次研究考虑老年人日间照料中心的建筑面积大于或等于 300m² 即可（表 4-7）。

村庄老年活动室建设规模。参考各省、市、自治区相关地方标准，老年活动室的建筑面积基本在 200m² 以上，用地面积可根据是否结合院落设置决定（表 4-7）。

村庄幸福院建设规模。各省、市、自治区相关地方标准定义和面积控制有所差异，较多标准提出幸福院应包含农村老年人日间照料中心、托老所、老年人活动中心，提供就餐服务、生活照顾、日间照料、休闲娱乐等用房及室外活动场地等。综合参考，本次研究将幸福院的用地规模控制在大于或等于 1400m²，建筑面积控制在大于或等于 400m²（表 4-7）。

村庄社会保障设施配置指标建议 **表 4-7**

设施名称	用地规模（m²）	建筑面积（m²）	备注
老年人日间照料中心	—	⩾300	宜结合村庄公共服务中心综合设置，安排在建筑首层并设专用出入口。活动场地应有 1/2 的活动面积在标准的建筑日照阴影线之外；容积率不应大于 0.3，每处配置 5～10 个床位
老年活动室	—	⩾200	老年活动室可独立设置，或与文化活动室等文体活动设施、老年人日间照料中心、幸福院合并设置。安排在建筑首层并设专用出入口，包含阅览室、棋牌活动室等休闲娱乐空间
幸福院	⩾1400	⩾400	宜独立占地，设于阳光充足、接近绿地的地段；宜结合村庄公共服务中心设置。活动场地应有 1/2 的活动面积在标准的建筑日照阴影线之外；容积率不应大于 0.3；床位数量应按照 40 床位/百老人的指标计算；每张床建筑面积 30m²

4.1.7 村庄防灾避难设施建设规模指引

参照行业标准《社区生活圈规划技术指南》TD/T 1062—2021、《常州乡村基本公共服务设施配套标准（试行）》等，微型消防站建筑面积大于或等于 20m²，服务半径 0.5km，以救早、灭小和“3 分钟到场”扑救初起火灾为目标。村庄疏散道路的有效宽度与净高不宜小于 4m。避灾点的用地规模大于或等于 3m²/人，可结合绿地、广场设置。防灾避难设施的具体建设要求可参照国家标准《防灾避难场所设计规范（2021 年版）》GB 51143—2015。村庄防灾避难设施配置指标见表 4-8。

村庄防灾避难设施配置指标建议　　表 4-8

设施名称	用地规模	建筑面积（m²）	备注
微型消防站	—	≥20	服务半径 0.5km。以救早、灭小和“3 分钟到场”扑救初起火灾为目标
疏散道路	—	—	有效宽度与净高不宜小于 4m
避灾点	≥3m²/人	—	可结合绿地、广场设置

4.1.8　村庄基础设施建设规模指引

参照行业标准《社区生活圈规划技术指南》TD/T 1062—2021、《常州乡村基本公共服务设施配套标准（试行）》《浙江省村庄规划编制技术要点（试行）》等标准，建议村庄的公交站点宜独立占地，结合村委附近、主要公共设施、居住点、人行道一体化设置，并根据专业规划设置。站台高度宜采用 0.15～0.20m，站台宽度不宜小于 2m；当条件受限时，站台宽度不得小于 1.5m。

机动车停车场可结合村庄其他公共服务功能、旅游场地综合设置。每处泊位数不少于 10 个，每个泊位 35m²。一般村庄停车位数量不少于 0.5 个/每户，旅游型村庄停车位数量不少于 0.7 个/每户。

公共厕所宜综合设置，宜结合村庄活动中心设置。每个主要居民点至少设 1 处，特大型村庄宜设 2 处以上。一般建筑面积不少于 30m²，应考虑无障碍设计。人、畜粪便应在无害化处理后进行农业应用，以减少对水体和环境的污染。具体建设要求可参照国家标准《农村公共厕所建设与管理规范》GB/T 38353—2019 以及各省、市、自治区相关地方标准，如北京市地方标准《农村公厕、户厕建设基本要求》DB11/T 597—2018。

垃圾收集点宜独立占地，原则上每村设置一个，并根据专项规划设置，服务半径不大于 300m。村庄基础设施配置指标建议见表 4-9。

村庄基础设施配置指标建议　　表 4-9

设施名称	用地规模（m²）	建筑面积（m²）	备注
公交站点	—	—	宜独立占地，结合村委附近、主要公共设施、居住点、人行道一体化，并根据专业规划设置。站台高度宜采用 0.15～0.20m，站台宽度不宜小于 2m；当条件受限时，站台宽度不得小于 1.5m
机动车停车场	每处泊位数≥10 个，每个泊位 35m²	—	可结合村庄其他公共服务功能、旅游场地综合设置。一般村庄≥0.5 个停车位/每户，旅游型村庄≥0.7 个停车位/每户
公共厕所	—	≥30	宜综合设置，宜结合村庄活动中心设置。每个主要居民点至少设 1 处，特大型村庄宜设 2 处以上。应考虑无障碍设计。人、畜粪便应在无害化处理后进行农业应用，以减少对水体和环境的污染
垃圾收集点	—	—	宜独立占地，原则上每村设置 1 个，并根据专业规划设置。服务半径不大于 300m

4.2　建筑设计引导

4.2.1　行政管理建筑

行政管理建筑宜选址在村庄交通便利地段，可与其他公共服务设施集中设置。各行政村一般仅设一处村委会或农村综合服务中心，村域面积较大或集中居民点较分散的情况下可多点设置村委会，其他专项管理机构大部分和村委会院落或建筑合并设置。行政管理建筑设计应与村庄肌理相结合，就地取材，合理利用，重视与周边环境的协调性，追求乡土味、生活化和趣味性，与村庄文化和风俗相统一。

行政管理建筑以村委会为例。村委会的职责为办理本村的公共事务和公益事业，调解民间纠纷，协助维护社会治安，向人民政府反映村民的意见、要求和提出建议。村“两委”班子成员由村支书、村主任（以前称为村长）、副书记、副主任、妇女主任和委员组成。村委会的工作人数由村庄的人口数量和经济状况等条件决定，村委会办公用房一般应满足 6～12 人工作需求。

村委会办公用房包括办公室、服务用房、设备用房、附属用房等。办公室包括领导人员办公室、一般工作人员办公室，服务用房包括会议室、接待室、卫生间等，设备用房包括变配电室、设备机房等，附属用房包括食堂、停车库、警卫用房等。

根据《党政机关办公用房建设标准》（建标 169—2014），不同类别和职级的工作人员有相应办公室和服务用房的使用面积规定，其中县级机关的科级以下人员办公室使用面积不超过 9m²/人，服务用房使用面积为 6～8m²/人，乡级机关的办公和服务用房面积由省级人民政府按照中央规定和精神自行作出规定，原则上不得超过县级机关。因此，村委会办公人员使用面积不超过 9m²/人，服务用房使用面积不超过 6m²/人。结合实际情况，本研究建议村委会的建筑面积为 100～200m²，可根据办公人员数量，确定实际规模和功能组成。标准办公室以两人使用为主，面积不超过 18m²。以 191m² 的村委会为例，其功能和面积配置建议如图 4-1 和表 4-10。

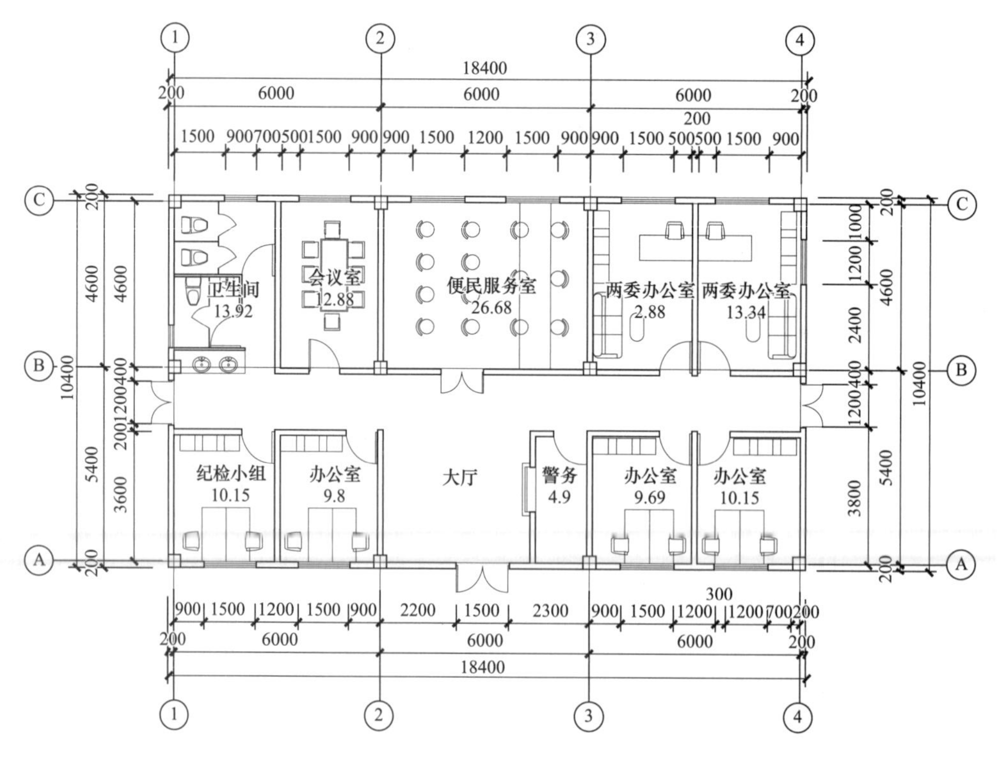

图 4-1　村委会平面布局图（191m²）

村委会面积配置建议表（191m²）　表 4-10

功能	面积（m²）	功能	面积（m²）
大厅	22	会议室	13
办公室（6 间）	10～14	便民服务室	27
警务室	5	卫生间	14

4.2.2　教育机构建筑

教育设施设计需满足教学基本功能要求，并有益于学生身心健康成长。校园应安全，具备国家规定的防灾避难能力。教育机构建筑设计引导以幼儿园和小学为例。

（1）幼儿园（托儿所）

幼儿园、托儿所应包括生活用房、服务用房、供应用房以及活动场地等，每班 25 人。邻近村庄可集中设置一处，应独立占地，应设于阳光充足、接近公共绿地、便于家长接送的地段；其生活用房应满足冬至日底层满窗日照不少于 3h 的日照标准；宜设置于可遮挡冬季寒风的建筑物背面；建筑层数不宜超过 3 层。

（2）小学

小学校按照县（市、区）教育部门有关规划进行布点，本建议仅对基本设置要求进行一般性规定。教学点可单独设置，也可附设于其他建筑；小学需单独设置，每班最多 45 人。小学应包括教学用房、教学辅助用房、行政用房、生活服务用房、活动场地等；应设于阳光充足、接近公共绿地、便于家长接送的地段；普通教室冬至日满窗日照不应少于 2h；小学至少应有 1 间科学教室或生物实验室并且，室内能在冬季获得直射阳光。学校的总平面设计应根据学校所在地的冬夏季主导风向合理布置建筑物及构筑物，有效组织校园气流，实现低能耗通风换气；各类主要教学用房不应设在四层及以上。

完全小学的建筑设计应满足现行国家标准《中小学校设计规范》GB 50099—2011，普通教室布局参考图 4.2，科学教室、实验室布局参考图示 4.3。四班非完全小学布局参考国家建筑标准设计图集《农村中小学校标准设计样图 10J932》如图 4-4。

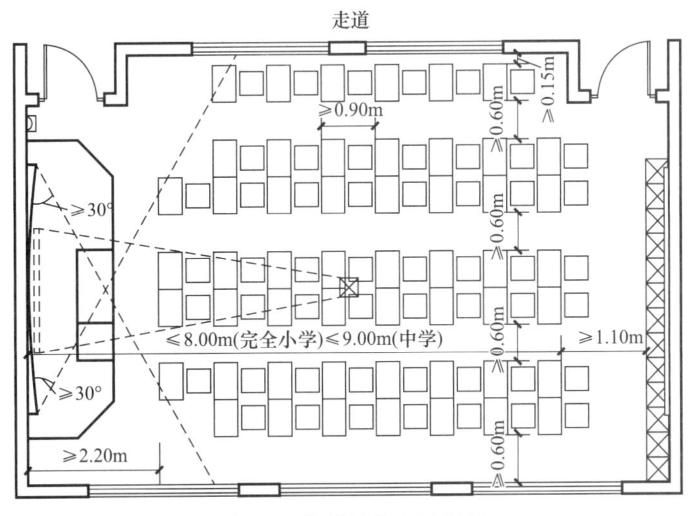

图 4-2　普通教室布局案例

（图片来源：《中小学校设计规范》GB 50099—2011）

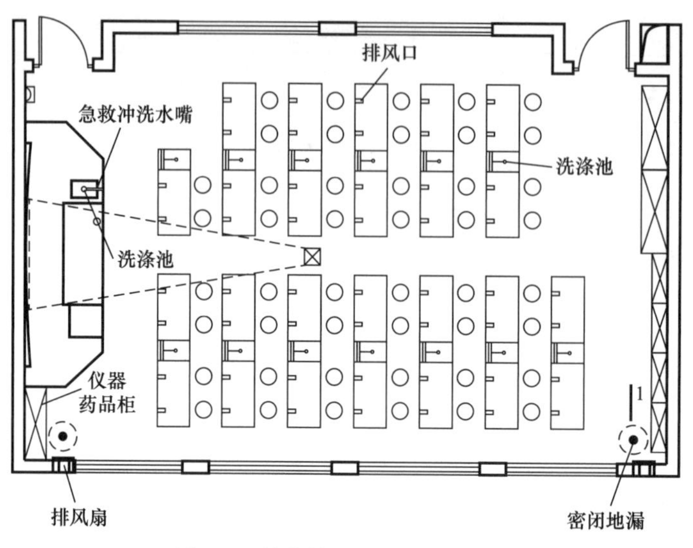

图 4-3　科学教室、实验室布局图

（图片来源：《中小学校设计规范》GB 50099—2011）

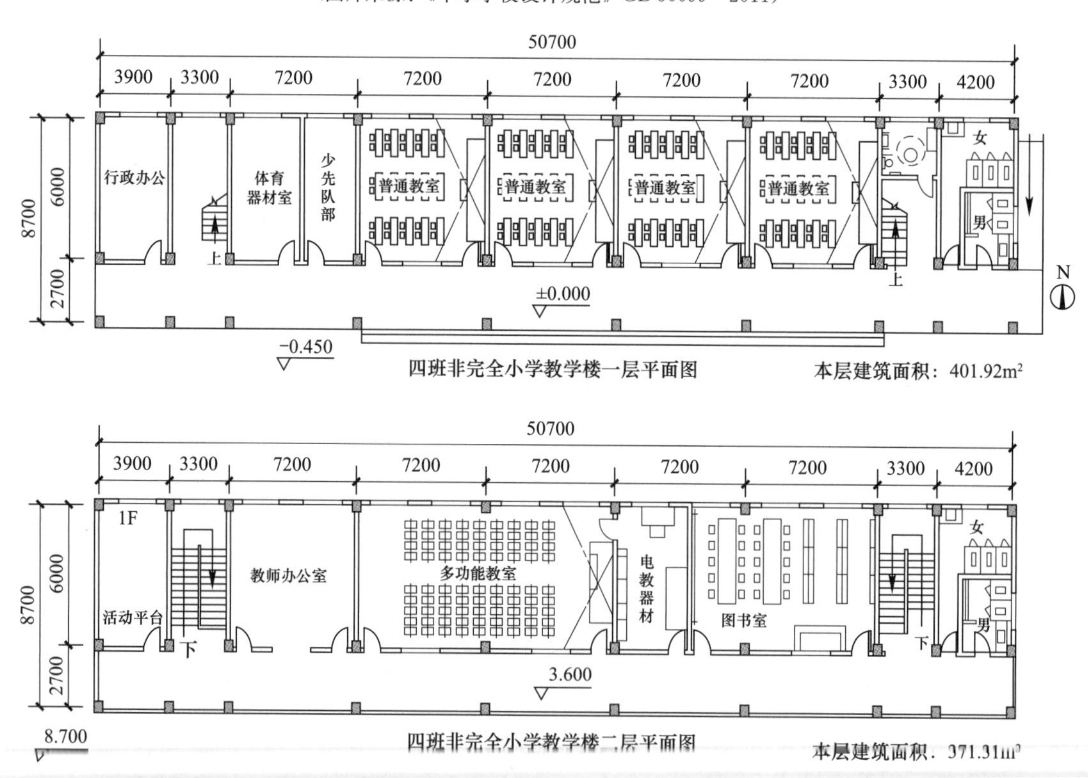

图 4-4　773m² 四班非完全小学布局图

（图片来源：《农村中小学校标准设计样图》10J932）

4.2.3　医疗保健建筑

医疗保健建筑设计引导以村庄卫生室为例。根据《村卫生室管理办法（试行）》，村庄卫生室承担与其功能相适应的公共卫生服务、基本医疗服务和上级卫生计生行政部门交办的其他工作，承担行政村的健康教育、预防保健等公共卫生服务，并且需满足基本医疗服务。卫生室医疗区与生活区严格分开，设有诊室、治疗室、公共卫生室和药房。经县级卫生计生行政部门核准，开展静脉给药服务项目的增设观察室，根据需要设立值班室，鼓励有条件的设立康复室。村庄卫生室不得设置手术室、制剂室、产房和住院病床。

诊室应宽敞明亮，布局合理，具备诊断桌、诊查床、诊查凳等。诊查用物规范放置，诊查记录书写及时、清楚、详细，并设置资料柜分类放置。卫生室可设置单人或双人诊室。单人诊查室的开间净尺寸不应小于 2.5m，使用面积不应小于 $8m^2$；双人诊查室的开间净尺寸不应小于 3m，使用面积不应小于 $12m^2$，如图 4-5。

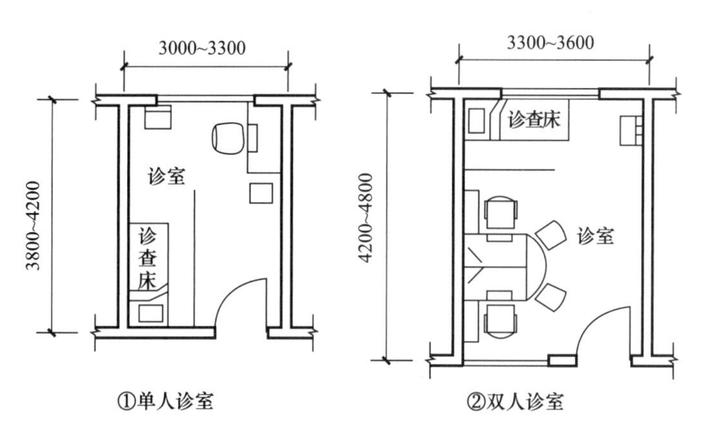

图 4-5 单人诊室、双人诊室布局图

（图片来源：《乡镇卫生院建筑标准设计样图》10J929）

治疗室为相对无菌区，室内宽敞，光线充足，四面光洁（地面、墙面、天花板、桌面），便于清洁消毒，使用建筑面积不小于 $12m^2$。

药房的房间较为规整，药柜整齐清洁，中成药、西药分类分开摆放，规模较小的可合并设置。药房应与挂号、收费、划价邻近。调剂台宽敞、透明，中药调剂设备齐全、清洁、摆放在适宜位置。冰箱清洁无污渍，温度适宜。药房建筑面积宜为 24～$38m^2$，如图 4-6。中、西药房（库）均应满足防潮、防腐、防虫、防鼠等要求。

观察室光线充足，留观床为两张以上，床位为标准病床（高 60～65cm，宽 85～90cm）。每床占用面积 5～$7m^2$。观察室建筑面积不小于 $14m^2$。

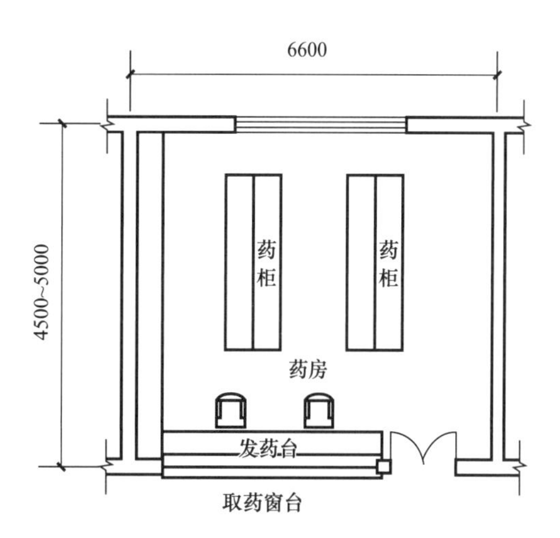

图 4-6 药房布局图

（图片来源：《乡镇卫生院建筑标准设计样图》10J929）

4.2.4 文体科技建筑

文体科技建筑的选址、场地布置和建筑设计应满足国家标准《农村文化活动中心建设与服务和现行行业标准规范》GB/T 41375—2022、行业标准《镇（乡）村文化中心建筑设计规范》JGJ 156—2008 的规定，文体科技建筑设计引导以村庄文化活动室为例，参考图 4-7。村庄文化活动室一般包含图书阅览室、文体活动室、广播站、展览室等。图书阅览室宜设置书刊阅览室、电子阅览室、储藏室、管理室等；布置在建筑物中环境安静的部位；并符合行业标准《图书馆建筑设计规范》JGJ 38—2015 的有关规定。文体活动室宜设置放映、表演场等功能。活动室可满足村民文化艺术创作、开展表演活动，活动空间具有一室多用性或多室组合的灵活性，文体活动室面积不少于 60m²。展览室宜设置展室、展廊、储藏室等；使用面积不宜小于 50m²；展室宜以自然采光为主，辅以局部照明，避免眩光和直射光；利用建筑走廊兼作展览时，其净宽不宜小于 3.5m。

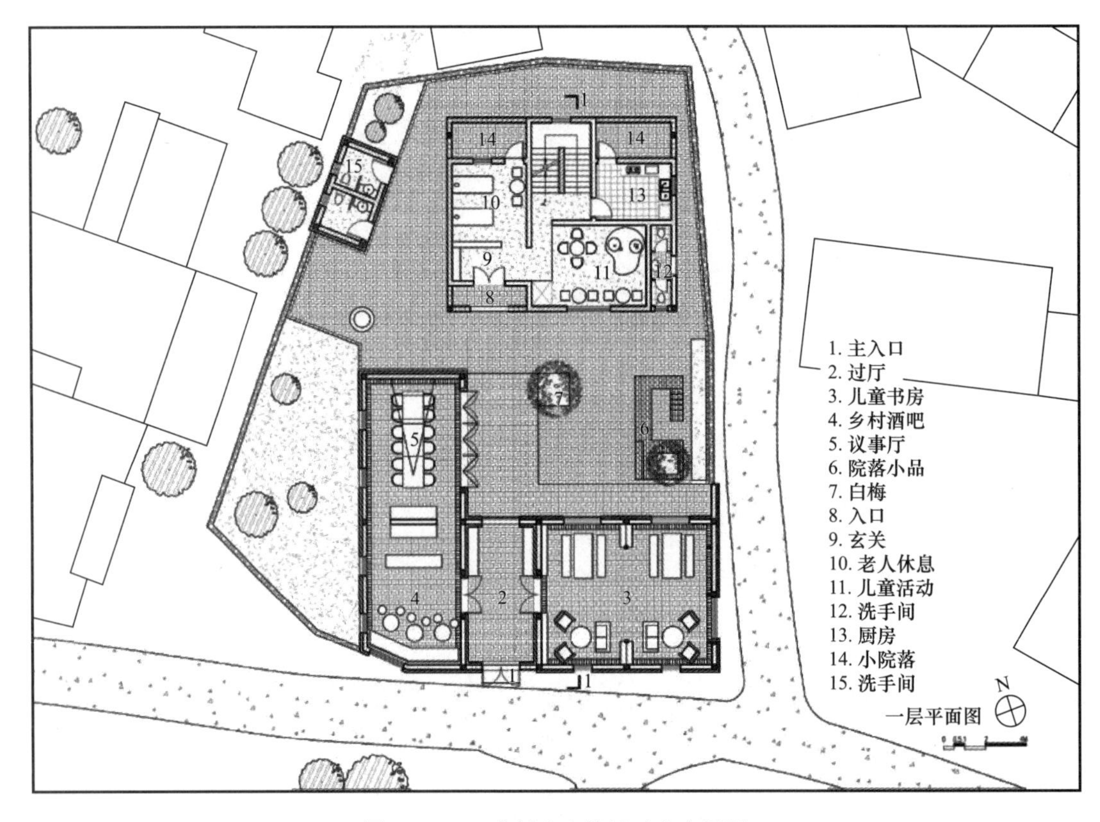

图 4-7　343m² 村庄文体活动室布局图

（图片来源：徐家院村民活动中心设计，网站：有方 https://www.archiposition.com/items/20190120065201）

4.2.5 商业金融建筑

商业金融建筑设计引导以民宿为例参考图 4-8。村民利用自有住宅等闲置房屋改造或新建民宿建筑，一般来说民宿的经营用客房不超过 4 层、经营用客房数量不超过 14 个标准间（或单间）建筑面积不超过 800m²，同时应遵循国家标准《农村防火规范》GB 50039—2010、行业标准《旅游民宿基本要求与评价（行业标准第 1 号修改单）》LB/T 065—2019/XG1—2021、《旅馆建筑设计规范》JGJ 62—2014、《农家乐（民宿）建筑防火导则（试行）》等。

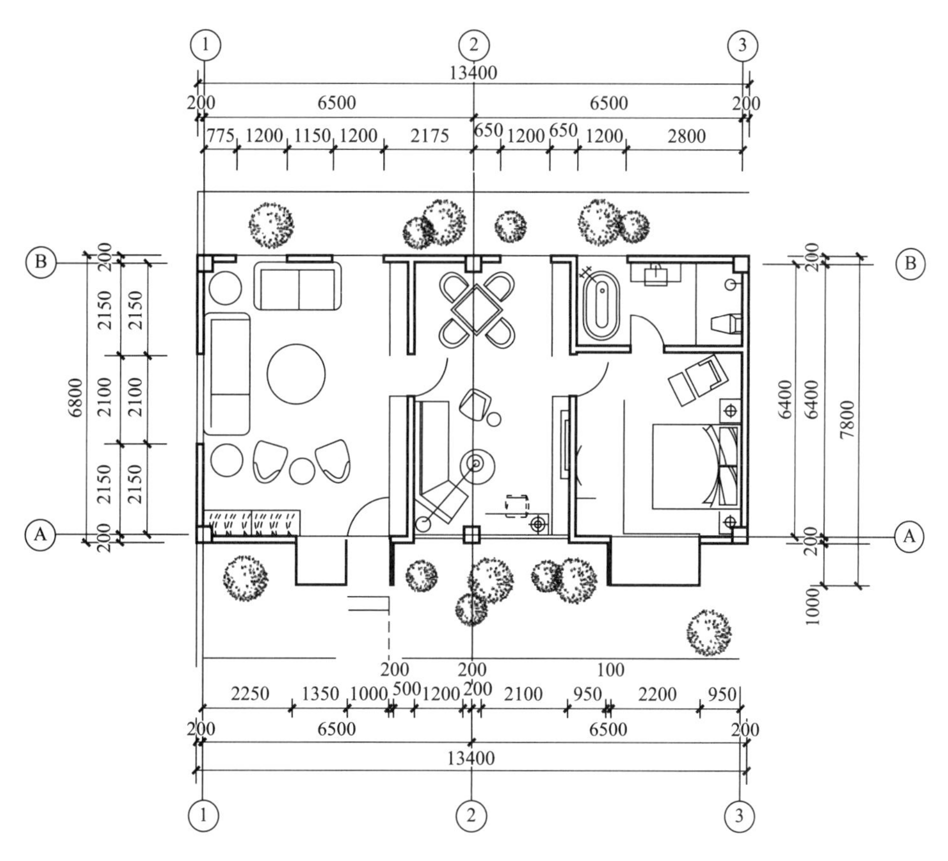

图 4-8　95m² 村庄民宿布局图
（图片来源：作者自绘）

4.2.6　社会保障建筑

社会保障建筑设计以老年人日间照料中心为例。老年人日间照料中心宜结合村庄公共服务中心综合设置，安排在建筑首层并设专用出入口。活动场地应有 1/2 的活动面积在标准的建筑日照阴影线之外；容积率不应大于 0.3，每处配置 5～10 个床位。建筑应根据实际需求，合理设置老年人的生活服务、保健康复、娱乐及辅助用房。生活服务用房包括休息室、沐浴间（含理发师）和餐厅（含配餐间）；保健康复用房包括医疗保健室、康复训练室和心理疏导室；娱乐用房包括阅览室、多功能活动室；辅助用房包括办公室、厨房、洗衣房、公共卫生间和其他用房。除卫生间、备餐间、浴室外，其他功能宜一区多用，即可换用和兼用。参考图 4-9，老年人日间照料中心设计可参考《社区老年人日间照料中心建设标准》（建标 143—2010）、行业标准《老年人照料设施建筑设计标准》JGJ 450—2018。

4.2.7　基础设施

基础设施建筑设计引导以公共厕所为例。公共厕所的洁具及其使用空间应合理布局，充分考虑无障碍设施的配置。考虑到女性如厕排队时间明显多于男性，宜扩大女厕厕位的比例。村级公厕可参考行业标准《城市公共厕所设计标准》CJJ14—2016，按照最低标准建设，参考图 4-10。

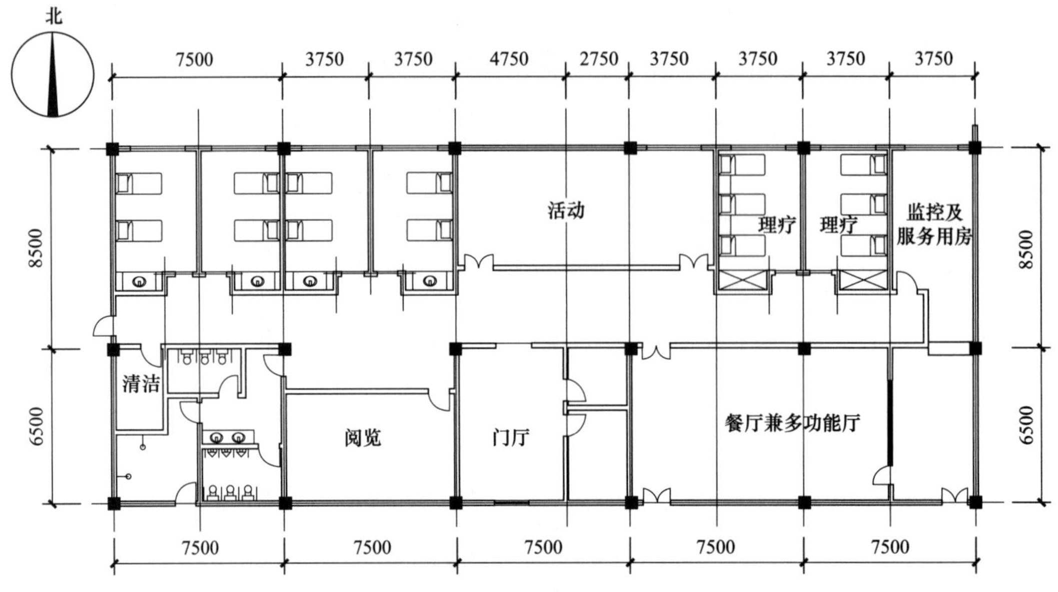

图 4-9　老年人日间照料中心布局图

（图片来源：作者自绘）

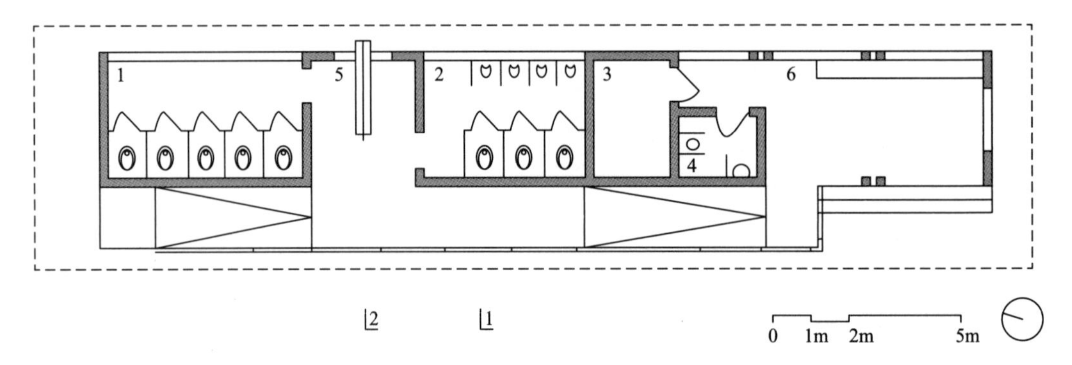

图 4-10　$80m^2$ 村庄公厕布局图

（图片来源：安徽霍山太阳乡船舱村公厕设计网站：ArchDaily https://www.archdaily.cn/cn/930632/an-hui-huo-shan-tai-yang-xiang-chuan-cang-cun-gong-ce-she-ji-fu-ying-bin-gong-zuo-shi）

4.2.8　无障碍和适老化设计

村镇公共服务设施宜开展无障碍和适老化设计，保证系统性和连续性，公共服务设施的无障碍和适老化设计要求参考表 4-11 和图 4-11，同时应满足国家标准《建筑与市政工程无障碍通用规范》GB 55019—2021、《城镇老年人设施规划规范（2018 年版）》GB 50437—2007、《无障碍设计规范》GB 50763—2012 的要求。

公共服务设施无障碍和适老化设计要求表　　表 4-11

设施类别	无障碍和适老化设计要求
行政管理	应考虑残疾人、老年人、孕妇、儿童的办事需求，配合无障碍服务，合理配置相关窗口和空间。接待群众来访的区域、为公众办理业务区域宜设置于建筑底层，应保证轮椅通行、回转和停放的空间要求，服务窗口均应设置低位服务台，无障碍服务窗口应具有容膝、容脚空间，并设置无障碍引导标识
教育机构	幼儿园、中小学校园出入口处应设置可供有障碍的家长（或老年人家长）接送学生休息等候的无障碍场所。教室内宜设置无障碍课位，该位置应方便出入教室，并宜采用可调节高度的课桌、课椅，课桌下方应具备容膝空间。有视力障碍学生上课的教室、宿舍、无障碍卫生间门前设置提示盲道
医疗保健	应在出入口设置无障碍通道和盲道，大门门扇应方便轮椅出入，选用合适的大门把手。在通道处做好无障碍设施标识和方向指示牌。挂号处、缴费处、取药处、导医台和住院处等服务接待处应设置具有容膝空间的低位服务台，并设置相应的无障碍引导标识和可放置拐杖等辅具的装置。病房内的卫生间应满足坐姿盥洗、厕浴、轮椅退出回转和护理人员介护的空间需要
文体科技	图书馆、文化馆等应设置低位目录检索台；报告厅、视听室、陈列室、展览厅等设有观众席位时应至少设 1 个轮椅席位；宜提供语音导览机、助听器等信息服务；场馆内各类观众看台的坐席区应设置轮椅席位，并在轮椅席位旁或邻近的坐席处，设置 1：1 的陪护席位；室外活动场地宜设置满足无障碍要求的绿地、健步道、休息设施、休闲广场、健身运动场等
商业金融	旅馆等商业服务建筑应设置无障碍客房；设有无障碍客房的旅馆建筑，宜配备方便导盲犬休息的设施
社会保障	养老院、老年人日间照料中心等老年人照料设施内供老年人使用的场地及用房均应进行无障碍设计，并应符合现行行业标准《老年人照料设施建筑设计标准》JGJ 450 的规定；儿童福利院等设施应具有残障儿童使用的无障碍设施；残疾人托养服务机构凡残疾人所到之处，其建筑出入口及室内、室外场地均应进行无障碍设计
防灾避难	避难设施室外坡道坡度应满足无障碍坡道要求；当避难设施室外台阶踏步总高度超过 700mm 且侧面临空时，应设防护设施。室内楼梯应设防护设施，楼梯踏步应防滑；避难设施宜设置火灾自动报警装置
基础设施	公交站台有效通行宽度不应小于 1500mm，站台距路缘石 250～500mm 处应设置提示盲道，其长度与公交车站的长度相对应；公共厕所宜设置 1 处无障碍厕所，包括至少 1 个无障碍厕位和 1 个无障碍洗手盆

4.2.9　绿色和低碳建筑设计

村镇公共服务设施的建筑设计应坚持以人为本、精心设计、科技创新和可持续发展，满足保护环境、节地、节能、节水、节材的基本方针；并应满足有利于节约建设投资，降低运行成本。

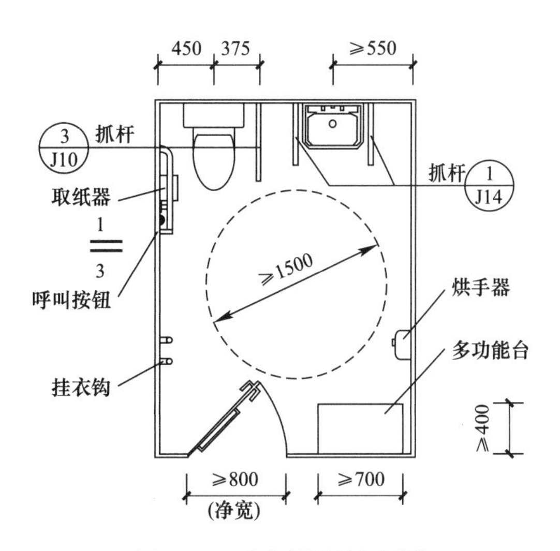

图 4-11　无障碍厕所布局图
（图片来源：《国家建筑标准设计图集无障碍设计》12J926）

村镇公共建筑应在保障舒适度的前提下，尽可能减小体形系数，公共建筑寒冷地区建筑体形系数不宜超过 0.30，居住建筑建筑的体形系数宜控制在 0.32 以下。对建筑之间的楼距、朝向进行综合考虑；充分考虑太阳照射和自然通风，主朝向要尽可能避开当地的冬季主导风向。尽量增加外墙采光面的长度，充分利用自然采光，为建筑使用者提供自然、宜人的使用感受，同时能节省能耗，合理控制窗墙比。

应选择绿色建筑材料。墙体材料应选用节能、环保、实用、低成本等新型建筑材料，如陶粒空心砖、加气混凝土砌块，或以粉煤灰、煤矸石等工业废料为原料的砌块。宜选用塑钢、断桥铝门窗，玻璃宜选择中空玻璃。屋面必须满足防水、保温、隔热的基本要求，还可结合平面设置种植屋面，实现以人为本、以环境为本的绿色建筑理念。选用节水、节能设备，如节水龙头、节水便器、节能水泵、节能灯、节能空调等。公共建筑的供热制冷、烹饪等方面尽量使用清洁能源、自然能源和可再生能源。

4.3 场地景观设计引导

4.3.1 行政管理设施场地

随着政府机构服务观念的变化，行政管理设施的场地景观设计应摒弃以往严肃、封闭、内院、围合的特点，提高亲民性、开放性，强调与周边环境的整体性，提高场地活力。

行政管理设施场地的规模尺度应与乡镇政府、村委会建筑相对应的广场和景观应与村镇规模相匹配。作为公共空间，应注意与周边场地的连贯性，如与商业、文体中心等相邻，应考虑整合形成一个综合性、多元化的公共空间。在场地开放度设计上，分区决定开放程度，如乡镇政府针对办事群众的审批大厅可以较大尺度开放，集中办公区域则适当开放，避免对政府办公的干扰。

场地绿地率不宜低于 30%，植被绿化以增强场地序列感为原则，整齐种植中型树木，应采用本土植物。场地边界可以使用灌木作为边界，保障视线通达。场地铺装宜规整、方正、质朴，颜色庄重大方，宜选择灰色、棕色等颜色，并与建筑物相协调，铺装材料宜选用常见的地域性材料（图 4-12）。

广场应设置清晰、易于辨识的标识，形成引导系统，方便群众办事。应考虑老人、儿童使用需求，设置坡道等适老化设施。

图 4-12　行政管理场地示意图（一）
（甘肃省定西市陇西县文峰镇乔门村党群服务中心场地）

图 4-12　行政管理场地示意图（二）
（甘肃省定西市陇西县文峰镇乔门村党群服务中心场地）

4.3.2　教育机构设施场地

教育设施场地应具有良好的可达性，平整防滑、排水畅通。学校出入口处宜设置可供家长接送学生休息等候的场所，教学楼入口可对植花木以衬托建筑物，教学楼周边可铺设草坪作为学生的休息绿地。学校道路两侧可配置高大庇阴乔木作为行道树，在其下种植绿篱、花灌木或布置花带。学校周围可配置环校林带。

（1）幼儿园（托儿所）

幼儿园应保证有一定面积的室外游戏场地，该场地也能作为社区、村庄的服务设施共享，场地应有不少于 1/2 的活动面积在标准的建筑日照阴影线之外，室外游戏场地人均面积不应低于 $4m^2$。幼儿园绿地率应不低于 30%，可提高环境质量，有利于儿童身心健康。景观环境以种植遮阴乔木为主，可用绿化种植分割、界定各类活动空间。植物选择以安全性、趣味性为原则，禁用有飞毛、毒、刺以及容易引起幼儿过敏的植物，宜选择形态优美、色彩鲜艳、地域适应性强的植物。场地宜选用适合幼儿审美情趣和心理特点的明亮色彩（图 4-13），烘托幼儿园的活泼氛围。活动场地及游戏器具下的地面应选择软质铺装。

图 4-13　四川省阿坝藏族羌族自治州
九寨沟县永乐镇启航幼儿园
（图片来源：谷德设计网）

（2）小学

按照行业标准《社区生活圈规划技术指南》TD/T 1062—2021 的规定，环形跑道田径场应有不少于 1/2 的活动面积在标准的建筑日照阴影线之外。小学应设置不低于 200m 环形跑道和 60m 直跑道的运动场，并配置符合标准的球类场地（图 4-14）。鼓励教学区和运动场相对独立设置，并向社会错时开放运动场地。休闲场地和景观小品的设计应注重人文与自然相结合，构思立意积极向上，在满足基本功能的前提下，宜朴素大方、经济可行（图 4-15）。

图 4-14　小学场地示意图（北京市通州区西马各庄马驹桥小学）

图 4-15　小学场地示意图（河南省平顶山市宝丰县贾复小学）

（3）中学

中学校园环境宜丰富多元、秩序感强，采用开敞式、半开放式及围合式等不同形式，以满足不同交流需要，通过结合当地特色、校园地形等塑造独特的领域性空间，增加师生对场所的认同感与归属感。根据《农村普通中小学校建设标准》（建标 109—2008），中学 12 班应设置 200m 环形跑道田径场，18 班、24 班均应设置 300m 环形跑道田径场，并设置适量的球类、器械等运动场地。行业标准《社区生活圈规划技术指南》TD/T 1062—2021 提出教学区和运动场地应相对独立设置，并向社会错时开放运动场地（图 4-16）。

4.3.3　医疗保健设施场地

医疗保障设施场地应进行人车分流引导，并设置至少 1 个无障碍机动车停车位。场地应平整防滑、排水畅通，场地内步行道路宽度不应小于 1.8m，坡度不应大于 2.5%。当在步行道设台阶时，应设轮椅坡道及扶手。场地应设置清晰易于辨识的标识，引导患者就诊（图 4-17）。绿化宜选择树冠高大、冠厚浓密、叶片有绒毛或腺体、能散发芳香气味，具有保健功能的树种。

图 4-16　中学场地示意图（河南省平顶山市宝丰县贾复中学）

图 4-17　医疗保健设施场地示意图
（图片来源：百度网站）

4.3.4　室外健身广场

室外健身广场作为村镇居民室外活动的场所，通常承担体育健身、文化活动、休闲娱乐等功能，宜与绿地结合设置，必要时作为防灾避难场所。室外健身广场用地规模一般大于或等于 200m^2，部分区域如场地受限或有其他使用需求可适当增减面积，场地应平整防滑、排水畅通，并设置休息座椅等设施。可按需求和面积大小设置篮球场、羽毛球场、乒乓球台、单双杠及其他健身器械等。独立运动场地宜设置安全隔离设施，避免和周边场地其他活动者造成冲撞，与老年人户外活动场地联合设置时，应对老年人使用的区域采取安全隔离措施，并设置明显的标志。活动场地内的植物配置宜三季有花、四季有绿，乔灌木、草地相结合，不应种植带刺、有毒及根茎易露出地面的植物。对于人可进入的绿化区，应保证林下净空不低于 2.2m，并不应有蔓生枝条。室外健身广场宜设置满足无障碍要求的绿地、健步道、休息设施、休闲广场、健身运动场等。

按照室外健身广场的面积，提供两个参考样例。案例一（图 4-18）面积为 1500m^2，该广场以运动健身空间为主，包含篮球场、乒乓球台、健身设施、广场、绿地以及配套座椅等。案例二（图 4-19）面积为 300m^2，该广场以活动、休闲功能为主，包括乒乓球台、健身设施、广场、舞台、绿地等。

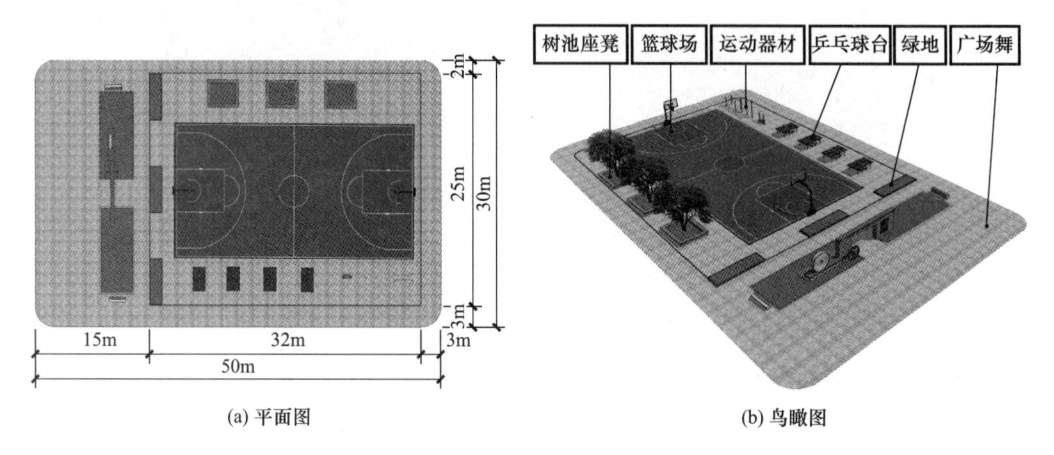

(a) 平面图　　(b) 鸟瞰图

图 4-18　1500m² 室外健身广场

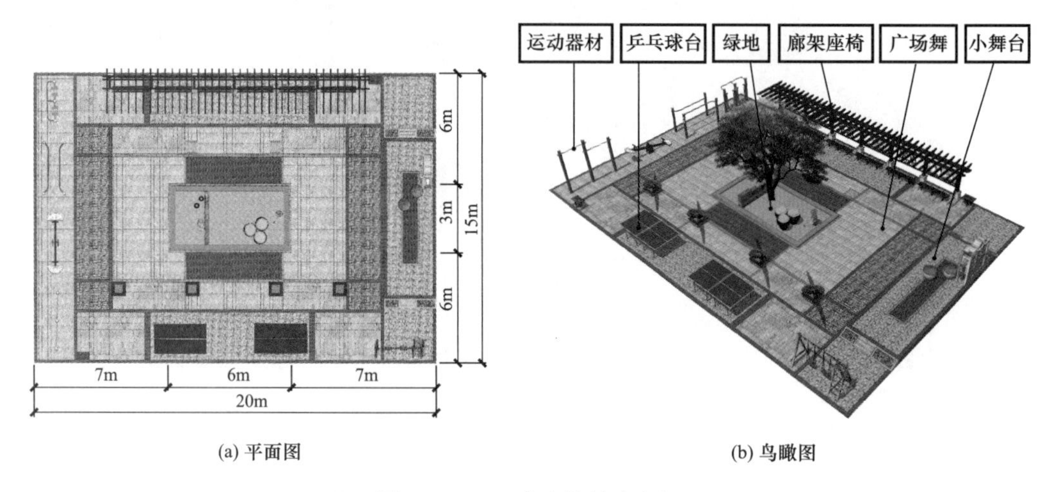

(a) 平面图　　(b) 鸟瞰图

图 4-19　300m² 室外健身广场

4.3.5　集贸市场

集贸市场即为满足居民日常生活需求，主要用于各类农产品、农副产品、日用百货等现货商品，定期或长期进行商品交易的场所。可用作临时性场所，也可长期存在。集贸市场的围合形式有露天、半露天、室内三种。

根据行业标准《乡镇集贸市场规划设计标准》CJJ/T 87—2020，集贸市场的规模按照用地面积，可分为小型、中型、大型和特大型四级，其具体面积要求见表 4-12。市场摊位面积宜按照 3～5m² 设置，或按照人均 1.5m² 设置。

集贸市场规模预测和用地指标　　表 4-12

级别	小型	中型	大型	特大型
用地面积（m²）	<1000	1000～5000	5000～20000	≥20000

集贸市场宜独立占地，交通便利。合理规划人流、货流、车流，结合周边环境，统筹布

置人流集散通道和停车场地。露天临时性集贸市场一般设在村镇广场或停车场内，如在村镇主要道路两侧，摊位不得占用车行道，保证车行道宽度，避免交通堵塞，不得危及行人和购物者的安全。特大型和大型集贸市场、经济发达地区的集贸市场，其布设应符合现代物流体系对集贸市场区位、交通组织、配送半径以及服务范围等要求。应安排好大集或商品交易会时临时占用的场地，休集时应考虑设施和用地的综合利用。不同类别的商品应分类、分区布置，以方便交易、利于管理、满足防疫需求；相互干扰的商品品类应分隔布置（图 4-20）。

图 4-20　集贸市场示意图
（图片来源：百度网站）

4.3.6　社会保障设施场地

老年人日间照料中心、幸福院等面向老年人的社会保障设施应设置满足老年人健身、娱乐等活动的设施和场地，布局宜动静分区。场地应设置在向阳避风处，留有轮椅空间，并宜设置花廊、亭、健身器材、休息座椅等设施。根据行业标准《老年人照料设施建筑设计标准》JGJ 450—2008，场地应有 1/2 的活动面积在标准的建筑日照阴影线之外，室外活动场地和休憩设施应平整防滑、排水畅通，场地内步行道路宽度不应小于 1.8m，坡度不应大于 2.5%。当在步行道设台阶时，应设轮椅坡道及扶手（图 4-21）。场地应邻近便于老年人使用的公共厕所（公共厕所的位置在活动场地附近或相邻的建筑内均可），并配置无障碍厕位。绿化种植应选用适应当地气候的树种，乔、灌、草结合，以乔木为主，达到四季常青。

图 4-21　社会保障场地示意图

图 4-22　防灾避难标志示意图
（图片来源：百度网站）

4.3.7　防灾避难场地

防灾避难场地应与村镇内部开敞空间相结合，如室外健身广场、田径场、绿地和空旷地等。选址应避开危险地段和次生灾害严重的地段，具备明显标志（图 4-22）和良好的交通条件。场地应有多个进出口，便于人员与车辆进出；并与主要应急通道相连，预留停车场地。应具备临时供电、供水等必备生活条件，并符合卫生要求。防灾避难场所宜设置综合防灾宣传教育展示设施，指导民众应对灾害。避难设施室外坡道坡度应满足无障碍坡道要求；当避难设施室外台阶踏步总高度超过 700mm 且侧面临空时，应设防护设施。

4.3.8　基础设施场地

（1）停车场

村庄的私家农用车、小汽车宜结合宅院分散停放；宅院确无停放条件的，可在满足村庄道路宽度要求时，在道路两侧停车；有条件的村庄可结合室外健身广场、公共绿地、晾晒场、村口空地、其他公共设施等统筹设置停车场。停车应分析村镇机动车保有量，科学制定停车策略，合理规划用地规模和位置。旅游服务型村庄可结合旅游线路在旅游服务点、村庄周边配置游客停车场，与村民停车场区分，考虑停车安全，并避免对村民产生干扰。

停车场可按车位总数 10％的比例配置电动汽车和电瓶车充电设施、智能停车监管引导设备。停车场宜使用透水性铺装，栽种植物提高生态性，避免使用裸露土地或大面积水泥浇筑地面（图 4-23）。停车场周边宜种植乔木，内部结合停车间隔种植乔木。树枝下净空高度应符合：小型汽车高 2.5m，中型汽车高 3.5m，载货车高 4.5m。

图 4-23　停车设施场地示意图
（图片来源：百度网站）

停车场设置至少 1 个无障碍机动车停车位。无障碍停车位应通行方便，至建筑出入口路线较短。停车位一侧应设置宽度不小于 1.2m 的轮椅通道，轮椅通道与其所服务的停车位不应有高差，和人行通道有高差处应设置坡道，且应与无障碍通道衔接。

（2）垃圾收集点

垃圾收集点可与公共厕所结合布置，在条件允许的情况下，垃圾收集点场地应布置绿化隔离带（图 4-24）。

图 4-24　垃圾收集点示意图
（图片来源：百度网站）

第5章

村镇公共服务设施规划建设实例

村镇公共服务设施规划建设实例选取十个村镇进行详述。根据村镇公共服务设施优化配置思路，乡镇实例选取中心镇和一般乡镇两个层级，根据乡镇等级差异化制定公共服务设施配置要素；中心镇为河北省保定市易县紫荆关镇，一般乡镇为易县西山北镇和西陵镇。村庄规划建设实例选取集聚提升类、保留改善类、特色保护类、城郊融合类村庄各1～2个，差异化制定公共服务要素配置标准；集聚提升类村庄为河北省张家口市下花园区定方水乡武家庄村、甘肃省定西市陇西县文峰镇乔门村，保留改善类村庄为北京市怀柔区北房镇安各庄村、河南省平顶山市宝丰县观音堂林站闫三湾村，特色保护类村庄为河南省平顶山市宝丰县大营镇石板河村，城郊融合类村庄为北京市怀柔区北房镇北房村。同时选取内蒙古自治区兴安盟扎赉特旗好力保乡五道河子村等村庄的公共服务设施作为建筑设计和场地景观建设实例，提供建设指引。

5.1 中心镇公共服务设施规划建设实例

5.1.1 保定市易县紫荆关镇

(1) 紫荆关镇概况

紫荆关镇地处易县西北部，东与梁格庄镇接壤，东南与西陵镇、大龙华乡为邻，南连富岗乡、安格庄乡、良岗乡，西邻涞源县，北与南城司乡相邻。镇域面积330.11km^2，常住人口16675人。距北京约110km，距省会石家庄约170km，南距保定市区约60km，距北京大兴国际机场约90km，距易县县城约29km。通过涞涞高速、112国道、241省道及京原铁路对外联系，涞涞高速设出入口，京原铁路设紫荆关站和大盘石站。根据易县行政区划调整，紫荆关镇由原紫荆关镇、蔡家峪乡合并而成，合并后乡镇规模后和地位都进一步提升，在易县法定规划中定位为中心镇，在易县公共服务设施体系中发挥了中心镇的服务职能。

(2) 公共服务设施现状情况

紫荆关镇公共服务设施现状方面（表5-1），整体上行政管理、教育机构、医疗保健、商业金融设施基本满足需要，文体科技、社会保障设施薄弱，现有配置数量不足、配置面积偏低，难以满足需求。

行政管理设施：现有乡镇办公2处（图5-1（a）），村委会30处。

教育机构设施：现状幼儿园共9处；小学1所（图5-1（b、c）），教学点27处；初中缺失。

医疗保健设施：现状乡镇卫生院2处（图5-1（d）），村卫生室29处。

商业金融设施：现状农贸市场 1 处，村庄内商业点 26 处（图 5-1（e、f））。

紫荆关镇公共服务设施现状　　**表 5-1**

设施类别		紫荆关镇（处）	蔡家峪乡（处）
行政管理	乡镇政府	1	1
	村委会	25	5
教育机构	初中	0	0
	小学	1	0
	教学点	22	5
	幼儿园	4	5
医疗保健	乡镇卫生院	1	1
	村卫生室	25	4
商业金融	农贸市场	1	0
	商业点	25	1

（3）公共服务设施规划设计

紫荆关镇作为中心镇，应设置更为完善的行政管理、教育机构、医疗保健、文体科技、商业金融、社会保障等各类公共服务设施，以服务本乡镇和周边乡镇的村民。公共服务设施规划配置结合乡镇等级、镇村等级与生活圈配套建设要求，对现有设施进行查漏补缺，新建补充缺失项目，并通过改扩建、改造整治等措施使现有设施进一步满足使用需求，提高现有设施使用的利用率和便捷性。

行政管理设施方面，现状设施数量与使用面积基本满足需求，对紫荆关镇政府原址改造，提高行政办公便民度、开放度，撤并后的原蔡家峪乡行政办公场所因较为陈旧，考虑改为公益用房，暂不明确具体用途；各村村委会根据村庄规模和村务管理需要，适当补充党员活动室、档案室等功能配置。

教育机构设施方面，将紫荆关镇现有小学改建为九年一贯制学校，服务于本乡镇和周边乡镇。由于乡镇的人口分散，虽然学生数量较少，结合村庄规模和等级，重点对若干教学点进行教学、校舍条件的提升改造，兼顾教育公平与基层教育质量。幼儿园现状数量较少，因村庄老龄化严重、幼儿较少，结合中心村补充配置幼儿园。

医疗保健设施方面，对现状镇卫生院进行改造整治，进一步提升医疗服务水平，各村卫生室按照村卫生室标准补充配置诊疗室、治疗室、观察室、药房、值班室等功能用房，进一步满足村民医疗、保健的需求。

文体科技设施方面，紫荆关镇区结合现有敬老院新建文体中心 1 处，占地面积为 800m^2，新建体育场地 1 处，占地面积为 1000m^2；目前，各村庄文体设施数量、项目基本满足配置要求，重点提升开放度、提高使用效率。

社会保障设施方面，结合乡镇现状老年人口分布情况和老龄化趋势，保留现有敬老院，并于镇区中部新建敬老院 1 处，配套建设养老服务中心，占地面积为 1000m^2。各村庄由于地形等原因人口分布较分散，重点在中心村配置老年人日间照料中心，占地面积为 600m^2。

商业金融设施方面，对镇区现有集贸市场进行扩建改造，占地面积为 1000m^2，新建 1 处综合商超，占地面积为 500m^2；各村庄结合现有商店情况，酌情进行补充配置。

(a) 镇政府

(b) 幼儿园

(c) 村小学

(d) 卫生院

(e) 商业街

(f) 加油站

图 5-1　紫荆关村公共服务设施现状

5.2　一般乡镇公共服务设施规划建设实例

5.2.1　保定市易县西山北镇

（1）西山北镇概况

西山北镇地处河北省保定市易县西南，位于两区一县交界地带，南部紧邻保定市满城区、徐水区，东与塘湖镇相邻，西邻狼牙山镇，西南与独乐乡相邻，北与牛岗乡为邻。根据易县人民政府《易县行政区划调整方案（草案）》（2020 年 12 月 29 日），撤销西山北乡，设立西山北镇。镇域面积为 92.03km^2，常住总人口 18124 人，辖 21 个行政村，镇政府驻地西山北村。西山北镇大部分为丘陵和山区，地势西高东低、北高南低。境内有南易水河流经，由西至东入龙门水库。

（2）公共服务设施现状情况

公共服务设施现状方面，行政管理、教育机构、医疗保健、商业金融设施基本满足需要，文体科技、社会保障设施配套不足，缺乏室外健身广场、养老院、老年人活动室等。

行政管理设施：镇政府位于西山北村府前街，占地 0.4hm^2（图 5-2（a、b））。

教育机构设施：镇域内无中学，适龄学生去往周边乡镇或县城就读；有小学 21 所，其中西山北村为中心小学（图 5-2（c）），其他为教学点；各村庄均有幼儿园。

医疗保健设施：镇卫生院位于西山北村（图 5-2（d）），配置床位 20 张；21 个村庄均有卫生室。

(a) 镇政府

(b) 派出所

(c) 中心小学

(d) 卫生院

图 5-2　西山北镇公共服务设施现状

文体科技设施：各村配有文化站、农家书屋，主要存在配套设施不健全、文化活动形式单一的问题。

商业金融设施：镇政府所在地主要以百货、美发、维修、通信、餐饮等对内的服务设施为主；各村庄有小卖部和流动式农村大集，缺乏固定集贸市场；部分临近景区的村庄发展林果采摘、农家接待服务，建有民宿、酒店、农家乐、餐馆等。

（3）公共服务设施规划

西山北镇作为一般乡镇，应设置各类行政管理、商业金融、防灾避难和基础设施，满足镇村基本的行政办公、商业服务等基本需求。公共服务设施规划配置结合镇区、村庄与生活圈配套建设要求，重点新建补充缺失项目，并通过改扩建、改造整治使现有设施进一步满足使用需求，提高现有设施使用的便捷性。

行政管理设施方面，现状设施数量与使用面积基本满足需求，对镇政府原址改造，重点进行与周边场所的结合改造，提高镇政府的开放度；各村村委会补充党员活动室、档案室等功能用房。

教育机构设施方面，目前数量基本满足需求，重点对教学、校舍条件进行提升改造，邻近村庄教学设施强调集中共享，根据实际使用情况对学生数量不足2处的小学进行撤销，改为教学点。

医疗保健设施方面，对现状镇卫生院进行改造整治，进一步提升医疗服务水平，各村卫生室按照村卫生室标准补充配置诊疗室、治疗室、观察室、药房、值班室等功能用房。

文体科技设施方面，镇区新建2处占地面积为500m^{2}的文化活动室；新建1处占地面积为1000m^{2}的体育广场；目前，各村庄文体设施数量、项目基本满足配置要求，重点提升开放度、提高使用效率。

社会保障设施方面，镇区新建1处占地面积为2000m^{2}的敬老院，各村新建1处占地面积为800m^{2}的老年人日间照料中心。

商业金融设施方面，镇区新建1处占地面积为1000m^{2}的集贸市场；各村庄结合现有商店情况，酌情进行补充配置。

5.2.2 保定市易县西陵镇

（1）西陵镇概况

西陵镇地处易县西北部，行政面积83.58km^2，下辖17个行政村，常住户数4746户，人口1.5万人。拥有世界文化遗产清西陵和华北地区最大的次生林云蒙山自然风景区。涞涞高速、国道112穿过镇域南部，对外交通便捷，并设高速出入口，镇域内部道路主要沿水系分布，贯穿各个村庄。镇政府驻地位于五道河村，紧邻泰陵景区。

（2）公共服务设施现状情况

西陵镇镇域各村庄行政管理、医疗卫生设施配置较为完善，可以满足村民使用需求，但教育机构、文体科技、商业金融等设施存在一定缺口，需进一步提升完善，镇域现状公共服务设施统计见表5-2。

镇域现状公共服务设施统计 **表5-2**

设施类别		设施数量（处）	备注
行政管理	乡镇政府	1	位于五道河村
	村委会	17	各行政村均配建
教育机构	初中	1	西陵满族初级中学，位于华北村村委会，占地2.7hm^2，16个班
	小学（教学点）	11	西陵中心小学，位于太平峪村；10个教学点，适龄儿童入学率100%
	幼儿园	10	—
文体科技	文化站	1	位于镇区；各村设有农家书屋
	村活动中心	17	各行政村均配建多功能活动室、文体广场
	体育活动设施	若干	学校体育场3个，65%的村安装了健身器械
医疗卫生	乡镇卫生院	1	位于镇区，占地面积2377.34m^2，设有30张床位
	村卫生室	17	各行政村均配建

续表

设施类别		设施数量（处）	备注
商业金融	商业点	若干	各行政村均配建
	农家乐	260 余	涉及凤凰台村、五道河村等 11 个村庄
	旅馆	若干	878 精品行游基地、亨通快捷酒店等
	服务中心	1	泰陵（兼有停车场）
社会保障	敬老院	1	西陵镇国青敬老院，位于镇区

西陵镇各村庄行政管理设施完善，覆盖率 100%，设有警务室、党员活动室、公共法律服务室、政务工作室、退役军人服务站等。教育设施仅有 1 所中学和 1 所完全小学，均位于镇域东南部，服务半径有限，特别是西部边缘村庄教育设施空白较大；镇域还有 10 处教学点，教育设施统计见表 5-3。医疗卫生设施包括 17 个村卫生室和 1 个乡镇卫生院，可满足村镇居民日常就医需求，医疗卫生设施统计见表 5-4。商业金融设施以简单、低端的店铺、小餐馆和小卖店为主；满家乐是西陵镇特色商业类型，即满族农家乐，现有凤凰台村、五道河村、太平峪村、太宁寺村、东旯旮村等 11 个村庄设有满家乐 260 余家。

西陵镇教育设施统计　　　表 5-3

设施类型	学校名称	位置	用地面积（m^2）	班级数（班）	学生数（人）	生均用地面积（m^2）
小学	西陵中心小学	太平峪村村委会	18416.77	8	348	52.9
初中	西陵满族初级中学	华北村村委会	26996.95	16	764	35.3

西陵镇医疗卫生设施统计　　　表 5-4

卫生机构名称	地址	职工数（人）	医生数（人）	用地规模（m^2）	床位数（张）	门诊量（人次/日）
西陵镇卫生院	五道河村	33	22	2377.34	30	55

镇区内配建有镇政府、消防队、卫生院、幼儿园等生活设施，距镇政府 1.5～3km，建有西陵中心小学、西陵中学和西陵镇国青敬老院，沿团结路两侧，分布有餐饮、超市、药店、休闲娱乐等商业设施，已初步形成生活服务圈。镇区紧邻泰陵景区，在镇区西侧，建有泰陵游客中心和停车场；镇区北部有听松书院等民宿（图 5-3）。

（3）公共服务设施规划

西陵镇作为一般乡镇，应设置各类行政管理、商业金融、防灾避难和基础设施，满足镇村基本的行政办公、商业服务等基本需求。公共服务设施规划配置结合乡镇等级与生活圈配套建设要求，镇域各村庄重点补充教育机构、文体科教、社会保障等缺失项目，并通过改扩建、改造整治使现有设施进一步满足使用需求，提高现有设施使用的便捷性，提升服务品质。

西陵镇镇区行政管理设施方面，镇政府满足使用需求，对其进行保留，重点进行与周边场所的结合改造；新建社区服务中心 1 处，占地面积 760m^2，为村民提供便民服务。社会保障设施方面，结合现状中心卫生院综合设置老年人活动中心，占地面积 1300m^2，设有活动室、康复中心、健身器材等。教育机构设施方面，镇区现状幼儿园位于商业区内，

(a) 西陵中心小学

(b) 幼儿园

(c) 商业

(d) 中心卫生院

(e) 泰陵停车场

(f) 听松书院(民宿)

图 5-3　西陵镇公共服务设施现状照片

环境嘈杂不利于儿童成长，将其搬迁至居民区内，与社区综合服务中心毗邻。文体科教设施方面，镇区新建文化活动中心 1 处，占地面积 450m²。基础设施方面，西陵镇是旅游型乡镇，综合考虑外来人口和旅游人群较多，新建公共厕所 10 处，总占地面积 500m²；新增停车场 4 处，总占地面积 4100m²；新增广场 3 处、公园 3 处，详见西陵镇区公共服务设施配置表（表 5-5）。

西陵镇区公共服务设施配置　　表 5-5

设施名称		占地面积（m²）	数量（处）	备注
行政管理	镇政府	7500	1	保留镇政府现状，独立占地
	社区服务中心	760	1	独立占地
医疗保健	中心卫生院	1300	1	保留现状
社会保障	老年活动中心	1100	1	综合设置
教育机构	幼儿园	1200	1	幼儿园搬迁，独立占地
文体科技	文化活动中心	450	1	综合设置
基础设施	公厕	500	10	结合广场、公园、商业设施布置
	停车场	4100	4	独立占地
	社区公园	4500	3	独立占地
	广场	2400	3	独立占地

5.3　集聚提升类村庄规划建设实例

5.3.1　河北省张家口市下花园区定方水乡武家庄村

（1）村庄概况

河北省张家口市下花园区定方水乡武家庄村位于定方水乡东北部，距下花园城区 12km，207 乡道从村庄东侧穿过，村庄与城区的交通联系相对便利。此外，2022 年北京冬季奥运会的重要交通保障设施——京张高速铁路于 2019 年 12 月正式开通运营，主线由北京北站至张家口站，途径下花园北站，对于下花园和武家庄村都是发展的重大机遇。武家庄是集聚提升型村庄，村域总面积 1185 万 m^2，村庄建设用地 27 万 m^2，主要集中于村庄居民点。全村 373 户，户籍人口 930 人，常住人口 600 人，村庄老龄化、空心化现象严重。武家庄地处丘陵地区，地形起伏大，村庄南北向高差大。村庄周围水土流失严重，居民点西侧有较大冲沟（冲沟是一种侵蚀沟，常见于丘陵和山区），但因土壤干旱，近年来季节性河流缺水，生态环境脆弱。

村庄产业发展以第一产业为主，村民依靠农业种植、外出打工、经商、小型加工、运输、第三产业等获得经济收入。农作物以张杂谷、杏扁为主，中药材、玉米、马铃薯为辅。耕地面积 281.7hm^2（4225 亩），退耕还林地 190hm^2（2850 亩），水浇地 33.3hm^2（500 亩），653hm^2 为未利用土地。2015 年人均纯收入 7692.6 元，经济发展水平较低。武家庄是张杂谷之乡，2008 年定方水乡武家庄村创造了全国谷子高产纪录，张杂谷 5 号亩产达到 810kg。武家庄村的大片杏花及黄土地貌是极好的旅游资源，适宜开展乡村民俗旅游、黄土风情旅游。同时村庄建设用地闲置较多，未来可以统筹考虑综合开发。

（2）公共服务设施现状情况

现状公共服务设施建设较为完善（图 5-4、图 5-5）。村委会位于居民点北部，是一个三面建筑围合形成的院落，内有办公室、会议室、农家书屋、张杂谷展示室、生产谷子传

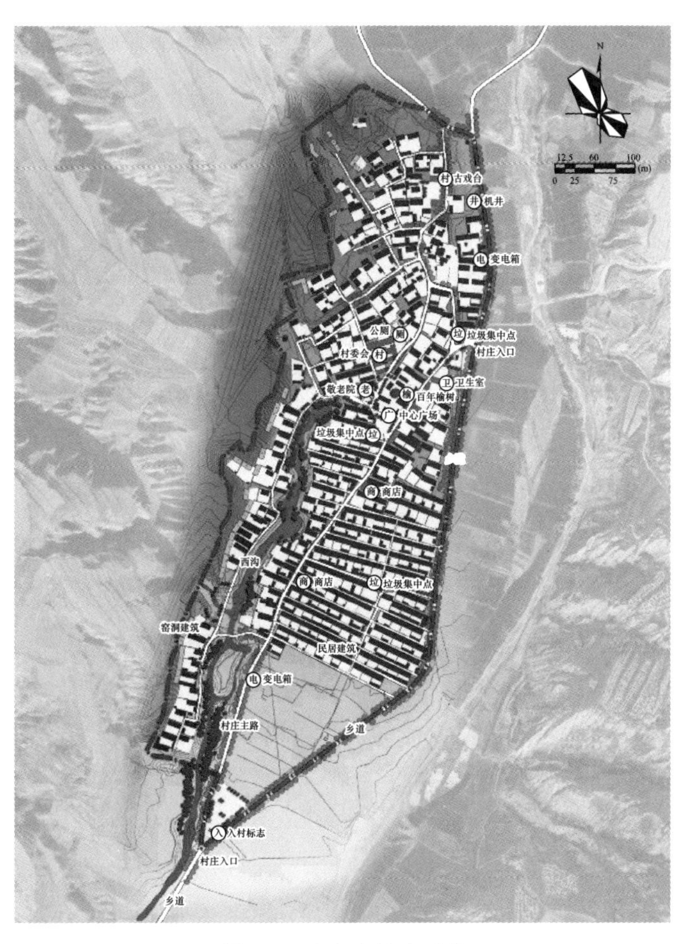

图 5-4 武家庄综合现状

(a) 村委会办公室

(b) 会议室

(c) 张杂谷展示室

(d) 生产谷子传统农具展示室

(e) 活动广场、临时集贸市场

(f) 卫生室

(g) 幸福院

(h) 小卖部

图 5-5　武家庄村公共服务设施现状照片

统农具展示室等。村内有卫生室，并配有村医。村委会南侧有活动广场一处，但面积较小，不能满足村民日常活动的需求，没有活动室。主街有 2 处小卖部。村委会南部有 1 处幸福院。武家庄现状有垃圾池 2 处、公厕 1 个。

（3）规划思路和空间布置

落实美丽乡村建设规划中确定的任务及要求，以保障村民基本生活条件、村庄环境整治、建设宜居村庄为重点，将美丽乡村建设与扶贫攻坚、现代农业发展、山区综合开发、乡村旅游发展、冬奥艺术城等统筹推进。采取分区、分类、分步推进美丽乡村建设思路，因地制宜、分类指导，制定建设计划，按照村庄的特色进行规划设计。

将武家庄村打造成以现代农业和旅游服务业为主导，文化特色突出的张杂谷之乡、建设“环境整洁、设施配套、田园生态、舒适宜居”的农业观光旅游型村庄。加强村庄环境整治和生态建设，打造富有地域特色的秀美村庄；加强基础设施建设，实现共同富裕，提升幸福指数；坚持绿色引领，弘扬生态文化，突出田园特色，倡导低碳、可持续理念；改善村庄环境，健全配套设施，打造舒适宜居农村社区，建设文明和谐新农村，成为农村新社区的典范；发扬村庄传统文化，体现村庄历史文化传承，将文化与产业结合起来，促进产业的提升；定方水乡是张杂谷的诞生地，依托现有条件，建立观光农业园区。

规划方案提取四大文化——根植于武家庄黄土高原的黄土文化、中华民族历史悠久的农耕文化、北方传统中式合院形制的民居文化和崇礼冬季奥运会所承载的健康文化，共同形成武家庄的品牌定位——健康农仓（图 5-6），根据这一理念形成设计方案，并策划富民产业。

图 5-6　武家庄规划定位和思路

武家庄村规划的空间结构为“一路一带一沟”“两区四院”（图 5-7）。一路是以入村主要道路为基础，汇集黄土高坡民俗特色活动的主要场所。一带指东侧乡道一带，提升村庄对外形象，开通村庄的次入口。一沟主要为村庄西侧冲沟，提升冲沟两侧环境，整治两侧建筑外观。两区以村中心广场为基础的村民活动区及北部宅基地经营区。四院是选取村南部的居民区中 4 个主要院落进行第一批建筑改造。居住建筑主要沿 207 乡道展开，2 个村民居住组团相邻布局，整体较为集中。本次规划的宅基地用地性质不做变化，对建筑进行改造为主，少量质量较差的建筑进行拆除，扩建活动场地及增加景观绿化。北部废弃宅基地较多，打造农宅经营区，引导废弃宅基地进行农宅互助旅游开发。

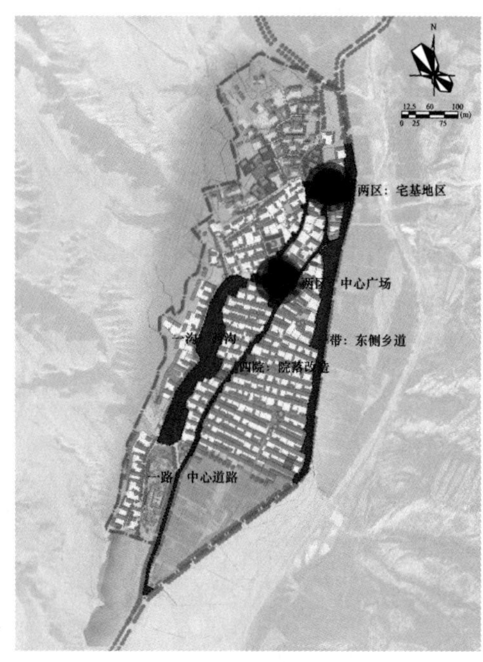

图 5-7　武家庄规划平面和结构分析

（4）公共服务设施规划和建设

武家庄村的公共服务设施硬件配置较为齐全，村民日常生活较为方便，主要缺少软件配套；同时武家庄作为集聚提升类村庄，公共服务设施的配置应注重多样化、品质化，升级现状设施的品质，补齐公共服务设施短板，提升对周围村庄的带动作用和服务能力；在满足生活基础服务设施的基础上，结合乡村振兴建设，强化电商物流等生产性服务保障。因此，近期规划建设主要是对原有设施进行改造更新，远期规划增加幼儿园。

武家庄公共服务设施强调集中共享，主要围绕村委会进行布置（图 5-8），形成村民服务中心，有规范统一制式标牌，建有两委办公室、村民活动室、卫生室、村史馆（室）、农家书屋、互助幸福院等，并改造中心广场（图 5-9）。增加电商服务点不小于 30m^2，有专业的服务人员，店面标识规范美观，店内有电商服务流程，网购设施设备完善，电商服务功能 3 项以上。农宅经营区内新建农宅经营接待中心、农宅经营区广场、民宿、农家餐馆、咖啡屋等。在村庄出入口增加小游园（室外健身广场）、停车场（图 5-10）、公共厕所和改造小卖部等（图 5-11）。

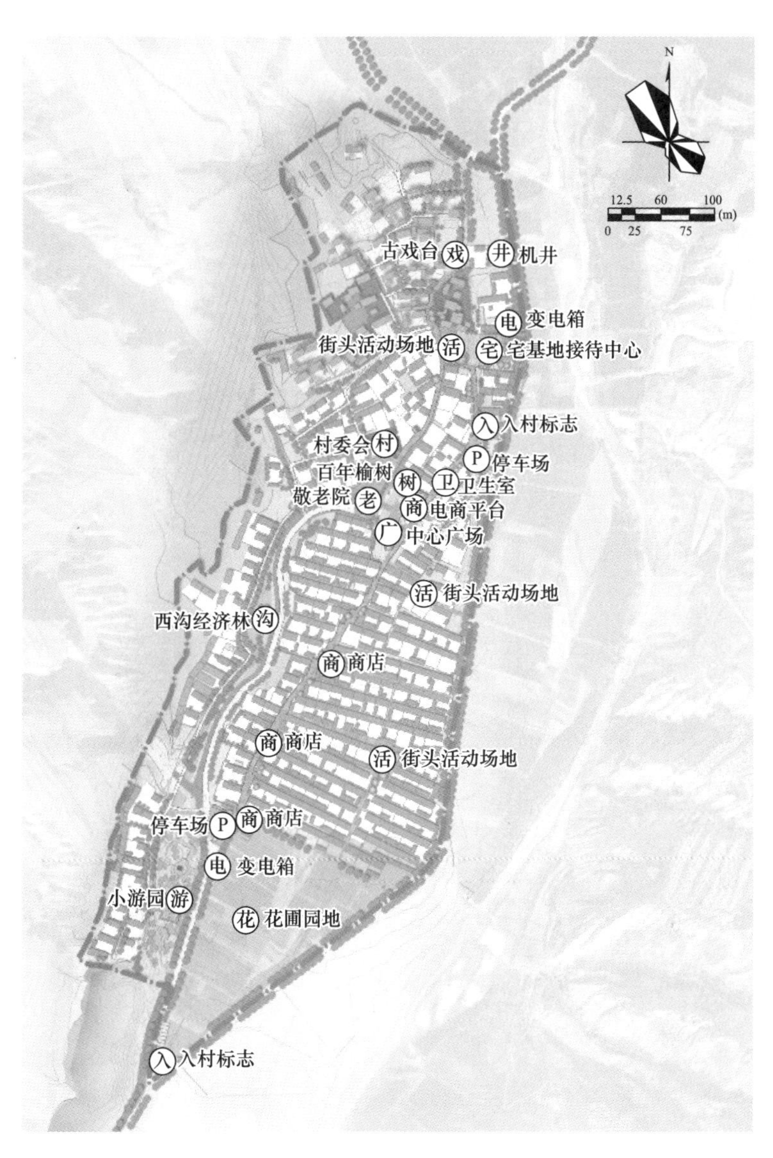

图 5-8　武家庄公共服务设施规划

武家庄的各类基础配套设施都已落后，只有一条主要道路且狭窄不利于通行，给水设施年代陈旧，无排水系统，垃圾在山沟中露天堆放，无供暖系统，种种设施亟须更新。规划首先清理山沟垃圾，建设垃圾收集点和回收站，改善公共环境；其次梳理道路系统形成两条主干路，缓解交通；并在道路下铺设给水排水管道，解决村民的上下水问题；同时每家每户设施清洁能源设施——太阳能光伏发电和太阳能与燃气热泵互补式供能装置，低成本的满足村民做饭、取暖、使用热水等多种需求。村民活动场地、停车场、农宅经营区等公共服务设施的建设与基础设施、道路整治等建设同步进行，避免各项工程反复施工带来的重复开挖问题，减少对村民日常生活的干扰。

公共服务建筑改造充分体现地域特征及传统特色，创新性提出“黄土新中式”的设计风格。延续原有的村落肌理，采用传统的石材、红砖、黄土等建筑材料，院落式的传统布局，建筑色彩与周边环境相协调。在改造的过程中，设计尽量保留原有村落的气质特征和

图 5-9　武家庄中心广场设计

图 5-10　武家庄停车场和小游园设计效果

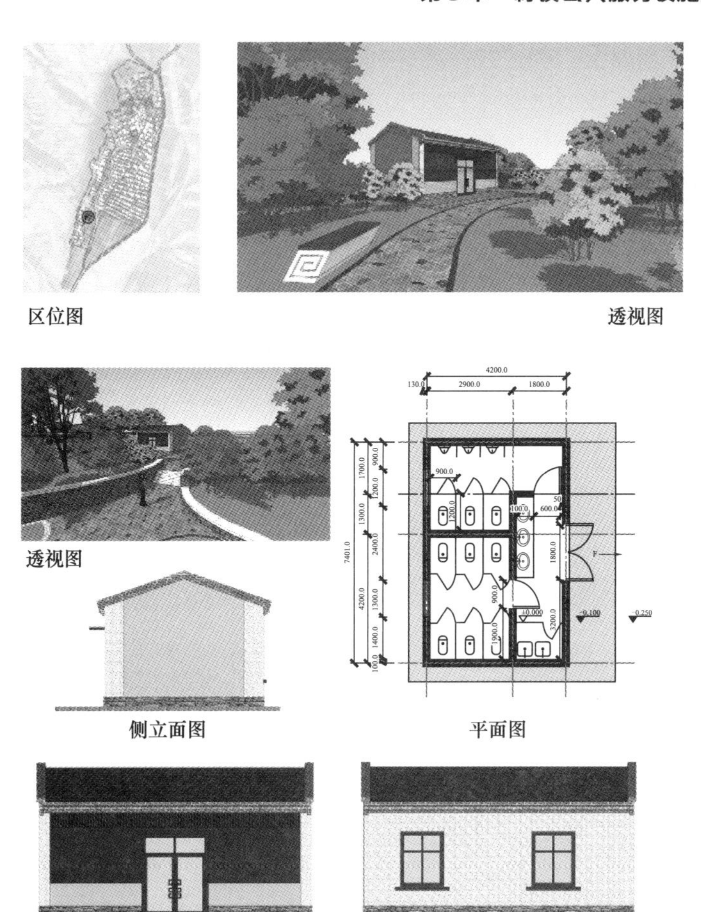

武家庄公共厕所设计图

透视图

图 5-11　武家庄小卖部改造设计图

文化风貌，不对建筑主体做过多的大拆大改，保证“本土性”特征，同时兼顾了“经济性”原则。建筑设计注重与村庄的主题结合，把能反映主题的标识、图案等作为建筑装饰语言设计在建筑外墙面上，创建特征明显的品牌村庄面貌。

村庄北部宅基地的破旧院落规划为危房重建项目，开展互助农宅项目，并设计示范性院落，包含生活区、生产工具储存区、绿色空间等多种功能。建筑风格与形式延续武家庄地域特色。利用废弃宅基地建设原生态的窑洞建筑形式，结合现代化的内部装修，打造精品酒店、餐厅、民宿等（图 5-12）。

图 5-12　武家庄互助农宅改造效果

（5）建设模式和效果

“冬奥艺术城”是《京张文化发掘计划》的子计划，计划在北京至张家口沿线，打造特色冬奥小镇，设计以冬奥为支撑的体验旅游、研学旅行和冬奥艺术村落的休闲旅游线路。通过前期规划和建设，武家庄村的基础设施和公共环境较好，符合“冬奥艺术城”的落实条件，成为第一个试点村。由建设方+运营方、村民、村委会三方共同合作完成定方水乡武家庄村“美丽乡村”建设工作。整合区域旅游景区景点，设计旅游线路，制定营销规划。开发农业农村创新旅游，推动农家特色产业。开发环节有多方支持：下花园政府列入“美丽乡村”建设计划，并积极支持和配合。《2016—2022 年冬奥会和冬残奥会文化宣传计划：京张文化发掘计划》之子项目：“冬奥艺术城”建设计划。政府扶持，出台政策担保，支持建筑材料企业、绿色生活资料生产企业参与资源众筹，参与乡村改造。当地衣、食、住、行、娱、购等各类企业积极参与非牺牲性公益行动，参与“家乡美、生活美”建设的资源众筹（图 5-13）。

图 5-13　武家庄“冬奥砖艺小镇”

经过规划改造，武家庄村面貌焕然一新，村民生活水平有显著提高。

武家庄已建成 1 户互助农宅示范户和 5 户艺术民宿互助农宅样板户。由冬奥艺术城建设管理有限公司与村集体协作，动员、协调村民参与民宿的艺术改造，包括流转村里闲置的农宅，由村民自愿报名登记，项目公司与村委会、村民三方签约，对村里闲置的资产进行统一改造、开发和经营管理。目前，50 多户村民已主动报名，自愿参与互助农宅示范改造。武家庄目前已有“花驴宴农家院”“咖舍”“京驻创客”等多家服务企业，并形成“武家庄冬奥砖艺小镇”品牌，吸引众多美丽乡村建设者前往参观、学习、交流（图 5-14～图 5-17）。

图 5-14　武家庄小游园和新建道路

图 5-15　武家庄村庄标识和入口钟楼

图 5-16　花驴宴农家院

5.3.2　甘肃省定西市陇西县文峰镇乔门村

（1）村庄概况

乔门村位于甘肃省定西市陇西县文峰镇北部川区，距离镇区约 6km，东北邻八盘村，西南邻张家磨村，西邻三十里铺。村庄交通条件较好，西侧有陇海铁路和福兰线，通往定西市和陇西县；村域范围内有连霍高速穿越而过，并在村西北角有高速路口，还有 Y220 乡道穿越，向北通往文峰镇区（图 5-18）。乔门村村域面积 381.6hm^2，辖 4 个村民小组（一、二、三、四社），共计 523 户、2230 人。村庄主导产业为苗木种植与销售。村内的红山因为艳如桃花，在乾隆年间被列入陇西八景。

（2）公共服务设施现状情况

乔门村公共服务设施配置和建设较差，配套亟待完善（图 5-19～5-21）。

行政管理设施：现状村委会内仅有 3 个办公室、1 个会议室兼党群服务中心，不能满足使用需求。

教育机构设施：有乔门九年制中学，包括幼儿园、小学和中学，学生共计约 400 人，基本满足需求。

医疗保健设施：村委会院内有卫生室 1 处。

文体科技设施：无健身活动场地，村民需求强烈；有 2 处宗教建筑，分别为四圣宫和东岳庙，其中东岳庙每年农历四月十四日有大型庙会。

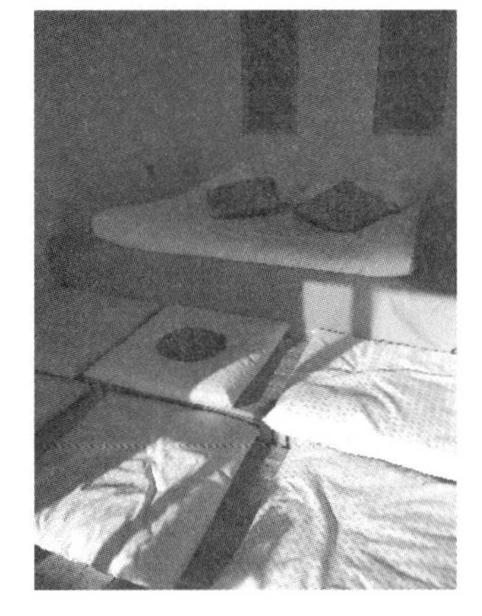

图 5-17　咖舍咖啡馆和民宿

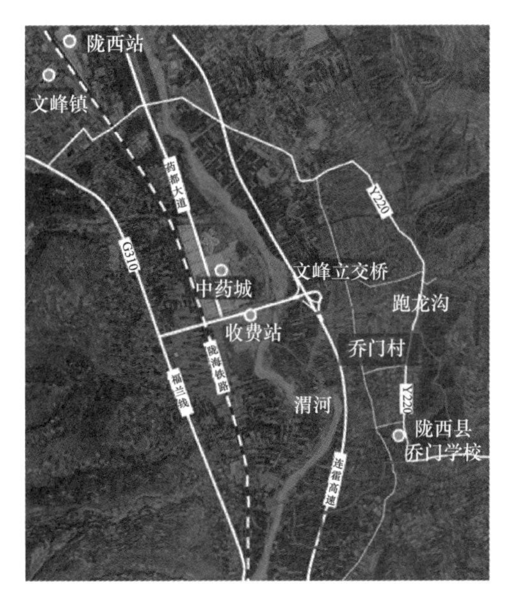

图 5-18　乔门村交通区位

图 5-19 乔门村卫生室和村委会

图 5-20 乔门村小卖部和农村金融综合服务室

图 5-21 乔门村公共服务设施现状

社会保障设施：无养老服务场所。

商业金融设施：有邮政网点 1 处，村民希望增设一处快递站点，统一管理；村内有 3 处超市及若干小卖部，可满足需求。

基础设施：因本村治安管理被片区划分到八盘村及张磨村，故村内无警务室；无其他防灾避灾场所；村内无消防设施，最近的消防站位于镇区，无消防道路规划。无垃圾收集处理设施；无公共厕所。

(3) 公共服务设施规划设计

乔门村作为集聚提升类村庄，公共服务设施的配置应注重多样化、品质化。根据乔门村公共服务设施现状缺失和不足的情况，规划主要查漏补缺，新建党群服务中心、健身活动广场、老人日间照料中心、苗木交易中心等，提升对周围村庄的带动作用和服务能力，结合乡村振兴建设，强化电商物流等生产性服务保障（图 5-22）。

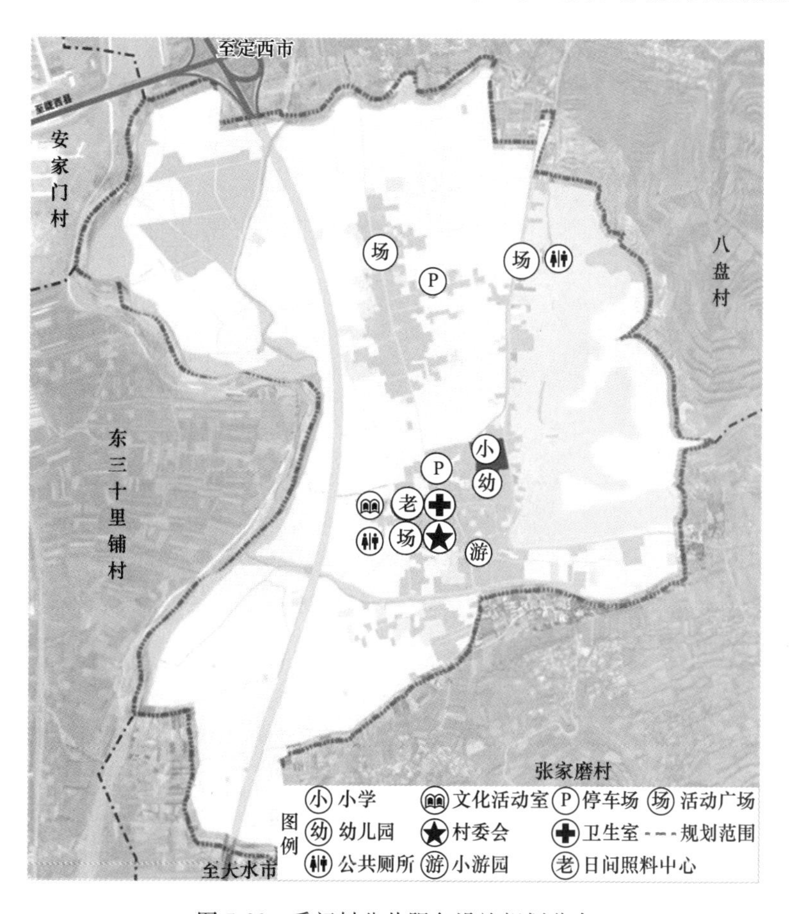

图 5-22　乔门村公共服务设施规划分布

在乔门村三、四社的原打谷场处，规划新建乔门村党群服务中心（图 5-23），占地面积为 1500m²，建筑面积约为 1000m²。内部功能包括党群工作室、村委办公室、储物间、卫生室、会议室、公开栏、综合文化服务中心、防灾减灾指挥中心、综治中心、快递站点、村史馆、公共厕所等。

图 5-23　乔门村党群服务中心效果图

文体科技设施方面，新建 3 处健身活动广场，一是位于乔门村三四社的乔门广场（图 5-24）占地 1900m^2，广场功能涵盖健身休闲场地、儿童活动场地、社火表演场地、苗木展示场地等；二是柳塘公园（图 5-25）占地 150m^2；三是位于乔门村一二社的王家新庄剧场（图 5-26）占地 730m^2。

图 5-24　乔门广场

图 5-25　柳塘公园

图 5-26　王家新庄剧场广场

社会保障设施方面，利用新建党群服务中心与三四社广场周边 1 处闲置宅基地，规划为老年人日间照料中心。商业金融设施方面，在原村委会旧址处新建苗木展示交易中心（图 5-27），内设置农村电商服务站。

图 5-27　苗木展示中心

防灾避难设施方面，结合党群服务中心规划建设 1 处综合治理中心和 1 处警务室；结合文化活动场地规划 1 处防灾避难场所；为村内配备微型消防站，可与其他功能用房综合设置。

基础设施方面，按照“户分拣、村收集、区转运、区处理”的收集处理模式，需要集中处理与利用的生活垃圾由文峰镇环卫车辆收集后运往定西市生活垃圾处理厂进行统一处理。设置 2 座公共厕所，一处位于党群服务中心，另一处位于苗木展示交易中心，粪污处理纳入生活污水收集处理系统。

5.4　保留改善类村庄公共服务设施规划建设实例

5.4.1　北京市怀柔区北房镇安各庄村

（1）村庄概况

安各庄村位于北京市怀柔区东南部，东与梨园庄村相邻，南临北房镇区，北与宰相庄村接壤。村域面积 331.8hm^2，常住人口 984 户、1977 人。安各庄位于镇域中部偏北，京承铁路和 G101 国道从村界南部东西向穿过，对外交通联系便捷（图 5-28a）。

安各庄村地处怀柔新城的东部边缘，距离怀柔城区约 6km，以沙河为界的西侧部分土地已划入科学城集中建设区。根据《怀柔科学城规划（2018—2035 年）（征求意见稿）》，安各庄位于科学城的科学田园区，以保留改善为主，植入科学交流、科创服务、科普旅游、田园观光、农业体验等新功能，为农民就业增收打开新空间，成为乡村振兴的支撑点（图 5-28b）。

（2）公共服务设施现状情况

根据《北京市村庄规划导则（修订版）》对于特大型村庄的规定，安各庄村公服设施基本齐全（图 5-29），但公共服务设施建设水平、环境、服务能力等有待进一步提高。

村庄中心有村委会 1 处，占地约 3188m^2，村委会院内设综合文化室、青少年和老年人活动室、图书室、体育活动室以及其他行政办公用房。村委会东侧为社区卫生服务站，占地约 1058m^2。村庄中部现有 1 处集中活动广场，面积为 1428m^2。村庄西侧有 1 处公园，

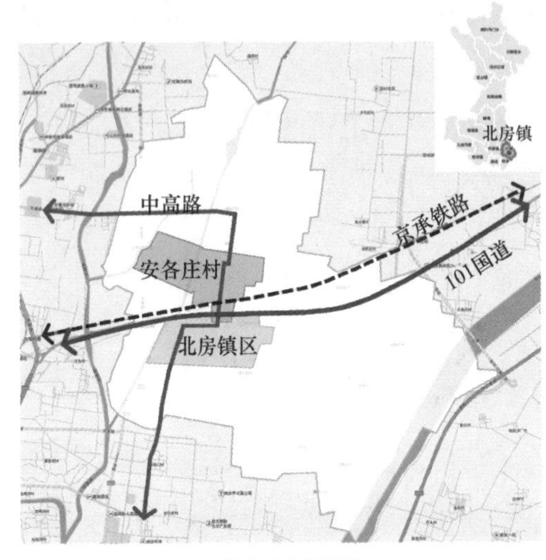

(a) 安各庄交通区位

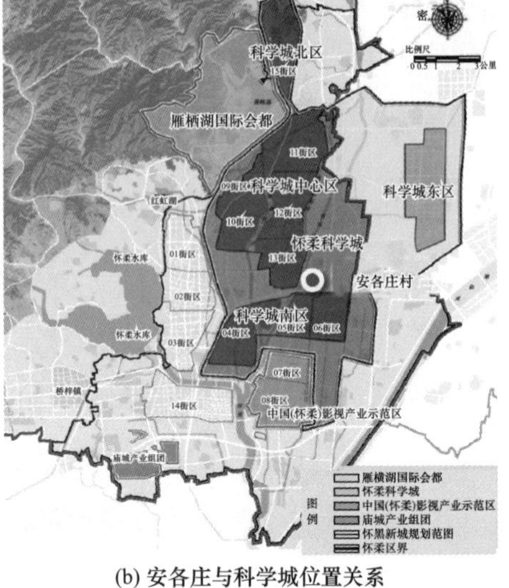

(b) 安各庄与科学城位置关系

图 5-28　安各庄交通区位、与科学城位置关系

图 5-29　安各庄村公共服务设施现状分布

环境和建设较好，占地面积约为 4007m²。村庄内沿主要道路有 5 家商店，若干药店、理发店和小吃餐饮店，均为村民个人利用自家临街宅基地开展经营。此外，村庄东南角现设 1 家公建民营的镇级二星养老机构，占地面积约为 5756m²，建筑面积约为 2300m²，由 6 栋 1 层的单体建筑组成，备案床位 120 张，截至 2022 年底共收住老年人 55 人，提供咨询、膳食送餐、生活照料、医疗保健、休闲娱乐、清洁打扫等服务（图 5-30）。

(a) 村委会

(b) 社区卫生

(c) 文化大院

(d) 公园

(e) 活动广场

(f) 小广场

图 5-30　安各庄村公共服务设施现状

（3）公共服务设施规划与建设

根据《北京市怀柔区村庄布局规划》，安各庄村规划为整治完善型村庄，其公共服务设施的配置思路与本课题的保留改善类村庄相符合，注重实际需求，根据村庄未来发展需要和村民的诉求，动态化增加服务设施，补足必要的公共服务设施，满足现代农村生产生活需求（表 5-6、图 5-31）。现有公共服务建筑改造以立面整治为主，延续原有建筑色彩，不宜改变体量，体现科学感和现代感；选择经济美观的建筑材质，鼓励采用面砖、仿石涂料，可局部装饰铝单板。有铝单板，造价比铝塑板高。

安各庄村公共服务设施规划配置　　表 5-6

类别	序号	项目	数量（处）	用地面积（m^2）	建筑面积（m^2）	规划措施
行政管理	1	村委会	1	3188	390	保留提升
	2	其他管理机构	—	—		保留提升
	3	党群服务中心	1	1017	—	规划新建
教育机构	4	幼儿园	1	570	—	规划新增
文体科技	5	综合文化室	1	—	570	保留提升
	6	青少年、老年活动中心	1	—		保留提升
	7	体育活动室	1	—	90	保留提升
	8	健身场地	4	2100	—	保留提升 1 处 规划新增 1 处
医疗卫生	9	社区卫生服务站	1	963	—	保留提升
社会保障	10	镇敬老院	1	5756	—	规划扩建
	11	养老驿站	—	—	—	保留提升
商业金融	12	小卖部	5	—	—	保留提升
	13	餐饮小吃店	—	—	—	保留提升
基础设施	14	快递驿站	1	—	—	规划新增

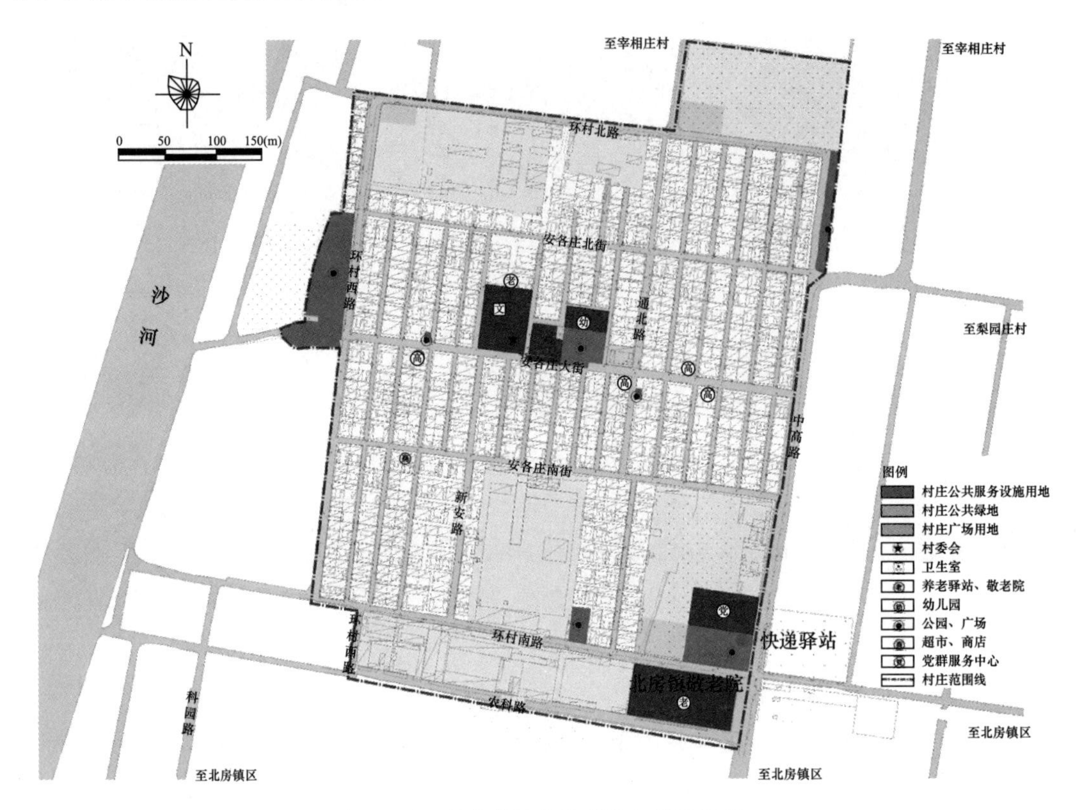

图 5-31 安各庄村庄公共服务设施规划

行政管理设施方面，改造提升村委会 1 处，新建党群服务中心 1 处。村委会作为整个村庄居民生产、生活的组织管理机构，随着安各庄旅游产业的发展，需增加对村庄内从事旅游接待的个人或机构的管理工作；同时，村委会院内各用房功能随实际需求调整，分别设置综合文化室、青少年活动中心、老年人活动中心、体育活动室及其他用房等。新建党群服务中心用地面积为 1017m²，位于中心活动广场北侧，开展党务政策咨询、办理党内有关业务等八大类服务活动。

教育机构设施方面，规划新建幼儿园 1 处，用地面积为 570m²。

文体科技设施方面，规划提升村委会院内的综合文化室、青少年活动中心、老年人活动中心、体育活动室，总建筑面积约为 660m²。规划健身活动场地 2 处，总用地面积为 2100m²，便于村庄各片区的村民就近休闲；其中改造提升原有中心活动广场 1 处，并在村庄南侧新建 1 处健身活动场地。

医疗保健设施方面，提升改造社区卫生服务站 1 处，用地面积为 963m²（图 5-32）。

社会保障设施方面，规划扩建镇级敬老院，于原址新建一栋 3 层建筑，高 13.95m，建筑面积 6187m²，床位增加到 150 张。鼓励村民利用自家宅基地开办养老驿站。

商业金融设施方面，在党群服务中心内配设综合商业服务中心，包含超市、理发、洗衣等生活服务功能；增设 1 处快递站点，建议选择快递柜的形式，设置于中心活动广场处，紧邻党群服务中心；鼓励村民利用自家临街宅基地开办小卖部、小型超市和小吃店。

（4）改造更新效果

公共服务设施首先实施改造的对象为安各庄村村委会大门、沿街外墙及周边设施。安各庄村村委会建设时间较长，外观和设施已非常陈旧。本次改造中，外观采用更为简洁的设计和现代材料装饰，匹配怀柔科学城现代、科技的形象气质。外墙面上增加宣传栏面积，并与墙体色彩风格有机结合，同时清除大门两侧杂物，拓宽人行道路，优化绿植设计（图 5-33、图 5-34）。

图 5-32　中心活动广场和社区卫生服务站改造效果

图 5-33　改造效果

图 5-34　改造实景

5.4.2　河南省平顶山市宝丰县观音堂林站闫三湾村

（1）村庄概况

闫三湾村位于河南省平顶山市宝丰县观音堂林站东北部，村域面积约 7.74km²，辖大宋庄、小宋庄、闫东、闫西、枕头山、后田、水磨湾、河西、南洼共 9 个村民小组（图 5-35）。村庄距离宝丰县城 26km，北侧临 011 县道，南侧临 032 县道，对外交通便利。现有村民

280户，约1150人，劳动力512人。村庄耕地面积940亩，林地2000多亩，具有农林山区经济属性，粮食作物以种植小麦和玉米为主，经济作物以花椒为主，全村产值（农业）1.58万元。村庄特色有“一河”“一洞”“一庙”“一树”。村庄建筑风貌为灰瓦石墙的传统风貌建筑，就地取材、因地制宜，形成独特的建筑符号，房屋结构牢固、冬暖夏凉。

（2）公共服务设施现状情况

村庄现状公共服务设施配置和建设情况较差。行政管理设施方面，村委会没有配建文体活动室和党员活动中心，功能不完备。教育机构设施方面，村庄无幼儿园。文体科技设施主要为村委会旁的小型健身广场，但设施简陋，需完善。医疗保健设施有卫生室1处，位于村庄东南入口，可满村民日常就医。商业金融设施方面，村庄内有3处商店，基本可以满足村民日常生活（图5-36、图5-37）。

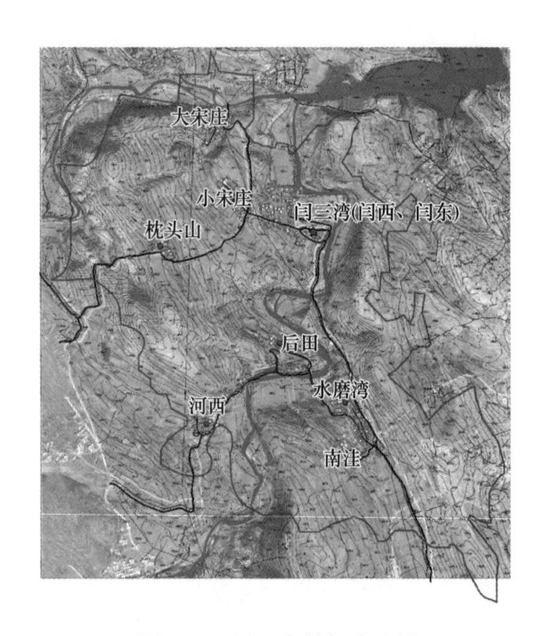

图5-35 闫三湾村行政区划

图5-36 闫三湾村现状公共服务设施分布

（3）公共服务设施规划与建设

闫三湾村作为保留改善类村庄，公共服务设施的配置应注重实际需求，根据村庄未来发展需要和村民诉求，动态化增加服务设施，补足必要的公共服务设施，满足现代农村生产生活需求。根据公共服务设施项目配置规范和村民需求，新建1处1500m^{2}的幼儿园；新建8处各占地300m^{2}的健身广场；扩建现有村民活动广场，面积扩大至1500m^2，包括建设广场、景观亭、景墙、停车场等；对村口形象区进行改造，包括新建入口形象大门、景观墙、村口商店等（图5-38）。

提取当地建筑材料元素、植被配置，强调融入与统一，对村委会及村民活动广场、新建幼儿园、健身器材区、健身广场等提供改造整治意向效果图（图5-39～图5-42）。

(a)健身广场　(b)戏台和篮球场　(c)村委会

(d)商店　(e)白龙洞　(f)龙王庙

(g)简易文化墙　(h)卫生室　(i)卫生室

图 5-37　闫三湾村现状公共服务设施现状

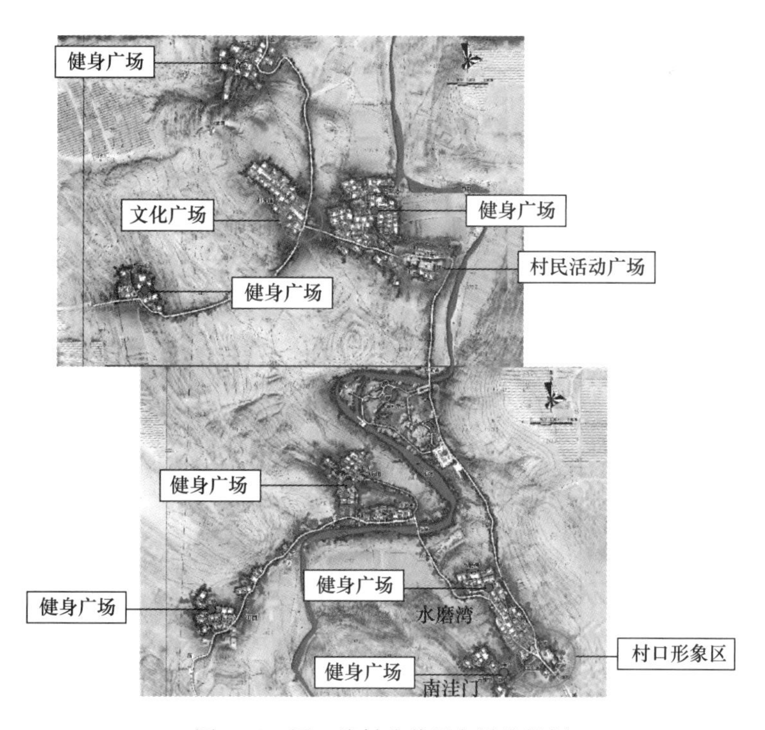

图 5-38　闫三湾村公共服务设施规划

图 5-39　村委会及活动广场改造整治意向效果

图 5-40　新建幼儿园建设意向效果

图 5-41　健身器材区改造整治意向效果

图 5-42　健身广场改造整治意向效果

5.5　特色保护类村庄公共服务设施规划建设实例

5.5.1　河南省平顶山市宝丰县大营镇石板河村

（1）村庄概况

石板河村位于河南省平顶山市宝丰县大营镇，因建于南石板河北岸而得名，四周群山环抱，属于浅山区（图 5-43、图 5-44），是河南省级传统村落。村庄户籍人口 1141 人，村域范围 6.3km^2，辖石板河、铁山、部沟、葛花崖、关沟、干柴沟、关岭 7 个自然村。村庄居民点在山区，离宝丰中心城区 28km，车程约 50 分钟，交通不便，村民生活条件较差，外出务工者较多，常住人口不足 50%。村庄种植小麦、玉米、花椒等作物。

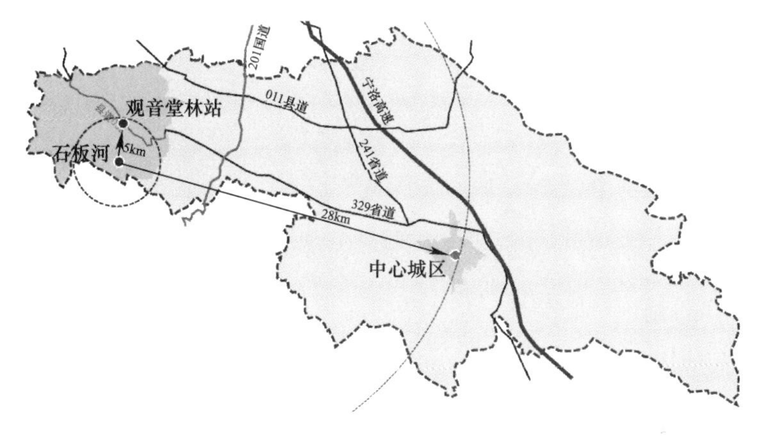

图 5-43　石板河村区位

图 5-44　石板河村域卫星影像图

石板河拥有丰富的历史和民俗文化，村里传统建筑集中，连片分布，保留完好的清末古院落及传统建筑 230 个。村庄周边群山环抱，建筑就地取材，当地石材丰富，质地均匀，为当地民居的主要建筑材料。民居大部分为用石块砌筑或石块砌筑基底，再辅以灰瓦坡屋顶，形成特色的传统建筑风格；村庄中巷道也是碎石铺砌，风格古朴自然（图 5-45）。

图 5-45 石板河村庄建筑细部

（2）公共服务设施现状情况

石板河自然村内的现状公共服务设施主要有村委会、卫生室、图书室商店，主要缺少文化及休闲空间，如综合文化服务中心、广场、戏台等（图 5-46、图 5-47）。

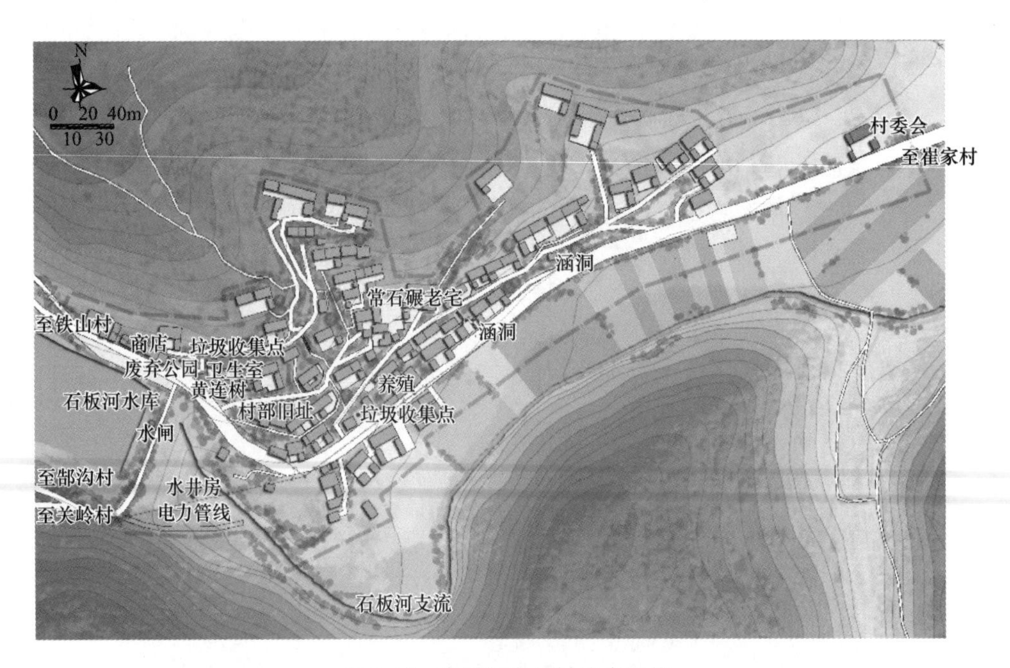

图 5-46 石板河自然村综合现状

(a) 村委会

(b) 卫生室

(c) 商店

图 5-47　石板河村公共服务设施现状

（3）公共服务设施规划与建设

石板河村作为特色保护类村庄，除必需的公共服务设施外，还应重点考虑配置文化科技、商业金融方面的设施，同时要统筹保护、利用与发展的关系，保持村庄传统格局的完整性、历史建筑的真实性和居民生活的延续性。村庄公共服务设施规划配置重点新建缺少的项目，并通过改扩建、改造整治使现有设施进一步满足使用需求，提高现有设施使用率。

在村庄东侧新建 1 处占地面积为 1000m^2 的综合文化服务中心，包含会议室、活动室、接待室等；在村庄西侧新建 3 处占地面积为 500m^2 的文化广场，营造村庄入口空间；在石板河水坝东侧新建 1 处占地面积为 1800m^2 的露天剧场；在干柴沟、关沟、关岭、郜沟、葛花崖、铁山等自然村各建设 1 处占地面积为 500m^2 的中心广场；对村庄现状村委会、卫生室进行改造（图 5-48）。

村委会、卫生室、商店现有建筑面积和功能配置基本满足村庄需求，改造重点在于外观整治，提取村庄建筑石材元素，使这三项公共服务设施与村庄整体建筑风格融入、统一（图 5-49～图 5-51）。景观方面配置村庄当地植物，延续村庄绿色生机。

新建综合文化交流中心（图 5-52），景观墙由毛石砌柱，扁卵石如水流与漩涡一样排列砌筑成墙。平台下的活动展板墙以折线起伏显示层次，与文化中心主体建筑形式统一，上下呼应。展示墙前的铺装也如漩涡一般，代表综合文化交流中心将成为学术与思潮的汇聚地。台阶设置残疾人坡道展现设计者的人文关怀。

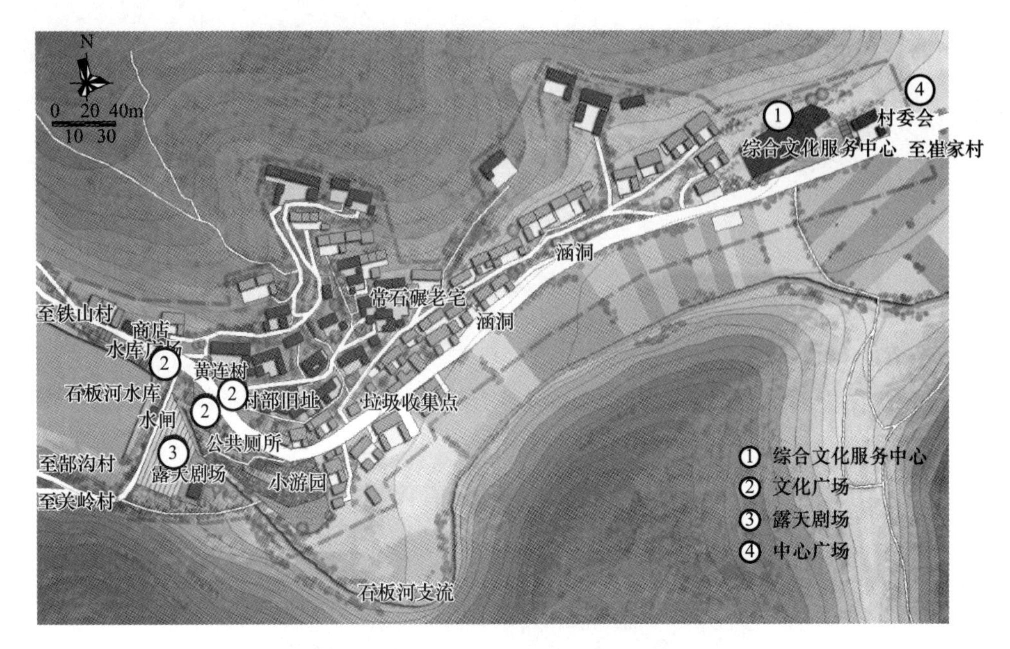

图 5-48　石板河村村庄公共服务设施规划

图 5-49　石板河村村庄村委会整治改造意向效果

图 5-50　石板河村村庄卫生室整治改造意向效果

图 5-51　石板河村村庄小卖部整治改造意向效果

图 5-52　石板河村村庄新建文化交流中心意向效果

新建三个广场。广场一提取村庄石头元素，以石头元素为主题打造顽石广场，广场的景观石由自然之石堆砌而成，体现中原文化如顽石一般坚定的矗立。座椅也由自然石砌筑，呈月牙状，上设有 9 个黑色石材放置的座位，大小依次排列，九为数字中最大，代表古代中国九州（图 5-53）。

图 5-53　石板河村广场一整治改造意向效果

广场二是休闲台地，主题为“文化之河”，由道路分隔的三个小广场组成，广场道路高低起伏，高差较大，平整道路作平台解决高差问题，红色流线铺装穿梭其中，比喻此地文化精彩并源远流长（图 5-54）。

广场三则用大石阶解决地形高差问题，即保证通行，又可在此举行沙龙、论坛、小型演出等。塑造红色的梯形演讲台，并在大石阶上预留绿植种植空间（图 5-55）。

目前，石板河村已建设多个公共服务和产业设施，包括村庄入口标识、关岭农家院、水上浮桥、玻璃栈道、汝瓷体验馆、蜂蜜制品车间、活动广场、村内台地、停车场、公共卫生间、指引路牌等，利用本地的石材作为建筑材料，使建筑、景观等与村庄风貌和自然环境充分融合（图 5-56～图 5-59）。

图 5-54　石板河村广场二整治改造意向效果图

图 5-55　石板河村广场三整治改造意向效果图

图 5-56　石板河村庄入口标识建成照片

图 5-57 石板河村内台地建成照片

图 5-58 石板河村庄旅游设施建成照片

图 5-59 石板河村活动广场和产业设施建成照片

5.6 城郊融合类村庄公共服务设施规划建设实例

5.6.1 北京市怀柔区北房镇北房村

(1) 村庄概况

北房村位于北房镇镇区西侧，距镇区仅有 5 分钟车程，属于怀柔科学城 05-06 街区，地理区位优越，交通条件良好（图 5-60）。村域面积 345.97hm^2（图 5-61），常住人口 2584 人、

1246户。根据《怀柔科学城规划（2018—2035年）（征求意见稿）》，北房村位于科学城南区，规划中北房村的功能主要为商业用地、多功能用地、文化设施用地和其他服务设施用地等。

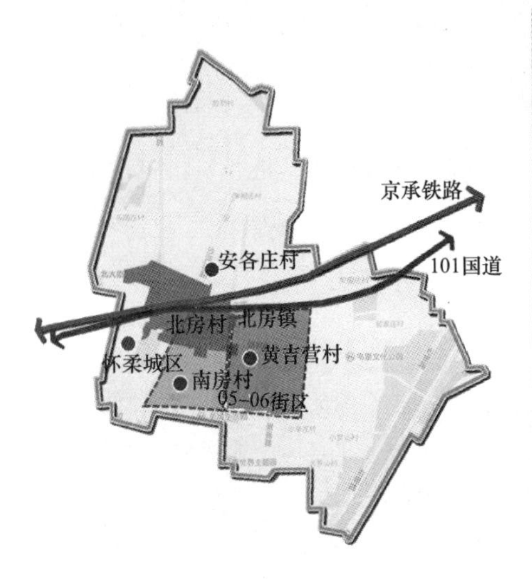

图5-60　北房村交通区位

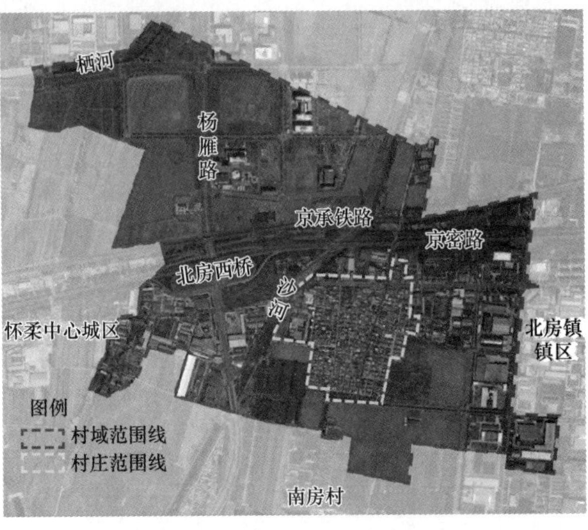

图5-61　北房村村域卫星影像

（2）公共服务设施现状情况

北房村公共服务设施类型较为齐全，可以满足居民的生活需求（图5-62、图5-63）。行政管理设施：村庄中北部有村委会1处，占地面积约500m²，院内有警务室、党员活动室、公共法律服务站退役军人站等功能。教育机构设施：幼儿园共有3处，其中村级公办幼儿园1处，民办幼儿园2处，总用地面积约为2000m²。社会保障设施：民办养老驿站1处，占地面积为200m²，提供餐食和日间照料活动服务。医疗卫生设施：村庄中部有卫生室1处，占地面积为300m²。文体科技设施：村委会北部有活动室1处，占地面积为300m²。商业金融设施：有51处小卖部、小超市等，集中在中高路和幸福大街；快递收集点2处，分别位于村庄西部和南部。

(a)村委会

(b)幼儿园

(c)老年驿站

(d)公园

(e)卫生室

(f)商业

图5-62　北房村公共服务设施现状

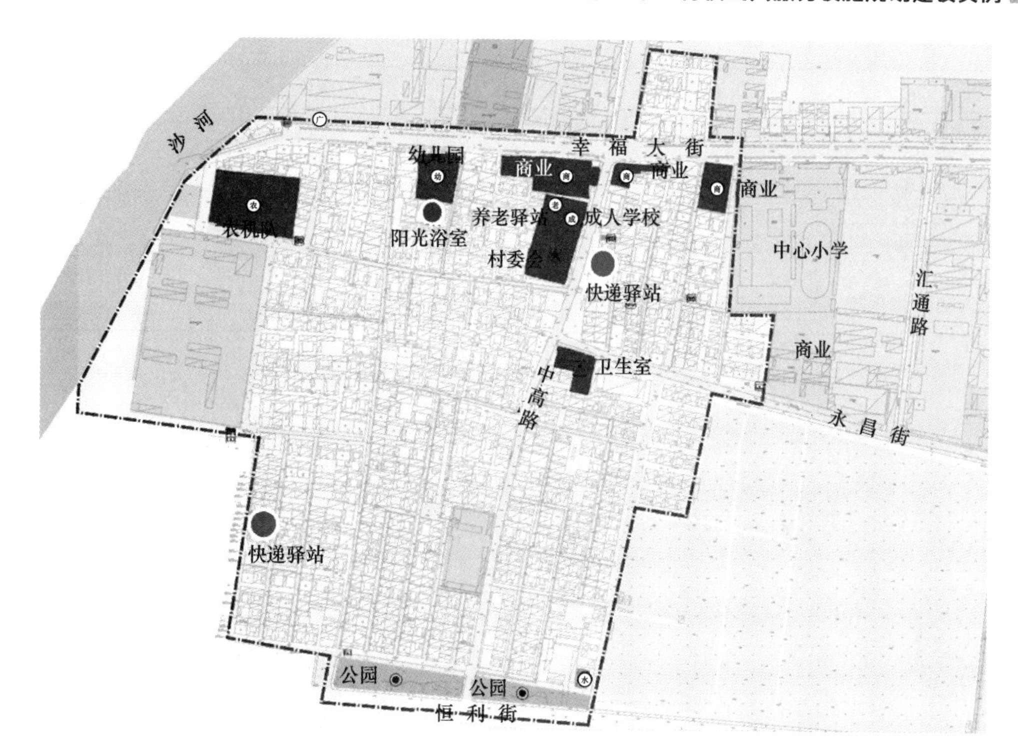

图 5-63　北房村公共服务设施现状分布

（3）公共服务设施规划与建设

根据《北京市怀柔区村庄布局规划》，北房村属于城镇集建型，其公共服务设施的配置思路与本课题的城郊融合类村庄相符合，应加快城乡产业融合发展、基础设施互联互通、公共服务共建共享，逐步强化服务城市发展、承接城市功能外溢的作用。根据北房村的地理区位，错位配建公共服务设施，在保留提升现有公共服务设施的基础上重点提升商业设施，为科学城的工作人员提供服务。

北房镇公共服务设施以保留提升为主，规划仅增加文体科技设施，利用闲置用地规划一处广场和一处公园，丰富村民的户外活动；规划广场位于村庄西侧，内设健身场地，占地面积为 5800m^2；规划公园占地面积为 500m^2，详见表 5-7 北房村公共服务设施规划配置和图 5-64。

北房村公共服务设施规划配置　　表 5-7

类别	序号	项目	数量（处）	总用地面积（m^2）	规划措施
行政管理	1	村委会	1	500	规划保留
	2	其他管理机构	5		
教育机构	3	幼儿园	3	2000	规划保留
	4	成人学校	1	1300（与村养老院合设）	规划保留
文体科技	5	文化活动室	1	300	规划保留
	6	广场	1	5800	规划新建
	7	健身场地	1		
	8	公园	1	500	规划新建

续表

类别	序号	项目	数量（处）	总用地面积（m²）	规划措施
医疗保健	9	村卫生室	1	占地面积 300 建筑面积 60	规划保留
社会保障	10	村养老院	1	1300（与成人学校合设）	规划保留
商业金融	11	独立商业设施	3	5300	规划提升
	12	临街店面	51	—	规划提升
	13	快递站点	2	—	规划保留

图 5-64 北房村村庄公共服务设施规划

5.7 村庄公共服务设施建筑设计与场地景观建设实例

5.7.1 内蒙古自治区兴安盟扎赉特旗村庄

（1）15 个村庄概况

扎赉特旗位于内蒙古自治区兴安盟东北部，规划的 15 个村庄位于好力保乡、音德尔、巴彦高勒、宝力根花、胡尔勒、巴彦扎拉嘎、阿尔本格勒 7 个乡镇。15 个村庄公共服务设施的现状和规划有一定共性，本次主要详述公共服务建设思路、改造措施，并以好力宝乡五道河子村（保留改善型村庄）为例，解析公共服务设施建设情况。

村庄的交通均较为便捷，位于乡道和国道、省际通道附近，是扎赉特旗新农村建设重要的展示点。其中，五道河子、永兴村、巨力河、西胡尔勒、石头城子、巴彦套海六个村子均有乡道从中穿过；新立屯、红卫村、茂力格尔、后七家子屯、永合村均临 G111 国道或者省际通道；浩斯台临 417 县道；白辛嘎查大屯距离 G111 国道约 5km。

从地形地貌和产业构成上看，五道河子、永兴村、新立屯、红卫村、茂力格尔、永合村、巨力河这 7 个村庄位于全旗中部和东部，地形相对平坦，为丘陵漫岗和平原类地带，为发展现代农业提供了有利的地形条件，经济水平相对发达。德力斯台嘎查、金山嘎查、浩斯台嘎查、西胡尔勒嘎查、后七家子屯、石头城子东南屯、白辛嘎查、巴彦套海这 8 个村庄位于全旗西北部，海拔较高，为低山高丘区，也是扎赉特旗畜牧业的主要发展区域，村庄产业特色详见表 5-8。

村庄产业特色　　表 5-8

编号	村庄名称	所处乡镇	所处经济分区	产业特色
1	五道河子	好力保乡	中部经济区：现代农业，全旗经济发展中心，是以农产品加工业以及绿色产品深加工工业为主的经济区	现代农业
2	永兴村	好力保乡		现代农业
3	新立屯	音德尔		养殖
4	红卫村	音德尔		旅游
5	茂力格尔	音德尔		旅游+农业
6	永合村	巴彦高勒		商业
7	巨力河	巴彦高勒		大棚农业
8	德力斯台嘎查	宝力根花	北部经济区：为以农牧业为主的经济区	养殖
9	金山嘎查	宝力根花		养殖
10	浩斯台嘎查	胡尔勒		养殖
11	西胡尔勒嘎查	胡尔勒		无突出产业
12	后七家子屯	巴彦扎拉嘎		无突出产业
13	石头城子东南屯	巴彦扎拉嘎		商业
14	白辛嘎查	阿尔本格勒		养殖
15	巴彦套海	阿尔本格勒		养殖

在人口构成上看，处于现代农业区的村庄，绝大多数以汉族为主；处于北部经济区，以畜牧业产业为主的村庄，民族构成多以蒙古族等少数民族为主，村庄人口构成详见表 5-9。

村庄人口构成　　表 5-9

编号	村庄名称	人口构成		
		户数（户）	人口（人）	民族构成
1	五道河子	43	160	汉族
2	永兴村	120	600	汉族
3	新立屯	87	约 350	汉族
4	红卫村	102	约 400	汉族蒙族各半
5	茂力格尔	约 560	1694	蒙古族、鲜族各半
6	永合村	375	1720	以汉族为主
7	巨力河	105	400	蒙古族为主
8	德力斯台嘎查	—	—	蒙古族为主
9	金山嘎查	193	814	蒙古族为主
10	浩斯台嘎查	—	—	蒙古族为主
11	西胡尔勒嘎查	158	620	蒙古族为主
12	后七家子屯	106	379	蒙古族

续表

编号	村庄名称	人口构成		
		户数（户）	人口（人）	民族构成
13	石头城子东南屯	—	—	汉族为主
14	白辛嘎查	418	1849	少数民族为主
15	巴彦套海	90	—	蒙古族为主

（2）公共服务设施现状

扎赉特旗村庄公共服务设施现状情况详见本书第2章2.1.2.4节内蒙古自治区兴安盟扎赉特旗。

（3）公共服务建筑建设思路

扎赉特旗的村庄公共服务设施配置在符合配置标准的同时满足村民的使用需求，现有公共服务设施以建筑风格改造为主，扎赉特旗村庄公共服务设施建设项目一览见表5-10。建设注重落地性，设计可指导建筑的具体施工直至落地、改造完成。通过与具体的材料厂家沟通，设计方在充分考虑造价的基础上，结合实际情况，提供可操作的不影响村民生活的施工方法，为本次改造提供从设计到产品的一条龙服务。

考虑建设成本和村庄实际情况，公共服务建筑的建设强调性价比，不仅强调低成本，还强调投入与房屋效果的性价比，为建筑各构件提供可操作的具体措施，包含建筑屋顶、饰面墙和门窗3类处理措施。

建筑屋顶处理措施：延续现有建筑屋顶形式，就坡改坡，就平改平。现状平屋顶可正常使用情况下，不强调平改坡。为不影响村民使用，设计提供将现有彩钢瓦屋顶改造为更为美观实用的金属瓦或沥青瓦屋面的具体建议和做法。

饰面墙处理措施：建议采用有质感的艺术抹灰或普通涂料上色，可在不大幅增加成本的情况下，大大提高房屋的美观程度。

门窗处理措施：对门窗现状质量较好的，不予更换，继续使用，仅需要根据建筑风格，对门窗颜色进行调整；对现状质量较差的，建议根据建筑整体风格，置换相应风格的门窗。

（4）建筑风格与改造措施

考虑扎赉特旗村庄多民族的人口构成，建筑风格方面共有中式、现代、民族3种风格。公共服务设施建筑可以采用一致的建筑语言，其改造的建筑风格及改造措施如下：

现代风格。屋顶选用轻质的金属合金瓦或沥青瓦；不需要拆除原屋顶，施工便捷，造价也比较低；在原彩钢瓦上架龙骨铺设深灰色筒瓦；满足防水防火的要求，在屋顶南北两侧加上檐沟，以组织屋顶排水。门窗现状条件好的，刷成深灰色；条件不好的换成深灰色塑钢门窗。墙围0.5m高，从主墙面向外突出5cm，并在门窗处断开；墙围贴面砖，以保护墙面，防止家畜等破坏。窗上下墙贴面砖。饰面墙用有质感的艺术抹灰或普通涂料上色。增加建筑外保温，材料推荐选用性价比高的聚苯板（图5-65）。

民族风格。屋顶、饰面墙、外保温做法与现代风格公共建筑相同。门窗选用深灰色塑钢门窗。墙围高1m，到窗下口，上下加勒脚；南面墙围从主墙面向外突出15cm；墙围贴面砖。窗上口到檐口之间使用普通涂料进行颜色区分，加上蒙族特色纹饰。门加门套，宽0.3m，门套加10cm勒脚。山墙加民族纹饰（图5-66）。

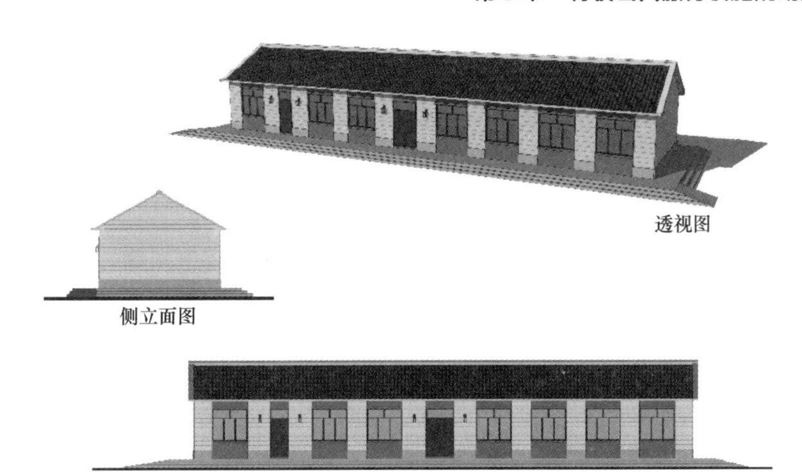

图 5-65　现代风格公共建筑

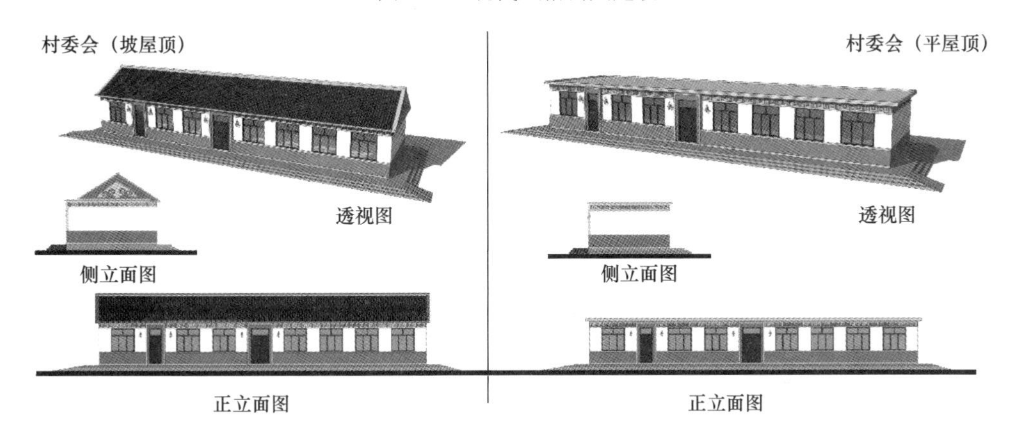

图 5-66　民族风格公共建筑

中式风格。屋顶、墙围、外保温和墙饰面做法与现代风格公共建筑相同。门窗现状条件好的，刷成深灰色；条件不好的换成深灰色塑钢门窗，并加上红色铝合金窗套。窗上口到檐口之间贴面砖。门加门套，宽 0.3m，贴面砖。山墙加中式纹饰（图 5-67）。

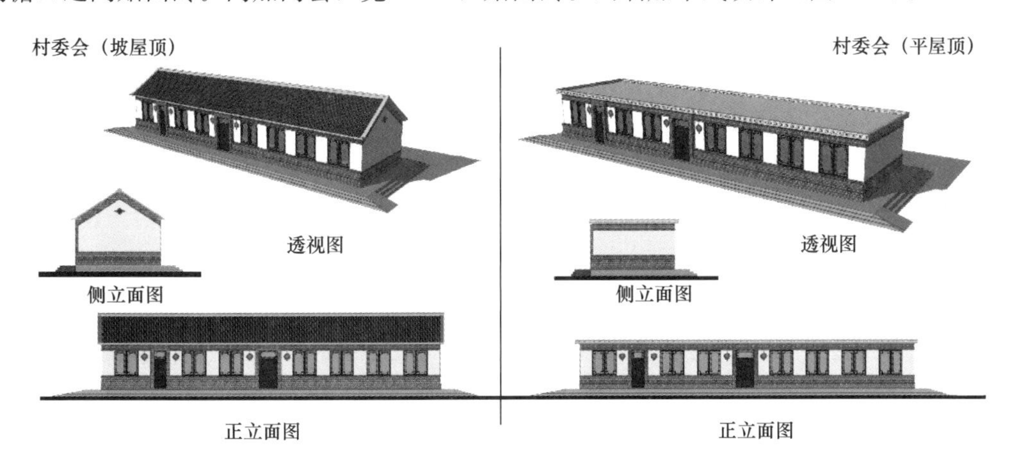

图 5-67　中式风格公共建筑

扎赉特旗村庄公共服务设施建设项目一览　　表 5-10

编号	村庄名称	建筑风格	公共服务设施建设项目
1	五道河子村 五道河子屯	中式 现代	1. 新建景观台，建筑面积为 900m²，功能包括村委会、卫生室、超市和活动室等；新建观景台前广场面积为 7500m²，观景台北部广场面积为 7000m²； 2. 将原村委会改造为幼儿园，建设幼儿园活动广场面积为 2080m²、幼儿园南广场面积为 2004m²； 3. 改造二皮子商店和文龙商店的建筑立面
2	永兴村	中式	1. 幼儿园立面改造； 2. 农耕博物馆和农家讲堂立面改造，新建农耕广场面积为 2689m²； 3. 原小学改造为老年公寓，内部功能改造和立面改造； 4. 新建滨水公园 1hm²； 5. 新建入口活动广场面积为 857m²
3	新立屯	中式	1. 新建村委会，建筑面积为 2500m²，功能包括文化室、活动室、医务室、小超市等；设计村委会广场面积为 4700m²； 2. 新建幼儿园面积为 500m²，设计幼儿园广场面积为 2200m²； 3. 新建滨水公园面积为 6200m²
4	红卫村	中式	1. 新建中式综合服务楼，层数为 2 层，占地面积为 3000m²，建筑面积为 500m²，包括村委会、卫生室、超市和活动室的功能；新建综合服务楼面积为 2800m²； 2. 新建幼儿园，占地面积为 4000m²，建筑面积为 200m²；新建幼儿园广场面积为 2800m²； 3. 新建公园 2.3hm²
5	茂力格尔	民族	改造商业街立面，建筑风格为蒙古族和朝鲜族风格
6	永合村	现代	新建现代欧式商业街
7	巨力河	民族	1. 改造幼儿园立面； 2. 原白鹅孵化室改造为综合楼，包括活动室、阅览室、超市的功能； 3. 设计滨河公园 4.7hm²
8	德力斯台嘎查	民族	1. 村委会、卫生室、超市等按照民族风格的公建形式改造； 2. 新建 200m² 幼儿园； 3. 新建 200m² 文化活动室
9	金山嘎查	民族	1. 新建民族风格幼儿园； 2. 新建综合楼，包括卫生室、活动室等功能； 3. 新建活动广场 0.73hm²，公园 0.89hm²
10	浩斯台嘎查	民族	1. 村委会立面改造，新建村委会广场 1.2hm²； 2. 新建幼儿园、卫生室、活动室、洗浴中心等； 3. 新建街头绿地公园 0.4hm²
11	西胡尔勒嘎查	民族	1. 改造村委会和浴池，为其加上蒙式屋顶，立面风格和村庄现状建筑一致； 2. 新建村委会前广场 0.23hm²
12	后七家子屯	民族	1. 改造村委会和幼儿园立面； 2. 新建村委会和幼儿园活动广场
13	石头城 子东南屯	现代	1. 村委会立面改造； 2. 新建欧式商业街； 3. 改造现有商业街为现代风格；新建商业广场 1.14hm²； 4. 新建滨水文化广场 0.14hm²

续表

编号	村庄名称	建筑风格	公共服务设施建设项目
14	白辛嘎查	民族	1. 改造村委会和幼儿园立面； 2. 改造村委会广场 1.2hm^2； 3. 改造幼儿园广场 0.53hm^2； 4. 改造村庄活动广场 0.93hm^2
15	巴彦套海	民族	1. 新建幼儿园和超市； 2. 改造卫生室和活动室； 3. 改造幼儿园广场 2563m^2；村民活动广场 1.4hm^2

（5）好力保乡五道河子村五道河子屯

五道河子屯是五道河子村的村委会所在地，规模较小，基本以汉族为主。屯内约有 43 户，共有 160 余人。五道河子屯有一条乡道与三家子屯和巴岱村相连，对外交通较为便利。其村屯自然条件优良，农业资源丰富（图 5-68）。

图 5-68　五道河子屯卫星图

五道河子屯缺少村民文化活动室、幼儿园等公共服务设施，也缺少室内外的活动场所、公共绿地、公园等活动空间，公共服务不能满足村民需要。屯西部的商店建筑质量较差，需要进行进一步的改造与整治（图 5-69）。作为扎赉特旗重点的现代农业村，五道河子屯缺少向外界介绍村庄产业特色的有效途径。

图 5-69　五道河子屯现状商业建筑

五道河子屯占地面积约为 22.79hm^2，具有 2 个生活片区和 1 个公共服务区，在平面上呈现“2+1”的布局形式，以公共服务区为中心辐射两侧生活片区，为村民提供最有效的便利条件。五道河子村委会及主要的广场公园位于村东部，村委会功能与景观台功能相融合，节约用地空间（图 5-70）。

图 5-70　五道河子屯规划总平面

公共服务区占地约 3.26hm²。位于村庄中部位置，借助其地理优势为村民提供最便利的公共服务。以村委会（景观台）和农机合作社为服务中心，并在周边设置文娱广场、完善商业配套等提升公共服务区的质量。由于五道河子屯距离巴岱村较近，可在巴岱村解决村内儿童的小学教育问题。利用原村委会建筑改建为村幼儿园，建筑面积为 400m²，并对幼儿园院内场地进行特殊硬化处理，以提供儿童游戏活动的空间。两大生活片区位于公共服务区两侧，共占地约 19.53hm²。规整住户院落布局，提升建筑质量。同时提升村庄路网结构，完善街道景观。

原五道河子村委会位于村庄中部，受用地空间限制，缺乏室内活动场、卫生室、超市等。因此，将村委会向东迁至农机合作社旁新建 3 层的观景台，建筑面积为 900m²，一层为村委会、便民超市、卫生室，二层文体活动室、图书阅览室、现代农业园区管委会，三层现代农业展示中心，楼顶为 360°参观台。

观景台共有现代和中式两种设计风格（图 5-71、图 5-72）。现代风格设计方案：五道河子村以现代农业作为主要的村庄特色，景观台设计结合村庄产业风格，突出现代农业主

现代风格观景台

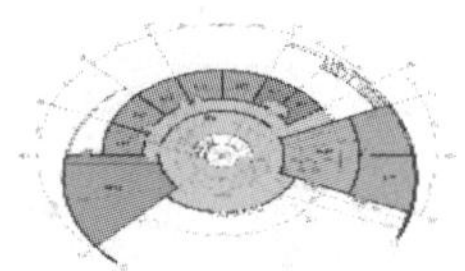

景观台一层平面图

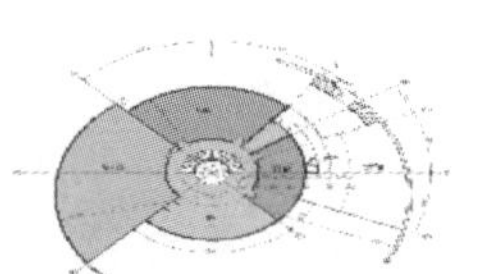

景观台二层平面图

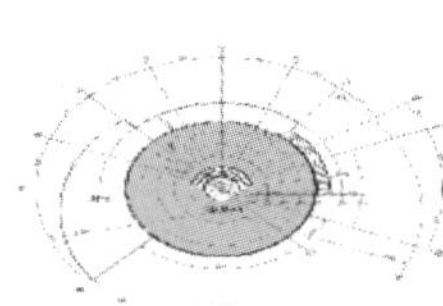

景观台三层平面图

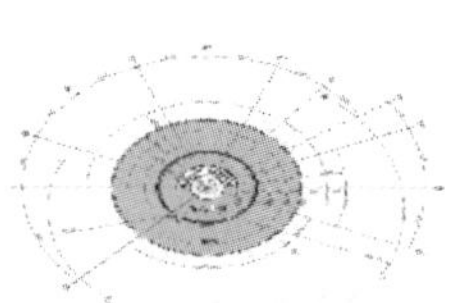

屋顶景观平面图

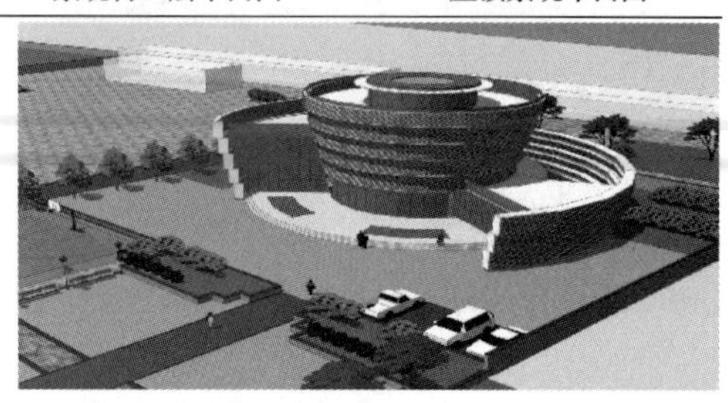

现代风格景观台透视图

图 5-71　现代风格观景台设计

题，以“粮仓”为设计元素，运用现代设计手法，体现现代农业特色，满足景观台的功能需求。中式风格设计方案：五道河子村以汉族居民为主，现状建筑在檐口、屋顶、脚线等方面包含中式建筑元素，与周边现状民宅及公共建筑形成较为一致的整体风格。

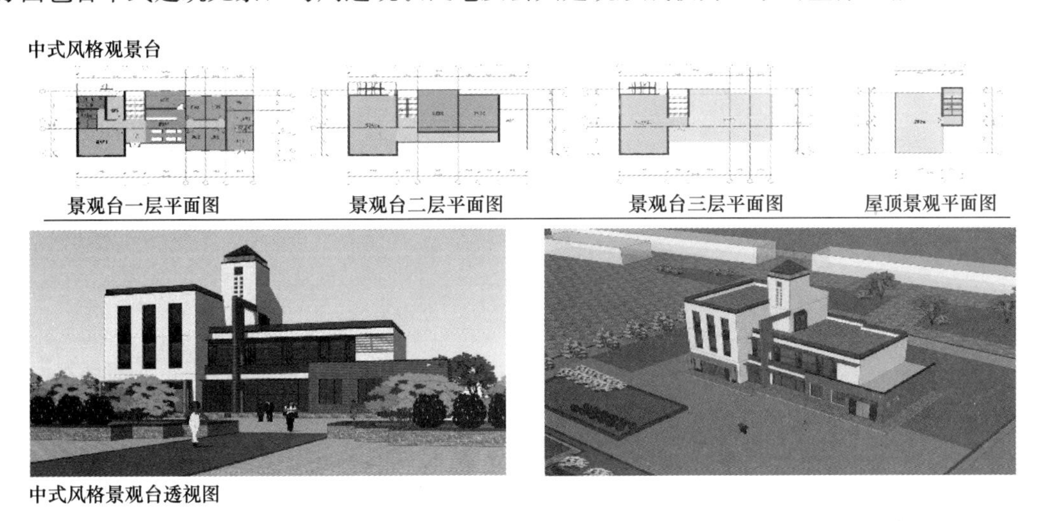

图 5-72　中式风格观景台设计

景观台前广场占地面积约 7500m²，呈长方形（图 5-73），由道路分隔为南北两部分。北部广场占地约 7000m²，围绕景观台将弧形的元素扩展到整个空间的平面布置，北部区域两侧为绿化空间，巧妙搭配乔木、灌木，进行多层次的种植，丰富空间层次。南部滨湖公园占地面积 2500m²，将河水引入形成内湖，规划景观湖水面面积为 800m²。在湖中设立弧形木栈道，空间变化丰富，同时与北部观景台的形式遥相呼应。西侧与道路相邻，以硬质铺装为主；东侧以大面积绿植为主，巧妙结合水系与木栈道，为村民提供更多的观景活动空间。

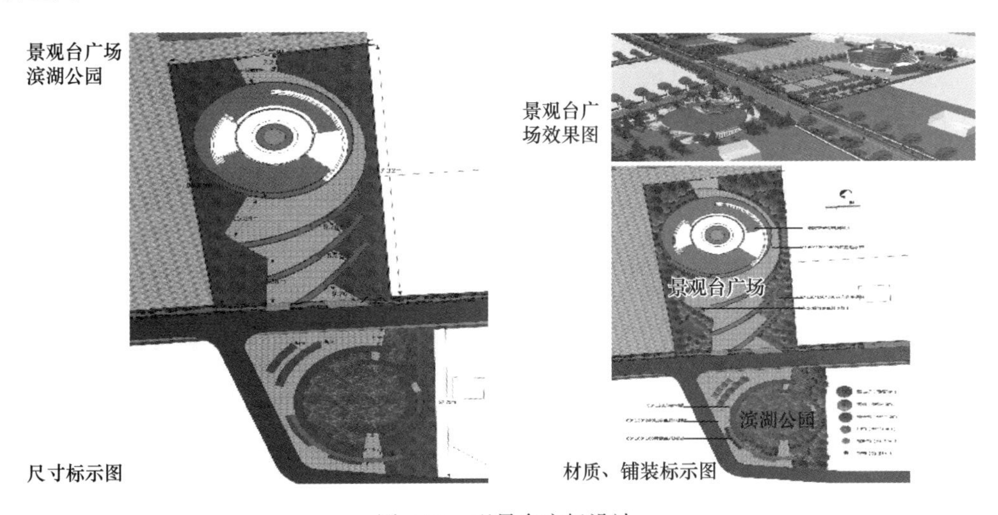

图 5-73　观景台广场设计

对原村委会建筑立面及建筑内部进行改造，将村委会功能转变为幼儿园功能，并在院内增设幼儿活动场地（图 5-74、图 5-75）。幼儿园场地面积约为 2080m²，教学楼位于场地北部，充分利用基地长度，使每个幼儿生活单元都有良好的采光通风条件。室外活动场地位于基地南侧，布置有活动场地、跑道、沙坑，同时放置种类多样的游戏器械，为小朋友们提供丰富多彩的游乐空间。在东西两侧沿围墙设置蒙古栎、山杏等植物，作为幼儿园内部的绿化背景，同时能有效隔离道路交通的废气和噪声。

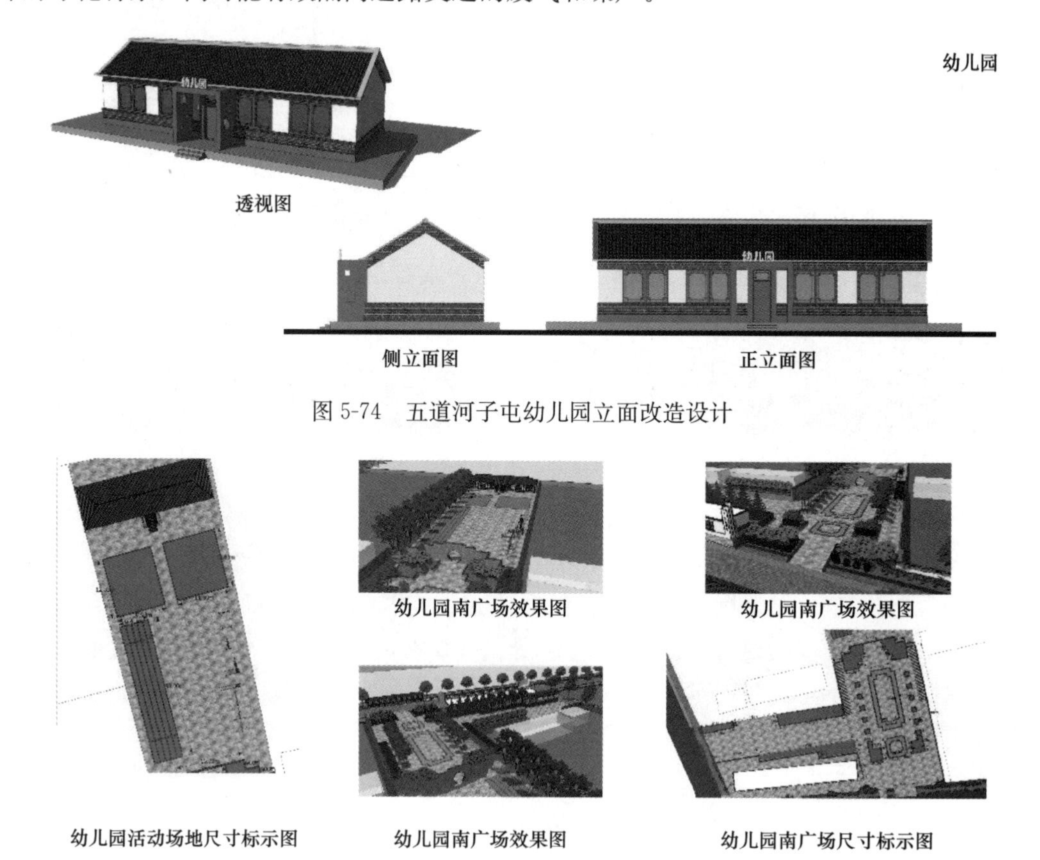

图 5-74　五道河子屯幼儿园立面改造设计

图 5-75　幼儿园活动场地和南广场设计

幼儿园南广场占地面积约为 2004m²，以硬质铺装为主，为幼儿园的家长提供等候与安全疏散的空间。整个场地为“L”形，以中式纹样为元素进行空间布局；在围墙周围设置绿化空间，植物种植疏密适当、高低错落，形成一定的层次感；同时沿围墙设置部分廊架，为村民提供更为多样的林下休息空间（图 5-76）。

图 5-76　幼儿园建成照片

针对村庄内二皮子商店和文龙商店进行建筑立面改造，增加临街界面的景观效果，突出村庄产业特色（图 5-77、图 5-78）。

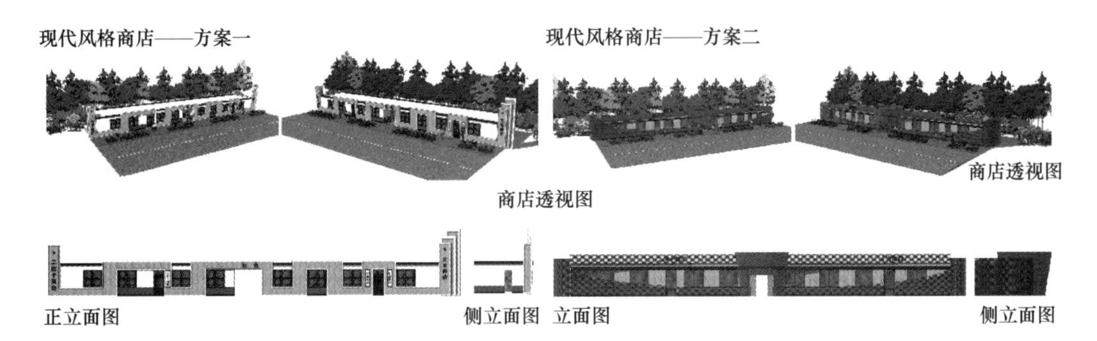

图 5-77　现代风格商店立面改造

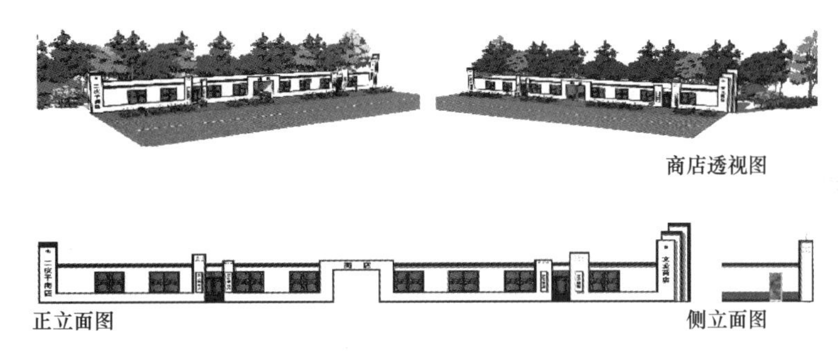

图 5-78　中式风格商业立面改造

参考文献

［1］ 田东振. 北京市边缘地带乡镇公共服务设施研究［D］. 北京：北方工业大学，2020.

［2］ 姚远. 生活圈视角下的县域公共服务设施配置优化研究［D］. 合肥：安徽建筑大学，2022.

［3］ 郑凯. 生活圈视角下县域基本公共服务设施空间评价与配置优化研究［D］. 合肥：安徽建筑大学，2020.

［4］ 夏雷. 严寒地区村镇体系公共服务设施规划研究［D］，哈尔滨：哈尔滨工业大学，2013.

［5］ 赵万民，冯矛，李雅兰. 村镇公共服务设施协同共享配置方法［J］. 规划师，2017，255(03)：78-83.

［6］ 刘思洁. 文施融合背景下旅游型乡村公共服务设施建设及使用情况研究　以苏州树山村为例［J］. 中国建筑金属结构，2022，484(04)：101-103.

［7］ 王敏. 生活圈视角下大城市外边缘区乡村公共服务设施配置研究［D］. 天津：天津大学，2020.

［8］ 袁鹏奇，杜新坡，许忠秋. 基于生活圈的乡村地区公共设施优化配置研究［A］. 中国城市规划学会、成都市人民政府. 面向高质量发展的空间治理——2021中国城市规划年会论文集（16乡村规划）［C］. 中国城市规划学会、成都市人民政府：中国城市规划学会，2021：108-118.

［9］ 杨新海，洪亘伟，赵剑锋. 城乡一体化背景下苏州村镇公共服务设施配置研究［J］. 城市规划学刊，2013，208(03)：22-27.

［10］ 宁莜. 快速城镇化时期山东村镇基本公共服务设施配置研究［D］. 天津：天津大学，2013.